中国
西沙群岛
野生植物
资源

主 编

涂铁要
张奠湘
任 海

重庆大学出版社

图书在版编目（CIP）数据

中国西沙群岛野生植物资源 / 涂铁要，张奠湘，任
海主编 .—— 重庆：重庆大学出版社，2024.6
ISBN 978-7-5689-4382-6

I.①中 ... II.①涂 ..②张 ...③任 ... III.①西沙群
岛 – 野生植物 – 植物资源 – 概况 IV.① Q948.52

中国国家版本馆 CIP 数据核字 (2024) 第 052178 号

中国西沙群岛野生植物资源
ZHONGGUO XISHAQUNDAO YESHENG ZHIWU ZIYUAN

主编　涂铁要　张奠湘　任　海

责任编辑：王思楠
责任校对：刘志刚
责任印制：张　策
装帧设计：尹琳琳
内文制作：常　亭

重庆大学出版社出版发行
出版人：陈晓阳
社　　址：（401331）重庆市沙坪坝区大学城西路 21 号
网　　址：http://www.cqup.com.cn
印　　刷：北京利丰雅高长城印刷有限公司

开本：889mm×1194mm　1/16　印张：21.5　字数：580 千
2024 年 6 月第 1 版　2024 年 6 月第 1 次印刷
ISBN 978-7-5689-4382-6　　定价：298.00 元

本书承以下基金资助

国家重点研发计划项目（2021YFC3100405）

广东省科技计划项目（2019B030316020）

科技部科技基础性工作专项（2013FY111200/2018FY100107）

中国科学院战略性先导科技专项（XDA13020500）

国家自然科学基金项目（32170232/31800447/32271613）

本书承以下单位支持

中国科学院华南植物园

华南国家植物园

广东省科技厅

海南省三沙市人民政府

中国科学院南海海洋研究所西沙海洋环境观测研究站

《中国西沙群岛野生植物资源》照片拍摄者
（按姓氏拼音排序）

霍　达　黄向旭　李　冰　李红艳　李　均　李盛春
彭乐瑶　唐国旺　涂铁要　王向平　温美红　吴明松
谢　智　徐苑卿　曾求标　曾商春

西沙群岛位于中国南海的西北部，海南岛的东南方，是我国南海诸岛中岛屿分布最集中、岛屿陆地面积最大的群岛。西沙群岛是典型的热带珊瑚岛，群岛内各岛礁面积普遍较小，海拔较低，除石岛最高海拔达 13.8 m，多数岛屿海拔为 1～5 m。和热带大陆性海岛以及热带火山岛等其他中国热带海岛相比，西沙群岛的自然环境十分独特：岛体主要由珊瑚和贝壳残体碎屑堆积而成，成土母质单纯，岛上缺乏土壤；没有四季之分而有干湿季节之别，旱季降水极少且持续时间长；植被类型单一、物种多样性较低、种群分布呈斑块化，生态系统十分脆弱。

对西沙群岛的科学考察，最早可追溯至 1928 年。当时的中国国民政府任命中山大学教授沈鹏飞为主席，组织了为期两年的西沙群岛科学考察，考察内容涉及地质、土壤和植物等方面，调查结果编辑成《调查西沙群岛报告书》（沈鹏飞，1993；赵焕庭 等，2017）。1939 年至抗日战争胜利，西沙群岛和南沙群岛被日军非法占领，致使国民政府对西沙群岛的调查和巡察不得不暂停。在此期间，日本侵略者对西沙群岛丰富的鸟粪资源进行了掠夺性的开采，这给西沙群岛的植被和生态系统造成了巨大的负面影响。抗日战争胜利后，中山大学张宏达教授于 1947 年重启了对西沙群岛的调查，重点对永兴岛、东岛、珊瑚岛和琛航岛 4 个面积较大的岛屿进行了植被和植物多样性调查，初步摸清了西沙群岛的植被状况，翌年发表了《西沙群岛的植被》（张宏达，1948），较为完整地论述了当时的西沙群岛的植被状况。中华人民共和国成立后，我国日益重视西沙群岛的科学考察。1974 年，在中国人民解放军成功击退入侵西沙海域的越南西贡当局并收复西沙群岛后，中国科学院华南植物研究所立即组织专家对西沙群岛的植物与植被进行了较全面和详细的调查，并于 1977 年出版了《我国西沙群岛的植物和植被》（广东省植物研究所西沙群岛植物调查队，1977）一书。1977 年，陈邦余、陈伟球、

伍辉民等再次对西沙群岛的 8 个岛屿进行了调查研究，共收集到维管植物 213 种，增加西沙群岛新纪录植物 165 种，详细讨论了植物区系、植被的性质与特点、群落类型、群落之间相互关系、植被与自然条件的相互关系、土地利用等问题，对西沙群岛的植物与植被摸底工作作出了很大的贡献（陈邦余 等，1977；广东省植物研究所西沙群岛植物调查队，1977）。1987 年和 1990 年，钟义先后两次调查了西沙群岛的永兴岛、石岛、东岛等 12 个岛屿，采集、鉴定维管植物 291 种，其中增加了 81 种西沙群岛新纪录植物，大大补充了西沙群岛植物多样性资料（钟义，1990）。1992 年，邢福武等对西沙群岛的永兴岛、石岛、东岛、珊瑚岛、琛航岛、广金岛、金银岛等 7 个岛屿作了进一步的调查，采集、鉴定、记录到维管植物 316 种（其中包括 104 种栽培植物），增加了 41 种西沙群岛新纪录植物（邢福武 等，1993）。1996 年，邢福武、吴德邻等依据中国科学院华南植物研究所长期积累的植物标本，并参考了前人的研究资料，整理出版了《南沙群岛及其邻近岛屿植物志》（中国科学院南沙综合科学考察队，1996），收录南海诸岛植物共 97 科 262 属 405 种，其中的大部分植物在西沙群岛上有分布。1999 年，中国科学院华南植物研究所的吴德邻等又对南海诸岛的种子植物区系地理进行了研究，讨论了南海岛屿植物区系的起源与演化（吴德邻，1996）。2008—2009 年，张浪等对永兴岛、东岛、赵述岛、南岛、北岛、南沙洲等 9 个岛屿进行了调查，记录了 310 种维管植物。童毅于 2012 年先后两次对西沙群岛所有具有植物分布的岛屿及沙洲进行了野外实地调查，获得大量第一手资料，对西沙群岛的植物种类与分布进行了统计与更新，编制完成《西沙群岛植物名录》（童毅，2013）。

西沙群岛植物名录近年来又有多次更新。邓双文等于 2016 年 6 月、12 月及 2017 年 4 月再次调查了永兴岛、石岛、东岛、琛航岛和广

金岛，同时查阅并重新鉴定了中国科学院华南植物园标本馆（IBSC）及中山大学植物标本馆（SYS）馆藏的500余号西沙群岛植物标本，订正了先前鉴定错误的标本，剔除了童毅（2013）名录中的23种植物，重新统计了西沙群岛野生维管植物数目，共计47科137属193种（邓双文 等，2017）。2019年，段瑞军等对永乐群岛维管植物资源进行调查，共收集永乐群岛维管植物52科132属160种。王清隆等于2018—2019年对西沙群岛植物资源进行调查，新增西沙群岛野生植物69种，新增归化植物10种，新增栽培植物93种，共记录西沙群岛维管植物105科391属626种，但未提供汇总后的完整植物名录，其中有一些植物名称现已被归并（王清隆 等，2019；2021）。

本书编者于2013—2022年，先后十余次前往西沙群岛的20个岛屿进行了详细的植被和植物多样性调查，并采集野生植物种子、凭证标本及DNA材料。结合已有文献资料及标本，对西沙群岛的植物种类及分布进行了统计与更新，进一步完善了西沙群岛植物名录，增加西沙群岛新纪录植物12种，隶属于9科10属。这些种子均保存于中国科学院华南植物园，其中还有一部分种子保存于云南昆明的中国西南野生生物种质资源库。

西沙群岛先前记录的一些植物，在本书编者对西沙群岛近十年的考察过程中未能见到，例如王清隆等（2019）文章中记载的稻（Oryza sativa L.），笔者估计这些植物可能是由人类有意或无意中带至岛上，栽培或逸生，这些物种未能在西沙群岛形成稳定的、可自然更新的种群，可能只是在西沙群岛上"短暂存在过"。本书编者秉持着尊重前人工作的传统，对这类植物也一并收录计入西沙群岛维管植物名录中。本书编者统计得到西沙群岛维管植物621种（含种下等级），隶属于113科384属。其中，栽培植物288种，野生植物333种。蕨类植物7科7属9种，全为野生；裸子植物4科6属7种，全为人工栽培植物；被子植物102科371属605种，其中野生植物324种，隶属于56科200属。

根据前人研究成果以及本书编者团队多次考察所得到的西沙群岛植物名录相对较为全面，然而不得不承认，疏漏之处仍难以避免。除了前述部分物种是否稳定存在于西沙群岛的问题以外，小部分物种的鉴定问题甚至分类学问题也有待进一步研究。以叶下珠科叶下珠属为例，前人将赵述岛采集的叶下珠科植物鉴定为黄珠子草（Phyllanthus virgatus G. Forst.），我们未能见到前人的标本，但是我们对赵述岛实地考察发现该岛上的叶下珠属植物和我国广布的黄珠子草形态上有一定的相似性，但是二者在植株和果实形态等方面存在显著差异，疑似新分类群或新纪录；另外，被记录为叶下珠（Phyllanthus urinaria L.）的植物实则可能是另一疑似新分类群或新纪录，该植物和华南地区常见的叶下珠在植株外形上十分相似，而植物志等资料中较少描述叶下珠属植物的花部特征，如果所采标本不能提供必要的果实性状信息，则容易造成错误鉴定。最近的分子系统学研究将叶下珠属分为了若干小属，加之该属种类多、分布广、形态变异式样复杂，产自西沙群岛的7种叶下珠属植物有待进行更深入的物种鉴定和分类学研究，对于部分疑难物种或疑似新种，本书仅作一般报道，而未做分类学处理以及鉴定到种或种以下分类单元。

过去100余年来，对西沙群岛植物资源的研究主要集中在植被和植物物种多样性调查方面，对于植物多样性维持机制、动物如何与植物互作并影响植物群落的健康、岛屿植物的繁育和传粉系统以及细胞生物学等领域的知识极为匮乏，这些知识有利于科学、有效地保护我国热带珊瑚岛独特的生物多样性和在南海岛屿极端生境下重建健康、可自然更新的生态系统。例如，西沙群岛的一些居民向我们反映岛上间歇性爆发甘薯天蛾成灾的现象。我们研究以后发现，造成这一现象的原因之一可能是过量种植滨海固沙植物厚藤——大量的厚藤为天蛾幼虫提供了丰富的食物。然而，没有适量的厚藤则会导致更加严重的生态后果——那些依赖天蛾传粉的海岛优势植物可能会因为传粉者缺失而无法实现世代繁衍和种群自我更新，足见热带珊瑚岛极端环境下脆弱生态系统的建设远非植树绿化这么简单。

在西沙群岛特有植物资源的利用方面，首先需要掌握这些植物种子特征、传播方式和种子萌发特性等知识。以海人树（*Suriana maritima* L.）为例，该植物在我国仅见于西沙群岛和东沙群岛，是热带珊瑚岛礁的特征植物和许多岛屿的优势物种。海人树对高温、干旱、高盐、高淋溶和低氮的热带珊瑚岛礁极端生境具有极强的适应能力，近年来已成为热带珊瑚岛生态重建最为重要的工具种之一。然而，该物种的种子在采后如果不立即播种，则萌发率迅速降低，为此，本书编者团队通过摸索不同的种子萌发条件和方法，最终将室温下放置 2 年后的种子从萌发率不足 5% 提高到 95% 以上，成功地解决了海人树种子萌发的难题，并授权国家发明专利 1 项。

本书首先对我国西沙群岛的自然条件、植物多样性及区系特征、植物生物学和生态学特征、果实和种子的传播方式、植被类型等作了简要介绍，收集、整理和新增了该区域植物区系的染色体资料，介绍了一些岛屿上优势植物物种的繁殖生物学特性以及海人树等植物的种子萌发情况，旨在使读者相对全面地了解西沙群岛的植物及其对热带珊瑚岛特殊生境的适应情况。本书第四章通过图文并茂的方式详细介绍了西沙群岛 37 科 123 属 184 种野生植物的形态特征、果实和种子特征，并附以大量的种子图片及对应植株照片。少数常见的逸生植物，以及木麻黄（*Casuarina equisetifolia* L.）等少数栽培物种由于在部分岛屿已成为建群种，因此也在本书中作了介绍。针对具体物种，我们提供了中文名、拉丁学名、采集号、西沙群岛分布范围、别名、果实结构、种子形态等相关信息，为日后南海诸岛植物种质资源的研究和利用提供第一手资料。本书在被子植物的物种编排方面，使用 APG Ⅳ 系统，科下的属名和种名按拉丁文字母排序。物种的学名依据 *Flora of China* 或最新文献资料。

本书得到了广东省省级科技计划项目《中国热带海洋岛屿野生植物种质资源库》（主持人：涂铁要，2018—2022）、国家重点研发计划项目（主持人：任海，2021—2025）、科技部科技基础性工作专项《热带岛屿和海岸带特有生物资源调查》项目（主持人：张奠湘，2013—2018）、广东省 908 专项项目（主持人：任海，2007—2010）、中国科学院先导专项 A（主持人：任海，2016—2021）等项目的资助。在野外科考和种子采集的过程中，本书编者得到了中国科学院南海海洋研究所西沙海洋环境观测研究站、中国人民解放军驻西沙群岛各部队官兵，以及海南省三沙市人民政府的大力支持。在种子拍摄的过程中，本书编者得到了中国科学院华南植物园公共实验室老师们的鼎力相助。我们在此谨向为本书的出版给予支持和帮助的个人及单位表示衷心的感谢！

编者
2024 年 3 月

无植被珊瑚岛

目录

第 1 章
西沙群岛的自然条件概况　　　　　　1

    1. 地理位置　　　　　　2
    2. 地质地貌和土壤　　　　　　3
    3. 气候　　　　　　5

第 2 章
西沙群岛的植被　　　　　　7

第 3 章
西沙群岛野生植物种质资源简介　　　15

    1. 西沙群岛植物种质资源概况　　　16

        1.1 食用植物　　　　　　17
        1.2 饲用植物　　　　　　19
        1.3 药用植物　　　　　　20
        1.4 淀粉植物　　　　　　22
        1.5 油料植物　　　　　　24
        1.6 芳香植物　　　　　　25
        1.7 蜜源植物　　　　　　26
        1.8 材用植物　　　　　　27
        1.9 纤维植物　　　　　　28
        1.10 观赏植物　　　　　29
        1.11 鞣料植物　　　　　30
        1.12 抗旱及防风固沙植物　　　31
        1.13 海草　　　　　　33

    2. 西沙群岛植物物种多样性及区系特征　　　37
    3. 西沙群岛植物的染色体数目与倍性　　　38
    4. 西沙群岛植物的生态学特点　　　46
    5. 西沙群岛植物的繁殖生物学特性　　　47

        5.1 西沙群岛上的雌雄异株植物　　　47
        5.2 西沙群岛植物的花粉胚珠比　　　48
        5.3 西沙群岛海岸桐的繁殖生物学　　　48
        5.4 西沙群岛海滨木巴戟的繁殖生物学　　　50
        5.5 西沙群岛草海桐的繁殖生物学　　　52
        5.6 西沙群岛橙花破布木的繁殖生物学　　　55
        5.7 西沙群岛银毛树的繁殖生物学　　　57

6. 西沙群岛植物果实和种子的传播　　61

　　6.1 西沙群岛野生植物对鸟类传播的适应　　61
　　6.2 西沙群岛野生植物对海流传播的适应　　62
　　6.3 西沙群岛野生植物对风力传播的适应　　63

7. 西沙群岛植物种子的萌发　　65

　　7.1 西沙群岛植物种子萌发的特点　　65
　　7.2 西沙群岛海人树的自然萌发率及萌发率的提高　　65

第 4 章
西沙群岛常见野生植物种质资源　　71

（1）樟科 Lauraceae　　72
（2）水鳖科 Hydrocharitaceae　　74
（3）鸭跖草科 Commelinaceae　　76
（4）莎草科 Cyperaceae　　79
（5）禾本科 Poaceae　　92
（6）蒺藜科 Zygophyllaceae　　122
（7）豆科 Fabaceae　　125
（8）海人树科 Surianaceae　　152
（9）鼠李科 Rhamnaceae　　154
（10）大麻科 Cannabaceae　　156
（11）木麻黄科 Casuarinaceae　　158
（12）葫芦科 Cucurbitaceae　　160
（13）酢浆草科 Oxalidaceae　　163
（14）红厚壳科 Calophyllaceae　　165
（15）西番莲科 Passifloraceae　　167
（16）大戟科 Euphorbiaceae　　169
（17）叶下珠科 Phyllanthaceae　　181
（18）使君子科 Combretaceae　　185
（19）千屈菜科 Lythraceae　　187

（20）无患子科 Sapindaceae　　189
（21）锦葵科 Malvaceae　　191
（22）白花菜科 Cleomaceae　　208
（23）苋科 Amaranthaceae　　212
（24）番杏科 Aizoaceae　　222
（25）紫茉莉科 Nyctaginaceae　　225
（26）粟米草科 Molluginaceae　　229
（27）落葵科 Basellaceae　　233
（28）马齿苋科 Portulacaceae　　235
（29）仙人掌科 Cactaceae　　239
（30）茜草科 Rubiaceae　　241
（31）夹竹桃科 Apocynaceae　　252
（32）紫草科 Boraginaceae　　254
（33）旋花科 Convolvulaceae　　258
（34）茄科 Solanaceae　　267
（35）马鞭草科 Verbenaceae　　273
（36）唇形科 Lamiaceae　　277
（37）草海桐科 Goodeniaceae　　283
（38）菊科 Asteraceae　　286

参考文献　　298
附录　　305

附录 1　西沙群岛维管植物名录　　305
附录 2　中文索引　　317
附录 3　学名索引　　321

西沙群岛的
自然条件概况

1. 地理位置

西沙群岛位于我国南海西北部，海南岛东南方向，北纬15°46′~17°08′，东经111°11′~112°54′，隶属于海南省三沙市。整个西沙群岛以永兴岛为中心，北起北礁，南至先驱滩，东起西渡滩，西至中建岛。在我国南海众多群岛中，西沙群岛各岛屿分布集中，数量较多、陆地面积较大，包含45个岛、洲、礁、滩，其中珊瑚岛22个、沙洲7个、暗礁和暗滩10余个（孙立广 等，2014）。在调查过程中，我们还发现一些面积很小的沙洲，从当地渔民口中得知，这些小沙洲是因台风侵袭而形成的，沙洲之上没有植被覆盖，其面积和高度可能处于动态变化之中。西沙群岛大体上分为两群：位于东北面的为宣德群岛，包括永兴岛、东岛、石岛、赵述岛、北岛、南岛、中岛等岛屿和西沙洲、中沙洲、南沙洲、北沙洲、银砾滩、西渡滩、高尖石、海王滩、湛涵滩、滨湄滩、先驱滩和浪花礁等沙洲和礁滩；位于西南面的为永乐群岛，由珊瑚岛、甘泉岛、金银岛、广金岛、琛航岛、晋卿岛、盘石屿、中建岛等岛屿和森屏滩、羚羊礁、北礁、华光礁、玉琢礁等沙洲和礁滩组成（中国地名委员会，1983；中华人民共和国民政部，2020）。各岛面积均较小，海拔较低，岛屿之间的距离远近不一。其中，永兴岛是三沙市人民政府所在地，也是西沙群岛陆地面积最大的岛屿（三沙市人民政府，2022）。

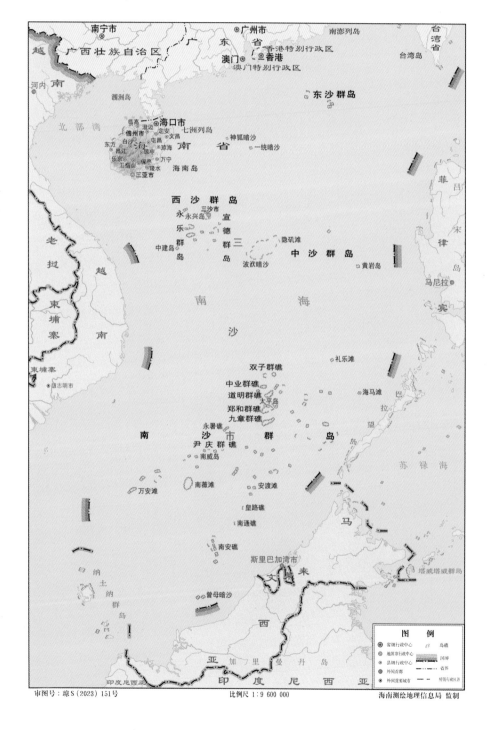

审图号：琼S（2023）151号　　比例尺 1∶9 600 000　　海南测绘地理信息局 监制

西沙群岛在我国的位置（图片来源于海南测绘地理信息局）

2. 地质地貌和土壤

西沙群岛是典型的热带珊瑚岛，大约形成于中晚全新世（孙立广 等，2014）。珊瑚岛是海底石灰岩基质上聚生珊瑚虫，并由这些珊瑚虫的骨骼依附于基质，经过地壳沉降和升起、生物沉积而逐步形成的（广东省植物研究所西沙群岛植物调查队，1977）。西沙群岛陆地面积最大的岛屿是永兴岛，该岛面积1.85 km²，海拔4～5 m。除永兴岛、东岛等一些面积较大的岛屿，其他较小的沙洲和礁滩普遍缺少土壤，且受海潮和风浪影响，自然植被难以形成（任海 等，2017）。

南海属于热带海洋，海水表层温度25～28 ℃，海水含盐量3.5%，海水能见度大，适宜珊瑚虫繁衍生息。西沙群岛就是由这些小珊瑚虫的骨骼和其他海洋生物残骸形成的海底基质经过多次地壳上升和下降活动逐步升出海面而形成的（广东省植物研究所西沙群岛植物调查队，1977）。西沙群岛最早形成于中晚全新世（孙立广 等，2014），目前仍然有许多暗礁继续以每年升高约1 cm的速度发展，一些较小的沙洲也在台风作用下持续地形成或消失。西沙群岛两个较大的岛屿——永兴岛和东岛就是从环形暗礁进一步发育而成的。在自然状态下，环形暗礁多呈圆形或椭圆形，中央部分稍低，边缘略高，往外侧有一条狭窄的沙滩，接着是平缓的海漫滩，向四周延伸开去，构成宽1～2 km的礁盘（张宏达，1974）。

西沙群岛多数岛屿地势低平，海拔高度一般为3～8 m。海岛的地形受风浪的影响十分显著，在海浪的推动下，珊瑚碎屑、珊瑚沙等堆积于海岛周围，形成略高于海岛内部平原的沙丘、沙堤，以及特殊的碟形地貌（海南省海洋厅调查领导小组，1999）。其中，碟形地貌比较显著的岛屿有金银岛、甘泉岛和永兴岛等，东岛由于中央显著低于四周沙堤而形成了一片低洼的湿地，是岛上的野牛和其他动物的重

要水源地。台风对西沙群岛地形的影响十分显著，强大的台风可以使各岛的面积急剧地增加或缩小甚至消失，同时造成岛上地貌的较大起伏。一些岛上长条状的沙堤或离岛小沙丘，就是在不同时期受台风作用堆积而成的。西沙群岛的最高点位于石岛，海拔为13.8 m，其余各岛的海拔高度都在10 m以内。每个珊瑚岛都由一个礁盘所承托，有的礁盘上仅有一个岛，有的礁盘上有两个或多个岛。例如，永兴岛与石岛是在同一礁盘上的两个岛，琛航岛与广金岛也在同一个礁盘上。礁盘的宽度由数十米至数百米不等，礁盘上的水深也不一致，最深可达数十米，较浅的礁盘于退潮时裸露，礁盘之外即为深达1000 m的深海。众岛屿中面积超过1.5 km²的岛屿有3个，即永兴岛、东岛和中建岛，其余各岛的面积多在0.5 km²以下（广东省植物研究所西沙群岛植物调查队，1977）。

西沙群岛的基岩是石灰质，成土母质比较单纯，主要由珊瑚和贝壳残体碎屑所组成。由于珊瑚岛形成时间不长，尚处于成土过程的初始阶段，因而缺乏成熟的土壤；加之受海潮和风浪的影响，一些形成年代较晚、面积较小的岛屿难以形成自然植被（任海 等，2017；涂铁要 等，2022）。面积稍大的岛，在大规模人工挖掘前通常覆盖着厚度不一的鸟粪层，植物往往直接在鸟粪层上生长发育，因此表层的土壤是由鸟粪与风化了的珊瑚骨骼和贝壳以及植物的腐殖质混合组成。这样的土壤剖面缺乏明显的分层，只在靠近高潮线的沙滩上，有了植物的侵入，才能找到成土过程的前期产物（龚子同 等，1996；赵焕庭，1996）。此外，高尖石岛的基岩为火山岩，它是西沙群岛中唯一的一座火山岛，由火山碎屑构成（陈俊仁，1978；卢演俦 等，1979）。此外，从海南岛或其他地方运输到西沙群岛的客土主要见于有居民定居、部队驻守的海岛或有其他用途的小岛，

由珊瑚沙堆积而成的
东新沙洲，几乎不含
土壤

尤其是人工绿地、果园、菜地等地。

西沙群岛的土壤在成土过程中没有产生黏
粒和硅等矿物，缺乏铁和铝而富含钙和磷，土
壤pH值为8～9。岛上的原生土壤可简单分
为两类：一类称为石灰质腐殖土，见于常绿乔
木群落和常绿灌木群落之下，由珊瑚沙、鸟粪
和植物残落物所组成，土壤的有机质较为丰富；
另外一类是分布于各岛滨海区的冲积珊瑚沙土，
主要由风浪堆积的珊瑚及贝壳类动物残体碎屑
所构成，在高潮线以下呈黄白色，由于缺乏有
机质、含盐量较高、淋溶较强，只有少数几种
先锋植物稀疏生长，如蒭雷草（*Thuarea invo-luta* (Forst.) R. Br. ex Roem. et Schult.）、细穗
草（*Lepturus repens* (G. Forst.) R. Br.）、粗齿
刺蒴麻（*Triumfetta grandidens* Hance）等；
在沙堤之上及其内侧，底土为黄白色珊瑚沙，
有机质缺乏；表层土为灰白色的细沙，缺乏鸟
粪；表层土之上开始有植物残落物的积累（龚
子同，1996）。此外，在东岛和琛航岛上由强

大台风所形成的小湖附近，还形成了沼泽化的
盐渍沙土，土壤紧实，层次不明显，含盐量较
高。总之，西沙群岛的土壤是在特殊基质上形
成的一种特殊的土壤。它与一般热带森林下形
成的土壤大不相同，缺乏黏粒和硅而富含磷和
钙，缺乏铁和铝而土壤水分含盐量较高，含镁、
钠和钾离子较高。西沙群岛独特的土壤类型被
许多学者认为是影响该区域内植被和植物多样
性的主要因素，理由是西沙群岛属于热带气候
条件，而岛上的植被缺乏季雨林和雨林的特征
（张宏达，1974；张浪 等，2011；龚子同 等，
2013）。然而，我们认为，这一结论是否成立
还有待深入研究，理由是西沙群岛虽然位于热
带地区，但是其气候条件和我国近纬度其他地
区存在显著差异，尤其是西沙群岛高温而漫长
的冬春旱季（详见下文）。

3. 气候

西沙群岛属于典型的热带海洋性季风气候，太阳辐射强烈，日照丰富，全年高温。年平均气温 26 ～ 27 ℃，最冷月（1 月）平均气温为 22.9 ℃，6 月平均气温为 28.9 ℃，极端最低气温（出现在 1 月）为 15.3 ℃，极端最高气温（出现在 5 月）为 34.9 ℃。极端最高气温并不是出现在七八月，而是出现在 5 月，其原因是西沙群岛每年的 5 月较干旱，而八九月多台风、暴雨。可见，西沙群岛的气候受海洋的影响很大（林爱兰，1997）。

由于地处低纬度，西沙群岛气温高而稳定，虽然近年来北风天气时出现轻微的雨凇、尘埃和雾霾等天气现象，但是吹南风时往往天气晴朗，日照时数长，年总日照达到 2 900 h，最多时可达 3 045 h，最少也有 2 600 h，年日照时数占全年可照时数的 66%，十分有利于喜光植物的生长（林爱兰，1997；李嘉琪 等，2018）。

西沙群岛雨量充沛，年降雨量约为 1 500 mm，但降雨季节分布不均匀。6—11 月为雨季，受西南季风的影响，天气湿热，降水丰富，占全年降雨总量的 80% 以上。雨季多台风、热带气旋等灾害性天气。每年 12 月至翌年 5 月为旱季，

东北季风盛行，温度相对较低，干旱少雨，降雨量占全年降雨总量的 20% 以下（海南省海洋厅调查领导小组，1999）。

西沙群岛的蒸发量很高，年蒸发量达到 2 472.6 mm，远超年降雨量。每年 7—10 月的蒸发量小于降雨量，而 12 月至翌年 5 月的蒸发量却是降雨量的 6 倍多，尤其在 2 月和 3 月的蒸发量最大，为降雨量 10 倍多。在这样降雨稀少、蒸发强烈、土壤水分含盐量高且具有强淋溶的环境下，植物没有强大的适应能力是难以正常生长的（林爱兰，1997）。

西沙群岛位于亚洲季风区，每年从 11 月至翌年 2 月盛行东北季风，从 5 月至 9 月盛行西南季风，年平均风速达 5 ～ 6 m/s。季风虽有利于岛屿植被的形成和植物的传播，但同时也增加了植物的蒸腾和土壤水分的蒸发，使得岛屿在旱季时更加干旱，树木的高度受到限制。此外，西沙群岛每年的 7—9 月盛行台风，对岛上生物的生存以及人类的活动造成巨大的影响，部分植物如抗风桐（*Pisonia grandis* R. Br.）还因此进化出了对台风天气高度适应的营养繁殖方式（林爱兰，1997）。

西沙群岛的
植被

西沙群岛的自然植被包括珊瑚岛常绿乔木群落、珊瑚岛常绿灌木群落、珊瑚岛热带草本植物群落、珊瑚岛热带湖沼植物群落和珊瑚岛栽培植物群落（涂铁要 等，2022）。其中常绿乔木林和常绿灌木林占地面积最大，它们代表了西沙群岛的主要植被类型，同时也反映了本地区的自然条件特点。

西沙群岛的近纬度地区（如中南半岛、海南岛和云南南部）由于高温多雨的气候特征和相对肥沃的土壤条件，发育了茂密的热带季雨林或雨林；而西沙群岛由于地史年轻、岛屿面积较小、地形简单、土壤基质特殊以及气候条件表现出明显的季节性干旱等，其森林植被并不表现出季雨林和雨林的特征，而是成为一种特殊的地带性植被——珊瑚岛常绿林，包括珊瑚岛常绿乔木林和珊瑚岛常绿灌木林。

组成西沙群岛珊瑚岛常绿乔木群落的原生树种仅有 13 种，因此，乔木林的优势种突出，常以单优势群落而出现，群落类型十分简单。乔木终年常绿，除抗风桐群落之外，季相交替不显著。受灾害性台风的影响，乔木的高度一般为 8～10m，最高也不超过 14m。乔木群落多为由分枝低矮，根颈分枝萌发出来的大树组成，其林冠外貌较整齐，覆盖度较低。群落层次结构简单，只有单一的乔木层，偶有灌木层和草本层。草本层的种类除瘤蕨和长叶肾蕨属于阴生植物之外，其余都是阳生植物。在林冠完整、覆盖度达 90% 的单优乔木林内，林下空旷而阴暗，除了枯枝落叶层之外，没有其他植物生长。

珊瑚岛常绿灌木群落的组成种类也十分简单，优势种突出，由不同的单优势种组成不同的植物群落。主要由喜光、耐盐和抗风力较强的阳性常绿的种类构成，叶片常为阔厚或小型的肉质叶，如抗风桐、海马齿（*Sesuvium portulacas trum* (L.) L.），或叶片上下表面密被白色厚毛，如海人树、银毛树（*Tournefortia argentea* (L.) f.），但少有多刺的旱生植物种

类。灌木林的高度一般为 2m 左右，靠近海岸的群落，植株相对矮小；靠近岛中部乔木林缘的灌木群落，高度可达 3～5m。群落盖度高达 95%，植株密集，分枝低矮，枝丫纵横交错，生成密实、非刀斧不能通过的灌木林。灌木林中的草质藤本植物种类不多，但有 1～2 种的个体数量非常丰富，常在局部构成茂密的藤冠灌木林，使其更显密实。

草本植被的面积不大，多为不连续的群丛片断，或居于高潮线以上的海滩、沙堤之上，或居于乔木和灌木林迹地。组成的植物种类以禾本科（Poaceae）、马齿苋科（Portulacaceae）、紫茉莉科（Nyctaginaceae）、大戟科（Euphorbiaceae）、苋科（Amaranthaceae）及菊科（Asteraceae）植物为主。生长在海滨沙滩上的草本植被，多由海流传播种子的盐生植物所占据。在未被灌木群落所覆盖的沙堤上，草本植物种类较多，它们具有耐盐和各种旱生的结构，但盖度一般不大，稀疏散生，一旦灌木群落进一步发展，它们就逐渐退居出来。在岛的中部旷地或林间迹地上的草本植物群落，植物种类丰富，中生性的植物种类和群落的覆盖度逐步增加。刚破坏不久的林迹地，往往由以李花菊（*Wollastonia biflorac* (L.) Candolle）为主的单优势群落或带有肉质茎叶的草本植物群落所占据。

湖沼植被包括了生长于咸水湖里的水生植物及其沿湖沙滩上的盐生草本植物，属于盐生的植被，面积不大，组成种类简单。在季节性积水的低洼地上生长着由莎草科（Cyperaceae）及禾本科植物组成的高草群落，高度超过 1m，植株生长十分密集，每年腐枯的植物残体不断累积，使得土壤有机质十分丰富。

除自然植被外，西沙群岛上还有面积较大的栽培椰子林，以及季节性栽培的蔬菜。我国渔民在岛上种植椰子的习惯由来已久，目前椰子的分布几乎遍及有居民居住或固收的岛屿，其中以永兴岛和东岛的面积最大，成为茂密的

椰林。此外，在部分人工和天然珊瑚岛上还建设了大面积的"近自然节约型功能性"植物群落。这些天然和人工植被为西沙群岛的安全、宜居和可持续发展提供了基础的生态保障（任海，2017）。

由于西沙群岛的海拔不高，对于由季风带来的水汽无法阻留成雨，因此缺乏地形雨，这是西沙群岛雨量较少的原因之一。此外，西沙群岛常年受大风影响，蒸发作用强烈，导致年蒸发量远超年降雨量。特别是在旱季，干旱情况尤为严重。这些因素可能显著地塑造了西沙群岛的植物生物多样性和植被类型。又由于缺乏高低起伏的地形，西沙群岛的植被缺乏垂直分布现象。

（本章作者：谢智）

西沙群岛上的各种植被类型

海岸桐群丛（珊瑚岛热带常绿乔木群落）

木麻黄群丛（珊瑚岛热带栽培植物群落）

银毛树群丛（珊瑚岛
热带常绿乔木群落）

中国西沙群岛
野生植物资源

草海桐群丛（珊瑚岛
热带常绿灌木群落）

海人树群丛（珊瑚岛
热带常绿灌木群落）

水芫花群丛（珊瑚岛
热带常绿灌木群落）

中国西沙群岛
野生植物资源

许树群丛（珊瑚岛热带常绿灌木群落）

海马齿群丛（珊瑚岛热带草本群落）

铺地刺蒴麻＋草海桐群丛（珊瑚岛热带草本群落）

细穗草群丛（珊瑚岛热带草本群落）

第 3 章

西沙群岛
野生植物
种质资源简介

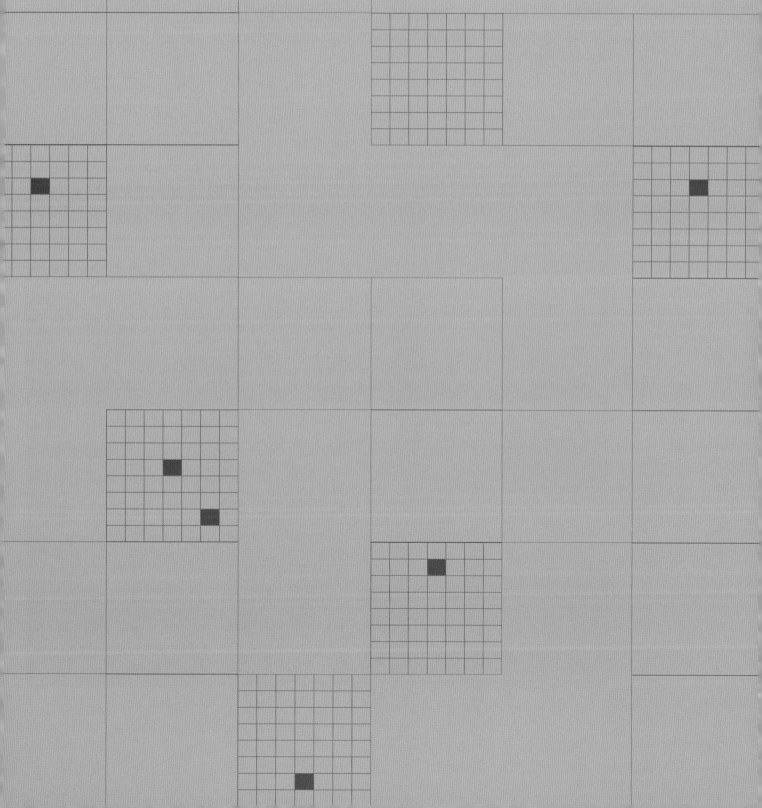

1. 西沙群岛植物种质资源概况

西沙群岛海域广阔，水产资源丰富，除蕴藏着大量的鱼类资源之外，还盛产海龟、海参、海鸟和各种珍贵的珊瑚及贝壳等。海产植物资源也非常丰富，例如马尾藻（*Sargassum* spp.）以及红藻类的石花菜（*Gelidium* sp.）、沙菜（*Hypnea* sp.）等，这些都是制造褐藻胶和琼胶的宝贵资源（广东省植物研究所西沙群岛植物调查队，1977）。

西沙群岛各岛屿上的野生植物资源种类不算太多，但是特点鲜明，其中不少种类具有较大的开发利用价值。据本书编者统计，西沙群岛共有维管植物618种（含种下等级），隶属于113科381属。其中，野生草本植物312种（包括蕨类植物和草质藤本植物），野生木本植物206种（包括木质藤本植物）。下面重点介绍以下几类野生植物资源的概况，包括食用、饲用、药用、淀粉、油脂、芳香、蜜源、材用、纤维、观赏、鞣料、抗旱、防风固沙及海草等野生植物资源。

中国西沙群岛的野生
植物资源独具特色

1.1
食用植物

　　西沙群岛上的可食用植物包括蔬菜、野菜、野果、果树等。这些植物是食物的主要来源，但由于岛上气候炎热、土壤保水力差、含盐量高，不利于各类作物的生长。目前岛上的各类蔬菜、水果等产量低、品质差，远远不能满足需要。因此必须因地制宜，试种和筛选具有耐盐、耐旱的优良蔬菜品种，增加产量，提高品质，逐步达到水果蔬菜的自给自足。

　　西沙群岛上的蔬菜植物主要为栽培蔬菜，以瓜类和叶类蔬菜为主，如冬瓜（*Benincasa hispida* (Thunb.) Cogn.）、南瓜（*Cucurbita moschata* (Duch. ex Lam.) Duch. ex Poiret）、白菜（*Brassica rapa* var. *glabra* Regel）、萝卜（*Raphanus sativus* L.）等。

　　除常见栽培蔬菜之外，马齿苋（*Portulaca oleracea* L.）、海马齿、皱果苋（*Amaranthus viridis* L.）、刺苋（*A. spinosus* L.）、龙葵（*Solanum nigrum* L.）和少花龙葵（*S. americanum* Mill.）等的茎叶也可作蔬菜食用。值得一提的是，西沙群岛的优势树种之一银毛树，其嫩叶被当地居民当作蔬菜食用，这对资源极其匮乏的西沙群岛来说尤为珍贵，特别是在一些特殊时期。

永兴岛上成片生长的龙珠果，是一种药食同源的资源植物

桑科（Moraceae）的对叶榕（*Ficus hispida* L. f.）、西番莲科（Passifloraceae）的龙珠果（*Passiflora foetida* L.）、葫芦科（Cucurbitaceae）的红瓜（*Coccinia grandis* (L.) Voigt）、茜草科（Rubiaceae）的海滨木巴戟（*Morinda citrifolia* L.）等均为重要的野生水果种质资源，具有极大的开发利用空间。尤其是海滨木巴戟，适于在西沙群岛上生长，因此十分适宜发展为西沙群岛上的特色果树。海滨木巴戟的根、茎还可用于提取橙黄色染料。此外，岛上还栽培有杧果（*Mangifera indica* L.）、龙眼（*Dimocarpus longan* Lour.）、番荔枝（*Annona squamosa* L.）、椰子（*Cocos nucifera* L.）等果树。其中，以椰子在岛上的栽培面积最广，栽培历史也最为悠久。

西沙群岛当地居民采食新鲜的少花龙葵

一种不错的蔬菜——银毛树

中国西沙群岛
野生植物资源

1.2
饲用植物

西沙群岛上的饲用植物主要集中在禾本科、莎草科、豆科（Fabaceae）和菊科等科中。其中，禾本科和莎草科植物粗蛋白含量较低，但其叶量大、适口性优良、营养价值较高，常见的有马唐（*Digitaria sanguinalis* (L.) Scop.）等。豆科植物和菊科植物通常蛋白质含量高，是家畜植物蛋白的主要来源，例如西沙灰毛豆（*Tephrosia luzonensis* Vogel）、滨豇豆（*Vigna marina* (Burm.) Merr.）、海刀豆（*Canavalia rosea* (Sw.) DC.）、黄鹌菜（*Youngia japonica* (L.) DC.）等。除此之外，紫茉莉科的抗风桐，旋花科（Convolvulaceae）的小心叶薯（*Ipomoea obscura* (L.) Ker Gawl.）、厚藤（*I. pes-caprae* (L.) R. Brown）、管花薯（*I. violacea* L.）等的茎、叶也可作饲料。其中，抗风桐是西沙群岛上的主要乔木树种之一，其叶大而肥厚、鲜嫩多汁，猪、牛、羊均喜食，可作为饲料资源。

永兴岛上的滨豇豆为优良的饲料

1.3
药用植物

西沙群岛具有较为丰富的野生药用植物资源（王清隆 等，2020），主要集中在菊科、禾本科、豆科、大戟科、锦葵科（Malvaceae）、葫芦科、茄科（Solanaceae）、茜草科、夹竹桃科（Apocynaceae）等科中。其中，永兴岛上的野生药用植物最为丰富，其他一些面积较小的岛屿种类不多，如北沙洲上仅发现钝叶鱼木（*Crateva trifoliata* (Roxb.) B. S. Sun）一种药用植物。

西沙群岛上的野生药用植物以全草类及根茎类为主。全草入药的例如过江藤（*Phyla nodiflora* (L.) E. L. Greene），俗名过江龙、水黄芹、虾子草，能破瘀生新，通利小便；主治咳嗽、吐血、痢疾、牙痛、疖疮及跌打损伤等症；无根藤（*Cassytha filiformis* L.）全草可供药用，可化湿消肿、通淋利尿，治肾炎水肿、尿路结石、尿路感染、跌打疖肿及湿疹等症。除此之外，车前科（Plantaginaceae）的野甘草（*Scoparia dulcis* L.）、鸭跖草科（Commelinaceae）的饭包草（*Commelina benghalensis* L.）等均为全草入药的药用植物资源。根及根茎入药的植物如苋科的土牛膝（*Achyranthes aspera* L.），在许多岛上都有分布，蕴藏量较大，其根入药，有清热解毒、利尿等功效，主治感冒发热、泌尿系统结石等症。此外，黄细心（*Boerhavia diffusa* L.）、白花黄细心（*B. albiflora* Fosberg）、蒺藜（*Tribulus*

白花黄细心是最近才在西沙群岛上发现的药用植物资源

terrestris L.）、土人参（*Talinum paniculatum* (Jacq.) Gaertn.）、飞扬草（*Euphorbia hirta* L.）、海滨木巴戟、海人树、草海桐（*Scaevola taccada* (Gaertn.) Roxb.）、银毛树、水芫花（*Pemphis acidula* J. R. et G. Forst.）等均为常用的中草药。

值得注意的是，西沙群岛上的野生药用植物资源虽较丰富，但由于土地面积和其他环境因素的限制，资源总量不足。对于全草入药及根和根茎入药的野生植物，在利用时需连根拔起，若不对采挖加以限制，极易导致资源枯竭，影响野生药用植物资源的可持续利用，甚至会对生态造成破坏（王清隆 等，2020）。此外，香附子（*Cyperus rotundus* L.）、单叶蔓荆（*Vitex rotundifolia* L. f.）、青葙（*Celosia argentea*

L.）等均为重要的中药，如有需要，可适度采收利用。单叶蔓荆的干燥成熟果实可供药用，药材名为蔓荆子，目前在市场上需求量较大，其植株同时又是滨海沙堤防风固沙的极好材料，在西沙群岛上可大力发展。

海滨木巴戟又被称为诺丽果，为茜草科巴戟天属灌木或小乔木，产于南太平洋热带诸岛，在我国分布于西沙群岛及台湾，为西沙群岛当地居民重要的传统药用植物，其根、皮、枝叶和未成熟果实均能入药，对糖尿病、高血压、心脏不适、疼痛、精神压抑及消化不良等具有较好的疗效。果实具有一种特殊而浓烈的气味，富含多种营养成分，可作水果食用。人们对诺丽果的这种浓烈特殊气味的嗅觉差异较大，部分人闻着奇臭，但也有人觉得奇香。近年来，随着发酵工业的发展，诺丽果也被用于发酵生产风味果汁，具有极大的发展前景（苏文潘 等，2006；龚敏 等，2009）。

当前，亟须开展对西沙群岛野生药用植物资源的全面调查。只有摸清了西沙群岛上的野生药用植物资源的种类、分布和数量，建立起完善的野生药用植物资源数据库，才能为岛上野生药用植物资源的开发利用及保护提供基础信息。其次，植物资源自然更新的能力有限，且需要较长而固定的周期。因此，需要在合理适度地开发利用野生药用植物资源的同时对其加以保护，严禁破坏生态环境的行为。同时，要建立科学的采收方式，对于入药的植物，要严格控制采挖的数量和周期，才能保证这类野生药用植物能够进行自我更新，不至枯竭耗尽。此外，还可对岛上野生药用植物资源中品质较好、潜力较大、市场竞争力大的种类加以选育，研究其在西沙群岛上的栽培管理技术，引导当地居民进行栽培种植，以满足市场需求，缓解对野生药用植物资源的需求压力。

1.4
淀粉植物

　　淀粉是植物通过光合作用储存的营养物质，多存在于植物的种子、果实、茎、块茎与块根之中。西沙群岛上的野生淀粉植物种类不多，但部分植物具有潜在的开发利用价值。其中，

仙人掌（*Opuntia dillenii* (Ker Gawl.) Haw.）的茎和浆果富含淀粉，茎可供药用，果实酸甜可食；黄细心的地上部分较为瘦弱而地下块根较大且富含淀粉，可供食用。白花黄细心的根同样富含淀粉，可供食用；其醇提取后的不溶物具有明显的利尿和抗炎作用，有待进一步研究（张和岑，1977）。

石岛上的仙人掌，茎和果实富含淀粉

中国西沙群岛
野生植物资源

1.5
油料植物

西沙群岛上经济价值较高和蕴藏量较丰富的野生或逸生油料植物有蓖麻（*Ricinus communis* L.）、红厚壳（*Calophyllum inophyllum* L.）、蒺藜（*Tribulus terrestris* L.）等。蓖麻的种仁含油 80% 以上，蓖麻油除药用外，也是抗高温和抗低温的润滑油的原料，还可作为制造尼龙及工程塑料的原料。红厚壳的种仁含油 50% ～ 60%，是塑料增塑剂、机械润滑油和制肥皂的原料，入药可治皮肤病和风湿等症。蒺藜种子含油量约 22%，可作润滑剂、软化剂、防水剂等的原料，在医药工业上还可用作制药赋形剂、乳化剂、杀真菌剂等。

榄仁（*Terminalia catappa* L.）、椰子、山棕（*Arenga engleri* Becc.）等均为人工栽培的油料植物。其中，榄仁的种仁油可食用，也可入药，工业上用于制皂和润滑油，油粕为良好的饲料。椰子具有极高的经济价值，全株各部分都有用途：其未熟胚乳（即"果肉"）可作为热带水果食用；椰子水是一种可口的清凉饮料，除饮用外，因其含有生长物质，也是组织培养的良好促进剂；成熟的椰肉含脂肪达 70%，可榨油，还可加工成各种糖果、糕点；椰壳可制成各种器皿和工艺品，也可制活性炭；椰纤维可制毛刷、地毯、缆绳等；树干可作建筑材料；叶子可盖屋顶或编织；根可入药。此外，椰子树形优美，还是热带地区绿化美化环境的优良树种。椰子树适于在西沙群岛上生长，因此宜大力发展。

永兴岛上栽培的蓖麻
是常见的油料植物

1.6
芳香植物

　　西沙群岛上的芳香植物多为栽培或逸为野生的植物，例如九里香（*Murraya exotica* L. Mant.）、翼叶九里香（*M. alata* Drake）、茉莉花（*Jasminum sambac* (L.) Aiton）、疏柔毛罗勒（*Ocimum basilicum* var. *pilosum* (Willd.) Benth.）、桉（*Eucalyptus robusta* Smith）、土沉香（*Aquilaria sinensis* (Lour.) Spreng.）等。野生芳香植物有圣罗勒（*Ocimum tenuiflorum* Burm. f.）、山香（*Mesosphaerum suaveolens* (L.) Kuntze）等。

永兴岛上栽培的茉莉花是著名的芳香植物

1.7
蜜源植物

西沙群岛上的野生蜜源植物较为丰富。常见的有蒺藜科（Zygophyllaceae）的大花蒺藜（*Tribulus cistoides* L.）、鼠李科（Rhamnaccac）的蛇藤（*Colubrina asiatica* (L.) Brongn.）、葫芦科的红瓜、西番莲科的龙珠果，以及红厚壳科（Calophyllaceae）的红厚壳等。此外，栽培植物木樨（*Osmanthus fragrans* (Thunb.) Lour.）、桉、番石榴（*Psidium guajava* L.）和椰子等也是很好的蜜源植物。正是由于这些植物为蜜蜂提供了充足的蜜源，使得西沙群岛的野生蜜蜂的种类和数量大为增加。因此，在西沙群岛部分岛屿上养蜂具有一定的可行性。

永兴岛上的蛇藤花量大，花蜜丰富，是很好的蜜源植物

1.8
材用植物

西沙群岛上的木本植物所占的比例极小，而适于作材用的树种更少，主要有红厚壳、榄仁、台湾相思（*Acacia confusa* Merr.）、木麻黄（*Casucrina equisetifolia* L.）、海岸桐（*Guettarda speciosa* L.）、橙花破布木（*Cordia sub-cordata* Lam.）等。

红厚壳、海岸桐和橙花破布木是西沙群岛野生乔木中木材最好的3种，其抗风力强，木材质地坚实，较重，有较强的耐磨损和耐海水浸泡能力，不易受虫蛀，适用于造船、桥梁、枕木、农具及家具等用材。而抗风桐木材结构疏松，材质不佳，容易折断，不宜作材用树种。

红厚壳是西沙群岛上材质最好的野生乔木资源之一

1.9
纤维植物

西沙群岛上常见的露兜树（*Pandanus tectorius* Sol.）、牛筋草（*Eleusine indica* (L.) Gaertn.）、羽状穗砖子苗（*Cyperus javanicus* Houtt.），以及陆地棉（*Gossypium hirsutum* L.）、铺地刺蒴麻（*Triumfetta procumbens* G. Forst.）、刺蒴麻（*T. rhomboidea* Jacq.），还有各种黄花棯（*Sida* L. spp.）等都是很好的野生纤维植物，可用于造纸、搓绳和编织。

常见的栽培纤维植物主要有大麻槿（*Hibiscus cannabinus* L.）、剑麻（*Agave sisalana* Perr. ex Engelm.）、龙舌兰（*A. americana* L.）、金边龙舌兰（*A. americana* var. *marginata* Trel.）、虎尾兰（*Sansevieria trifasciata* Prain）、大蕉（*Musa* × *paradisiaca*）和泥竹（*Bambusa gibba* McClure）等。目前，纤维植物在西沙群岛上的蕴藏量较小，应有计划地种植以便更好地利用。

永兴岛上的陆地棉是
应用广泛的纤维植物

中国西沙群岛
野生植物资源

1.10

观赏植物

西沙群岛上的观赏植物种类丰富。其中，野生观赏植物主要有美冠兰（*Eulophia graminea* Lindl.）、海人树和水芫花。其中，美冠兰是西沙群岛上唯一一种野生兰科（Orchidaceae）植物，花香且美丽，具有很高的观赏价值。海人树树形优美，叶形奇特，花色淡雅，观赏价值高，是我国热带海岛园林绿化的理想植物物种（周婉敏 等，2021）。水芫花则是一种美丽的盆景植物，目前仅东岛等少数岛屿上有分布，当地高度重视对该物种的保护。编者建议：可在不影响野生居群的情况下利用种子繁殖或组培的方式进行开发应用。

除此之外，人类通过各种途径引入了许多观赏植物栽培于西沙群岛上，最常见的有椰子、榄仁、长春花（*Catharanthus roseus* (L.) G. Don）、夹竹桃（*Nerium oleander* L.）、猩猩草（*Euphorbia cyathophora* Murr.）、柬埔寨龙血树（*Dracaena cambodiana* Pierre ex Gagnep.）、散尾葵（*Dypsis lutescens* (H. Wendl.) Beentje et J. Dransf.）等。其中，椰子在岛上栽培最广，其树形优美，抗风耐盐，是西沙群岛绿化美化和防风固沙的优良树种。榄仁常作为行道树栽培，能够较好地适应西沙群岛高温、干旱、贫瘠等恶劣的生境条件，在永兴岛上栽培较多。

永兴岛上的美冠兰

1.11

鞣料植物

鞣料植物是指含有较多鞣质（单宁）的植物，可用于提取栲胶。单宁是一种复杂的混合物，在水溶液中呈胶体状态，显弱酸性，具有强烈的苦涩味。在空气及碱性溶液中易被氧化成黑色。遇蛋白质、生物碱、重金属（如铅、铜、铋、汞等）和碱土金属（如钙、锶、钡等）结合可生成不溶性的化合物。此外，单宁与高铁盐能变成蓝黑色或黑绿色，常利用它的这种性质制造蓝黑墨水。石榴（*Punica granatum* L.）用刀切开之后不久，切面便呈蓝黑色，就是由于石榴的皮中含有较多的单宁的缘故（景汝勤，1981）。

在大多数高等植物中，单宁是普遍存在的，但真正能符合工业生产要求的植物并不多。也正因为如此，西沙群岛上的鞣料植物种类较少，常见的有石榴、台湾相思、凤凰木（*Delonix regia* (Boj.) Raf.）、红厚壳等。石榴果皮中的单宁含量约为 10%，鞣质颜色鲜艳，原料易得，便于大规模生产，具有良好的应用前景（王全杰 等，2011）。目前岛上野生或栽培的鞣料植物均未被利用。

石榴是具有较大开发
潜力的鞣料植物

1.12
抗旱及防风固沙植物

热带珊瑚岛由于光照强、季节性干旱明显、土壤贫瘠、保水能力差而少有植物生长（徐贝贝 等，2018）。生长在西沙群岛的许多植物，尤其是优势种和主要建群种，对高温、干旱的气候以及贫瘠、高淋溶的土壤环境均有较好的适应性。例如抗风桐、草海桐、银毛树、海岸桐、木麻黄、海人树、红厚壳等。

抗风桐是西沙群岛自然植被中最常见的乔木树种之一，能适应强光、干旱和贫瘠等生长条件，可作为热带珊瑚岛植被恢复的重要树种，且具有重要的生态、药用和观赏价值。抗风桐属阳生性树种，具有叶片厚、比叶面积低、栅栏组织发达、海绵组织细胞间隙小等特征，利于其对光能和水分的利用；其超氧化物歧化酶和过氧化氢酶活性高、脯氨酸含量较高，丙二醛含量较低，表明其具有较强的抗旱性。抗风桐生长的土壤养分含量低，但其叶片营养元素含量高，表明抗风桐对土壤养分的利用能力高，对土壤养分贫瘠胁迫具有较强的适应性（陈炳辉 等，1993；王馨慧 等，2017）。

草海桐是一种典型的热带滨海植物，是西沙群岛珊瑚岛植被中的主要建群种之一，能够很好地适应干旱、贫瘠的珊瑚沙环境，具有较强的抗逆及适应能力，在海岛和海岸带防风固沙及植被生态恢复等方面发挥着重要作用。草海桐具有阳生性植物特征，叶片及上表皮厚、气孔密度小、导管直径及水力导管直径大，其体内的超氧化物歧化酶和过氧化氢酶活性与其他受胁迫植物相比更高，脱落酸含量也较高，表明草海桐对珊瑚岛环境具有较强的适应性及抗逆性；其根际土壤养分含量偏低，但植物体内营养元素含量却较高，对土壤养分的利用效率高（徐贝贝 等，2018）。

银毛树是东半球热带海岸和海岛常见的先锋植物，能较好适应干旱、强光和瘠薄的滨海

沙滩环境，具有重要的生态价值、观赏价值和食用价值，在热带珊瑚岛礁或滨海地区防风固沙及植被恢复等方面具有较好的应用前景。银毛树具有叶表面气孔密度低、比叶面积小、海绵组织发达、枝条的空腔比高等特点，有较好的储水抗旱能力。其叶片表面密被白色绢毛，可以反射强光、降低水分散失，有利于其适应强光和干旱环境。银毛树叶片的脯氨酸含量较高，能够很好地抵抗渗透胁迫，为细胞提供良好的生存环境。银毛树生长的土壤呈强碱性，养分和水分含量较低，但其叶片营养元素含量正常，表明其对土壤养分的利用率高，能够很好地适应瘠薄的土壤环境。其树干的木质部密度低，枝干脆弱易折，可防止被强大台风连根拔起，同时枝干含水丰富，有利于其抵抗台风及树冠的快速恢复（蔡洪月 等，2020）。

海岸桐是一种典型的热带海岸植物，在海岛和海岸带防风固沙及植被生态恢复等方面发挥着重要作用。随着干旱程度增强，海岸桐栅栏组织与海绵组织的比值和叶片厚度等数值都会有所增加，这种适应性变化能有效减少海岸桐水分的流失，增强节水能力；其体内的超氧化物歧化酶和过氧化氢酶活性迅速提升，脯氨酸含量也不断增加，海岸桐抵御干旱的调节能力也随之增强；其根部营养物质含量降低，但叶片营养物质含量升高，叶绿素总含量减少的速度变慢，说明海岸桐能够高效利用养分且受干旱胁迫的损害程度小（李晓盈 等，2021）。由此可见，海岸桐具有较强的抗旱性以及对珊瑚岛生境的强大适应能力。

木麻黄生长迅速、萌芽力强、根系深广，又具有耐干旱、抗风沙和耐盐碱的特性，是西沙群岛海岸防风固沙的优良先锋树种之一。

海人树对强光、干旱、高盐碱和土壤贫瘠的热带珊瑚岛环境具有良好的适应能力，可作为热带珊瑚岛植被恢复和园林绿化的工具种。

红厚壳是阳生性植物，其上表皮厚，海绵组织发达且栅栏组织排列紧密，气孔排列松散

且密度小，有利于叶片保水抵御干旱。叶片的叶绿素 a、b 含量低，表明红厚壳具适应强光环境的能力。红厚壳自然生长的珊瑚岛土壤较为贫瘠、营养元素含量低，但红厚壳植株体内具有较高的营养元素含量，表明红厚壳营养元素利用率高，对于贫瘠土壤具有很好的适应能力。因此，红厚壳具有较高的抗氧化胁迫能力和耐受干旱的能力，适宜生长在热带珊瑚岛等土壤贫瘠的生境，可以作为热带珊瑚岛防风固沙和植被恢复的工具种（贾瑞丰 等，2011；姚宝琪，2011）。

总的来说，西沙群岛上的植物资源以食用、药用、纤维和观赏植物为主，野生植物资源丰富但蕴藏量较小。将来可再适当引植一些适合热带珊瑚岛屿生长的药用、蔬菜、观赏、水果、纤维、油料、芳香植物资源，并注重对野生植物资源的保护与合理开发。

木麻黄是西沙群岛海岸防风固沙的优良先锋树种

中国西沙群岛
野生植物资源

1.13

海草

海草（seagrass）指的是一类生长在海洋中的被子植物，其多为沉水植物，在海洋中完成整个生活史，以水媒传播为主（于硕 等，2022）。海草床与红树林、珊瑚礁并称三大典型的近海海洋生态系统，具有独特的生态服务功能。海草床是海洋生物重要的栖息地、育幼场和庇护所；也是众多鱼类、绿海龟等海洋生物的食物来源；海草床可以大量吸收海水中营养盐、净化海水，清除海洋中威胁人类和珊瑚礁的病原微生物，增加海水中的溶氧；此外，海草床在保持海岸潮间带基质的沉积和稳定以及碳储存和气候调节方面发挥着十分重要的作用（周毅 等，2023；刘松林 等，2015，2017；Lamb 等，2017；郑凤英 等，2013）。全世界现存海草约 70 种，全为单子叶植物，由 70 万～100 万年前分化而成的 4 个独立支系构成（郑凤英 等，2013；钟超 等，2024）。2015～2021 年，中国科学院海洋研究所、中国科学院南海海洋研究所、中国海洋大学等科研机构，对我国海草进行了系统调查，对我国海草植物种类、分布及群落情况进行了汇总（周毅 等，2023）。最新的普查数据记录：我国共有海草床面积 26 495.69 hm²，其中温带海域海草床面积 17 095.01 hm²，热带 - 亚热带海域海草床面积 9 400.68 hm²。我国现有海草植物含 4 科 9 属 16 种，对比 2013 年的统计（郑凤英，2013）6 种海草未发现（宽叶鳗草 Zostera asiatica、具茎鳗草 Zostera caulescens、黑纤维虾形草 Phyllospadix japonicas、全楔草 Thalassodendron ciliatum、毛叶喜盐草 Halophila decipiens 和大果川蔓草 Ruppia megacarpa）（周毅 等，2023）。

杨宗岱（1979）总结了我国海草植物资源的起源和分布，开创了我国学者研究海草植物的先河。早期海草在中国经常被冠以"藻"的名称，如泰来藻、大叶藻等，为了提高公众对海草的认识，将海草和藻类植物区分开来，2016 年黄小平等学者对中国海草的中文名名进行规范和更新。近年来，许多学者对我国海草的形态、系统发育及分类、生理生化、生态及分布等进行了研究，并取得了一系列研究成果（黄小平 等，2006，2010，2018；王小兵 等，2010；杨宗岱 等，1983；原永党 等，2010；赵良成 等，2008；郑凤英 等，2013；王道儒 等，2012；Herbeck 等，2011；Nakajima 等，2012）。

对于西沙群岛海草的研究，最早见于《我国西沙群岛的植物和植被》（广东省植物研究所西沙群岛植物调查队，1977）。该书记载了川蔓草（Ruppia maritima L.），并与草茨藻（Najas graminea Del.）一起作为湖沼植物群落的一个群系进行了描述，该群系分布于琛航岛和东岛等岛上的浅水小湖中，并不是真正的海草床群落。本书编者通过查阅文献资料，统计得到西沙群岛主要海草种类有 9 种，即泰来草（Thalassia hemprichii (Ehrenb. ex Solms) Asch.）、喜盐草（Halophila ovalis (Br.) Hook. f.）、贝克喜盐草（H. beccarii Asch.）（杨宗岱，1979）、全楔草（Thalassodendron ciliatum (Forssk.) Hartog）（den Hartog et Yang, 1990）、海菖蒲（Enhalus acoroides (L. f.) Royle）（杨宗岱，1979）、圆叶丝粉草（Cymodocea rotundata Asch. et Schweinf.）、单脉二药草（Halodule uninervis (Forssk.) Boiss.）、针叶草（Syringodium isoetifolium (Asch.) Dandy）、川蔓草（Ruppia maritima L.）（广东省植物研究所西沙群岛植物调查队，1977），隶属于 3 科 8 属。除了在西沙群岛许多岛屿周边的礁坪大面积分布并形成持久性海草床群落的 5 种海草，其它 4 种海草（贝克喜盐草、全楔草、海菖蒲和川蔓草）在西沙群岛的历次调查中极少发现，这说明以往西沙群岛海域的海草资源本底调查还不够详尽（邱广龙 等，2020），未来需要更多研究以促进对这一独特的植物资源的了解、保护和利用。

泰来草雄花

泰来草雌花

泰来草群丛

中国西沙群岛
野生植物资源

喜盐草群丛

喜盐草

圆叶粉丝草群丛

单脉二药草

针叶草

中国西沙群岛
野生植物资源

2. 西沙群岛植物物种多样性及区系特征

西沙群岛是一群处于热带海洋中的地质历史比较年轻的岛屿。它远离大陆，土壤条件和气候条件十分特殊，岛上的植物与邻近大陆及大陆性岛屿相比，显得相对简单却又独具特色，其植物生物多样性维持机制也有别于附近的大陆性海岛（Li et al., 2024）。根据多次调查与采集统计，西沙群岛共记录有维管植物618种（含种下等级），隶属于113科381属。其中，野生植物321种（含种下等级），隶属于56科197属。总体而言，西沙群岛的植物物种多样性远低于近纬度地区中生生境的热带大陆性海岛（Li et al., 2024）。事实上，我们的初步叶片真菌培养实验和测序实验（Li et al., 2018）表明，西沙群岛的真菌或病原菌多样性也可能远低于热带大陆性海岛。

西沙群岛的植物区系中可能没有特有种。在西沙群岛的全部野生植物物种组成中，蕨类植物仅记录有瘤蕨（*Microsorum scolopendria* (Burm.) Copel.）等少数几种，不存在野生的裸子植物和睡莲科（Nymphaeaceae）、五味子科（Schisandraceae）等较原始的被子植物类群。在西沙群岛的海岸沙滩上虽然也能看到红树（*Rhizophora* L. sp.）等的果实，但由于西沙群岛缺乏泥质的海湾和海滩，因此红树林植物难以定植，这些植物的果实可能是随海流从其他岛屿或海岸带红树林漂浮过来的。

从西沙群岛的地理位置及全部植物区系的组成来说，西沙群岛的植物区系应属于古热带植物区的马来西亚亚区（孙立广 等，2014），植物区系组成富含热带海岸和热带海岛的成分。西沙群岛各岛屿之间一方面由于面积大小不同，物种多样性差异显著；另一方面，由于各岛屿气候、水热条件等基本相似，同属于热带海洋珊瑚岛屿，地处低纬度，所以组成各岛屿的植物区系成分基本相似。例如海人树科的海人树、草海桐科的草海桐、豆科的海刀豆和绒毛槐（*Sophora tomentosa* L.）、茜草科的海岸桐和海滨木巴戟、紫草科的银毛树和橙花破布木、樟科的无根藤、番杏科的海马齿、千屈菜科的水芫花、紫茉莉科的抗风桐和黄细心、旋花科的厚藤和管花薯、大戟科的海滨大戟（*Euphorbia atoto* Forst.）、叶下珠科的珠子草（*Phyllanthus niruri* L.）、菊科的孪花菊以及禾本科的细穗草、沟叶结缕草（*Zoysia matrella* (L.) Merr.）、盐地鼠尾粟（*Sporobolus virginicus* (L.) Kunth）、蒭雷草（*Thuarea involuta* (Forst.) R. Br. ex Roem. et Schult.）和龙爪茅（*Dactyloctenium aegyptium* (L.) Beauv.）等，其中，海人树、厚藤和海刀豆等在西半球热带海岸和海岛也较常见，其他均为东半球热带海岸带和珊瑚岛常见的物种，这些植物一起构成了西沙群岛植被的主要成分。

西沙群岛各岛、洲、礁、滩相互分隔，较为分散，且形成的年代不同，土壤条件有较大差异，因此各岛屿分布的植物种类及数量都有不同程度的差异。永兴岛的植物种类最多，仅野生植物就有261种，占西沙群岛野生植物总数的81%。而与永兴岛相隔约24海里的东岛，其面积与永兴岛近乎相同，但东岛仅记录野生植物84种。距永兴岛不足1海里的石岛，野生植物仅有55种，岛上灌木及乔木种类和数量都很少，仅银毛树和草海桐等灌木种群数量稍多，乔木树种抗风桐仅见1m以下的幼苗，未见大树。红厚壳较普遍地分布在永乐群岛的金银岛、珊瑚岛、甘泉岛等岛屿，而在宣德群岛的永兴岛上却十分罕见。

由于西沙群岛的成岛时间较晚，地质历史比较年轻，岛上无特有植物，推测所有植物种类都是通过海流、动物、风力以及人类的活动从邻近大陆或岛屿传播而来。因此，西沙群岛的植物区系成分与相邻地区特别是海南岛的植物区系有着十分密切的联系，西沙群岛与海南岛物种的相似性指数高达96.82%（童毅 等，2013）。铺地刺蒴麻、海人树、喙荚鹰叶刺（ Guilandina bonduc L. ）、西沙灰毛豆、变色牵牛（ Ipomoea indica (J. Burm.) Merr. ）这5种植物是东南亚各国热带海岛及海岸的常见物种，但在海南岛上却没有分布，说明西沙群岛的植物区系与东南亚热带海岛及海岸也有较多联系。

西沙群岛植物区系的这些特点，一方面说明其处于热带海洋，地质历史比较年轻，植物区系成分与邻近大陆和岛屿相似。另一方面也反映了植物的生态和生物学特性，只有适应于西沙群岛这种特殊生境条件的植物才能立足生长，即岛上植物非以其亲缘关系而群居，而以其生态和生物学特性趋同而组合（广东省植物研究所西沙群岛植物调查队，1977）。

（本节作者：谢智）

3. 西沙群岛植物的染色体数目与倍性

染色体不仅是一系列基因控制的发育过程的最终产物，还是遗传信息的携带者，能够揭示生物类群历史上发生的演化过程以及演化的趋势 (Stebbins, 1957)。因此，染色体数目与倍性的研究被广泛应用于研究植物的分类、物种形成、生态适应和演化等。染色体计数是获得染色体数目最基础也是最精准的方法。高等植物中最常见的染色体数目变化是多倍化。多倍化是物种形成和新适应性起源的重要途径之一（Stebbins, 1957, 1971; Levin, 2002）。Stebbins（1950）估计被子植物中30%～35%为多倍体。Löve（1964）估计蕨类植物中有90%为多倍体，单子叶植物中多倍体比例为50%，双子叶植物中约30%。Grant（1963）通过对17 000种植物的研究，发现其中47%为多倍体。Barrett（1989）认为被子植物中70%～80%是多倍体起源。Goldblatt（1980）估计了被子植物基础单倍体数目后，认为单子叶植物中 $n > 10$ 的物种都是多倍体（约7 014种）。总体而言，多倍体在现存裸子植物中少见，一般多倍体比例最高的是多年生草本，而在一年生草本中比较低，在木本中的多倍体比例最低（Stebbins, 1971; Müntzing, 1936; Raunkiaer, 1934）。

传统观点认为，多倍体比二倍体祖先对极端寒冷和干旱的环境更有适应性（Stebbins, 1950）。多倍体相比祖先类群产生了新的性状，在占领和扩张到新生境时更有优势。比如 Bouharmont 和 Mace（1972）发现四倍体产生了更多种子，并且种子的可育性高于二倍体。多倍体在生态位竞争和领地扩张中具有得天独厚的优势，它们对温度、湿度、光照和冰川作用的适应性更强，多倍体比二倍体祖先分布的范围要更广（Mosquin, 1967; Hagerup, 1932; Manton, 1937; Rothera and Davy, 1986; Ehrendorfer, 1965）。影响地区植被多倍体比例的因素有土壤、地质冰川作用和极端气候（Stebbins, 1971）。因此就不同地区而言，多倍体比例可能不同。Rosenzwieg（1995）认为大陆地区的植被多倍体的比例随着纬度的下降而下降。在欧洲向北纬度越高的地区，植被中多倍体的比例越来越高。然而上述结论皆是基于温带类群的研究，而对热带地区尤其是热带海岛的细胞学研究相对较少。

海岛陆域生态系统由于生境独特且被周围水体分隔而具有明确的边界，被认为是研究生物演化的"天然实验室"，长久以来吸引着大量科学家开展海岛植物演化和生物多样性形成和维持机制的研究（Stuessy and Crawford, 1998; De Lange et al., 2004; Frankham, 1997; Caujape-Castells et al., 2010; Stuessy and Ono, 2007; Kiehn and Lorence, 1996）。就海岛植物染色体进化而言，目前世界范围内的研究主要集中在特有植物或原生植物比例较大的海岛。Meudt 等人（2021）对新西兰（New Zealand）、夏威夷群岛（Hawaiian Islands）、胡安·费尔南德斯群岛（Juan Fernández Islands）、加那利群岛（Canary Islands）、夏洛特皇后群岛（Queen Charlotte Islands）和加拉帕戈斯群岛（Galápagos Islands）5 组岛屿的植物染色体多倍化资料（Borgen, 1979; McGlone et al. 2001; Carracedo and Troll, 2016; Price, 2004; Stuessy et al., 1998; Rivas-Torres et al., 2018）进行了分析，结果表明染色体多倍化对许多岛屿特有类群的多样性分化可能具有重要作用。

和以上岛屿不同的是，西沙群岛是热带珊瑚岛，岛屿面积较小，主要由珊瑚沙堆积而成，岛上缺少成熟土壤，且旱季漫长，环境条件极为恶劣，不利于许多植物生存和繁衍。此外，西沙群岛和世界上多数热带珊瑚岛一样，成岛时间较为年轻，尚未分化出岛屿特有物种。因此，严格来说，西沙群岛的所有植物物种可能都是外来种，只是各个物种迁入的时间长短不同、在群落中的地位和作用有别。显然，讨论西沙群岛极端环境下植物染色体多倍化对物种形成或物种多样性的影响可能是一个假命题。

在野外考察中，我们在岛屿滨海区域发现不少海水传播的植物种子，其中包括不少红树林种子，然而，我们并未在西沙群岛发现稳定的红树林种群甚至是幼苗。这说明西沙群岛可能较容易接受大陆或其他大型岛屿物种库的植物种子，但是这些种子漂流到西沙群岛以后能否成功定植并繁衍后代，则取决于该物种对西沙群岛特殊生境的适应能力。目前，关于西沙群岛极端环境下西沙植物染色体的数目、倍性水平与演化格局等工作尚属空白，尤其是我国热带珊瑚岛特征类群（如海人树等）还没有相关染色体数据报道。有鉴于此，本书编者团队在相关科研项目支持下开展了文献资料研究以及细胞学实验，以提供西沙群岛植物染色体数目、倍性、核型等基础细胞学知识。

西沙群岛共有维管植物 396 种（含种下等级），其中已有染色体报道的植物有 230 种，隶属于 65 科 169 属。西沙群岛已报道的被子植物染色体具有以下特征：岛上被子植物多倍体比例为 61.1%，高于有记录的世界岛屿植物多倍体平均比例（59%）；所统计的植物中，原生植物多倍体比例为 35%，二倍体比例为 65%，二倍体占绝对优势。

本书编者通过实验研究，共获得西沙群岛植物 29 科 30 属 36 种 1 变种的染色体数目与倍性。其中，小叶大戟（*Euphorbia makinoi* Hayata）、中华黄花稔（*Sida chinensis* Retz.）、粗齿刺蒴麻、抗风桐、沙生马齿苋（*Portulaca psammotropha* Hance）等植物的染色体数目与倍性为首次报道。这 36 种植物中有 31 种植物为二倍体，5 种植物为多倍体，二倍体和多倍体分别占比 86% 和 14%，可见二倍体占绝对优势。外来入侵植物的多倍体比例为 38%，海岸植物的多倍体比例为 17%。在 5 种多倍体植物中，四倍体有 3 种，包括羽芒菊（*Tridax procumbens* L.）、马齿苋、黄花稔（*Sida acuta* Burm. f.）；十二倍体 1 种，即青葙；非整倍体 1 种，即蒺藜草（*Cenchrus echinatus* L.）。

表3.1　西沙群岛野生植物的染色体信息（引自刘俊芳，2017）

Order	Family	Species	Growth form	Chromosome number
Asterales	Compositae	*Tridax procumbens* (L.) L.	Herb	$2n=36$
	Goodeniaceae	*Scaevola taccada* (Gaertn.)Roxb.	Wood	$2n=16$
Brassicales	Cleomaceae	*Cleome viscosa* L.	Herb	$2n=20$
Caryophyllales	Aizoaceae	*Trianthema portulacastrum* L.	Herb	$2n=26$
		Sesuvium portulacastrum (L.)L.	Herb	$2n=18$
	Amaranthaceae	*Celosia argentea* L.	Herb	$2n=108$
		Amaranthus blitum L.	Herb	$2n=34$
	Nyctaginaceae	*Pisonia grandis* R. Br.*	Wood	$2n=32$
	Portulacaceae	*Portulaca oleracea* L.	Herb	$2n=48$
		Portulaca pilosa L.	Herb	$2n=16$
		Portulaca psammotropha Hance*	Herb	$2n=18$
Fabales	Fabaceae	*Cajanus crassus* (King) Maesen	Wood	$2n=22$
		Cajanus scarabaeoides L.(L.) Thouars	Wood	$2n=22$
		Canavalia rosea (Sw.) DC.	Herb	$2n=22$
		Crotalaria pallida Aiton.	Herb	$2n=16$
		Indigofera colutea (Burm. f.) Merr.	Herb	$2n=16$
		Rhynchosia minima (L.) DC.	Herb	$2n=22$
		Senna occidentalis (L.) Link	Wood	$2n=28$
		Tephrosia luzoniensis Vogel	Herb	$2n=22$
		Vigna marina (Burm.) Merr	Herb	$2n=22$
	Surianaceae	*Suriana maritima* L.*	Wood	$2n=18$
Malpighiales	Euphorbiaceae	*Euphorbia atoto* G. Forst.	Herb	$2n=16$
		Euphorbia makinoi Hayata.*	Herb	$2n=18$
	Passifloraceae	*Passiflora foetida* L.	Wood	$2n=20$
	Phyllanthaceae	*Phyllanthus amarus* Schumach.et Thonn	Herb	$2n=26$
Malvales	Malvaceae	*Abutilon indicum* (L.) Sweet	Herb	$2n=42$
		Malvastrum coromandelianum (L.) Garcke	Wood	$2n=24$
		Melochia corchorifolia L.	Wood	$2n=36$
		Sida acuta Burm. f.	Wood	$2n=28$
		Sida rhombifolia L.	Wood	$2n=14$
		Sida chinensis Retz.*	Wood	$2n=24$
		Triumfetta grandidens Hance*	Wood	$2n=32$
Poales	Poaceae	*Cenchrus echinatus* L.	Herb	$2n=68$
Solanales	Convolvulaceae	*Ipomoea violacea* L.	Wood	$2n=30$
		Ipomoea pes-caprae (L.) R. Br.	Herb	$2n=30$
	Solanaceae	*Physalis minima* L.	Herb	$2n=48$
		Solanum americanum Mill.	Wood	$2n=24$

注：Wood 为木本植物；Herb 为草本植物；* 为首次报道。

中国西沙群岛
野生植物资源

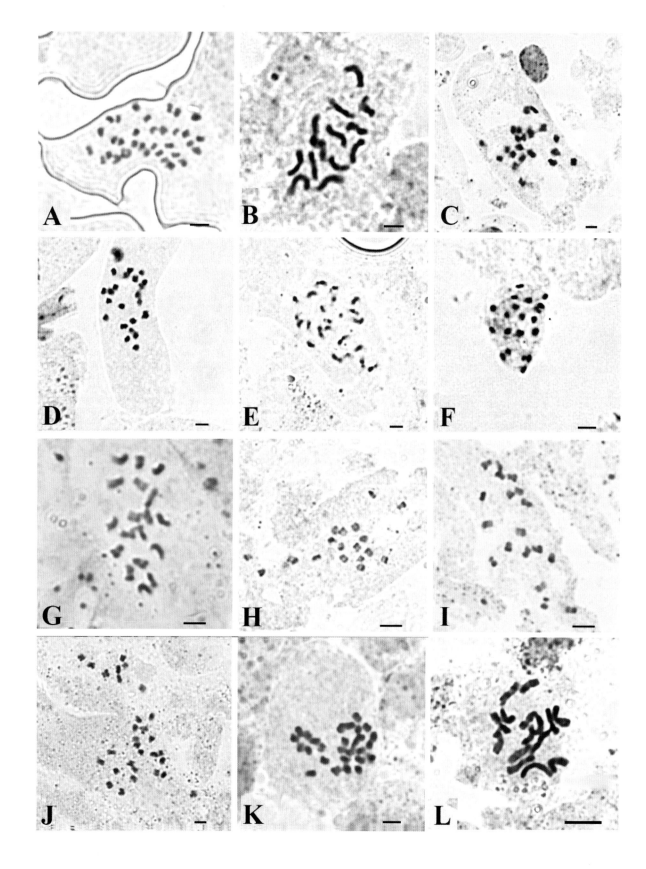

A. 凹头苋，2n = 34. B. 白背黄花稔，2n = 14. C. 白蔓草虫豆，2n = 22. D. 滨豇豆，2n = 22. E. 虫豆，2n = 22. F. 海马齿，2n = 18. G-I. 海人树，2n = 18. J. 厚藤，2n = 30. K. 黄花稔，2n = 28. L. 猪屎豆，2n = 16. A-K 比例尺 2 μm，L 比例尺 5 μm。

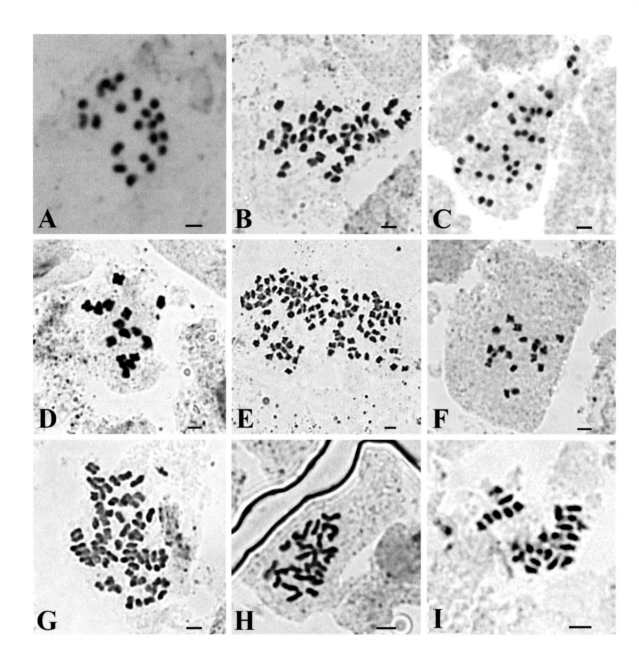

A. 龙珠果，2*n* = 20. B. 马齿苋，2*n* = 48. C. 马松子，2*n* = 36. D. 毛马齿苋，2*n* = 16. E. 青葙，2*n* = 108. F. 沙生马齿苋，2*n* = 18. G. 蒺藜草，2*n* = 68. H. 假海马齿，2*n* = 26. I. 叶下珠，2*n* = 26.   比例尺 2 μm。

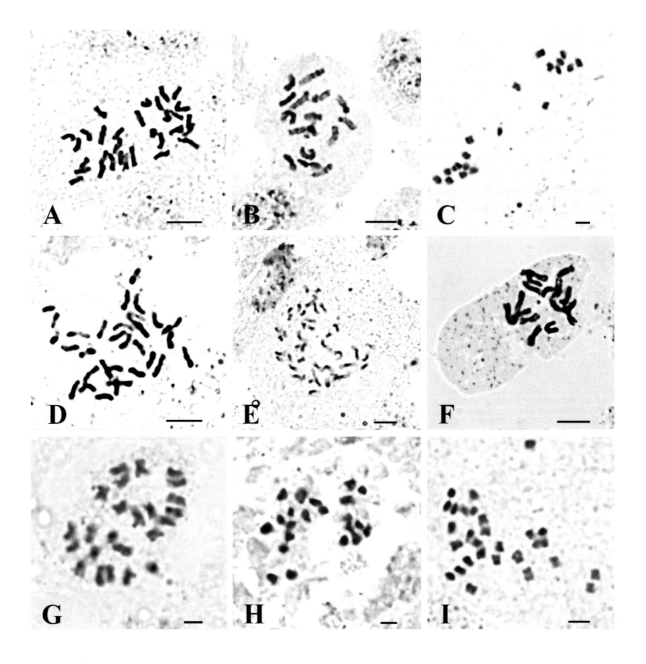

A. 粗齿刺蒴麻，2n = 32. B. 海滨大戟，2n = 16. C. 黄花草，2n = 20. D. 抗风桐，2n = 32. E. 磨盘草，2n = 42. F. 疏花木蓝，2n = 16. G. 少花龙葵，2n = 24. H. 西沙灰毛豆，2n = 22. I. 管花薯，2n = 30. A–F 比例尺 5 μm，G–I 比例尺 2 μm。

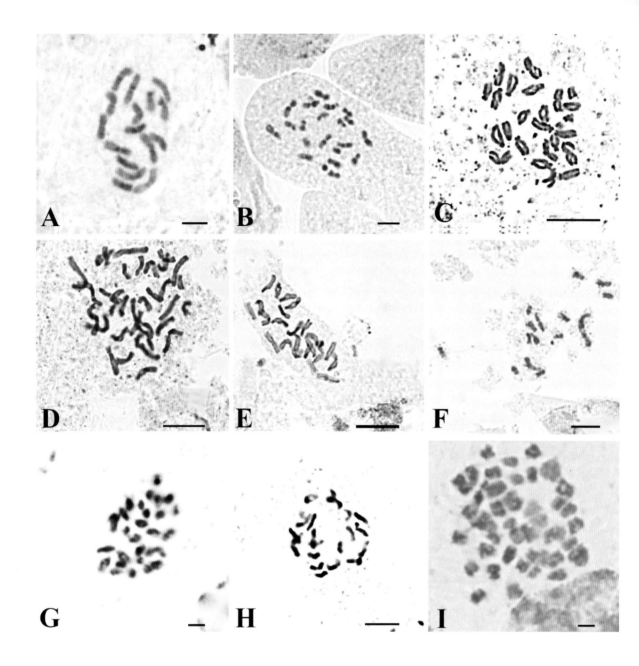

A. 草海桐，2n = 16. B. 海刀豆，2n = 22. C. 赛葵，2n = 24. D. 羽芒菊，4n = 36. E. 中华黄花稔，2n = 24. F. 小叶大戟，2n = 18. G. 望江南，2n = 28. H. 小鹿藿，2n = 22. I. 小酸浆，2n = 48. A-E 比例尺 10 μm，F-I 比例尺 5 μm。

5个多倍体中，有3个是入侵种，即青葙、羽芒菊和黄花稔，这表明多倍体在入侵种向新生境扩散和入侵的过程中发挥着重要作用（刘俊芳，2017）。此外，马齿苋为世界广布的常见杂草，蒺藜草普遍生于东亚及东南亚滨海干热地区的沙地或沙质土草地上，它们的种子较小且容易扩散，适应能力极强。相比于二倍体，这些多倍体植物更容易在新的生境条件下快速建立起自己的种群。

总体来看，西沙群岛维管植物中，二倍体仍然占绝对优势，这是由于西沙群岛成岛时间较短，岛上许多植物是由海南岛或其他地区扩散而来，这些植物在原生境地区是二倍体，短时间内不易发生染色体变异。此外，我们还发现极少数的植物种类由于自身染色体结构容易变异的特性，所以出现了零星的多倍体。因此我们的结论是：西沙群岛植物的多倍化比例与海南岛十分接近，多倍化不是西沙群岛植物适应特殊生境的主要方式。

刘俊芳等人（2017）还对泛热带海岸分布的单种属海人树进行了详尽的细胞学研究。结果表明，海人树染色体数目为 $2n=18$，核型公式为 $2n=2x=18m$，核型对称性为1A，核型对称性说明该种较原始。结合豆目植物中已有的细胞学证据和海人树的分布及生境，推测海人树在进化过程中发生了染色体数目的非整倍改变，以适应西沙群岛高温干旱的生境。

（本节作者：刘俊芳）

海人树核型

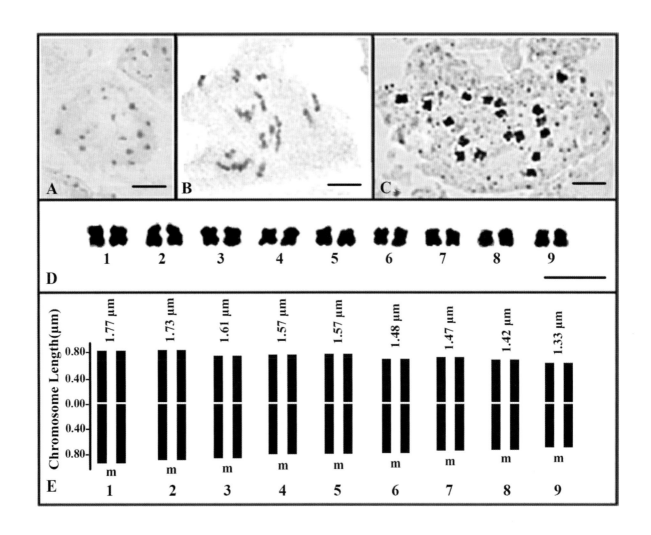

A. 静止核　B. 间期核　C. 中期染色体　$2n = 18$　D. 核型　比例尺 5 μm　E. 核型模式图　比例尺 5 μm.（引自刘俊芳，2017）

4. 西沙群岛植物的生态学特点

西沙群岛虽处于高温多雨的热带海洋之中，但因其海岛面积不大、海拔低、地形简单、风大干旱、土壤含磷较高而碳氮钾含量较低，以及土壤强淋溶的特性，对植物特性和植被性质产生重要影响，岛上植物的生活型和生态特性无一不因这样的影响而产生适应性。西沙群岛的植被以矮小、多年生的草本植物占绝大多数，其次为灌木，乔木最少。其中，草本以阳性盐生、蔓生、匍匐生和丛生型植物为主，它们是海滩前沿及沙堤上的先锋植物。灌木则以阳性的矮小灌木和亚灌木为主。藤本绝大部分为草质藤本植物，木质藤本植物仅见鹰叶刺（ *Guilandina bonduc* L.）、南天藤（ *Caesalpinia crista* L. R. clark et Gagnon）、榼藤（ *Entada phaseoloides* (L.) Merr.）、喙荚鹰叶刺、琼油麻藤（ *Mucuna hainanensis* Hayata）等5种，全为豆科植物。在西沙群岛中的全部63种藤本植物中，旋花科植物就有13种，占了1/5。

西沙群岛的成土母质主要是珊瑚以及贝类的残骸，因此土壤富含钙。生长在这里的植物有许多种属于钙质土植物，其中最常见的是蒺藜，它是一种广布于热带至亚热带的钙质土指示植物，它在西沙群岛的个体数量多而且生长茂盛，常在向阳而干旱的沙地上小片生长。

一些较大的岛屿如永兴岛等的地表除海岸前沿海滩及部分裸露沙地外，几乎都为鸟粪所覆盖，土壤中除富含有机质和可溶性的磷化合物外，还富含氮素，因此，喜氮植物也很丰富，例如马齿苋、土牛膝和皱果苋等都是著名的喜氮植物，它们在岛上的长势都较为茂盛。这类喜氮植物根系的灰分中含有丰富的硝石，其中皱果苋根部的硝石含量约为15%（广东省植物研究所西沙群岛植物调查队，1977）。

西沙群岛的土壤由于受海水影响，含盐量很高，生长在这里的植物，有不少是盐生的植物。例如厚藤、盐地鼠尾粟、沟叶结缕草、苦

郎树（ *Volkameria inermis* L.）、海马齿、海刀豆、砂滨草、海人树以及水芫花等都是热带、亚热带地区著名的盐土指示植物。

西沙群岛常年大风，土壤保水性能差，并有较长的旱季，生长在这里的植物常具有各种旱生的适应特性。多种草本植物具有肉质的形态结构。例如海马齿、假海马齿（ *Trianthema portulacastrum* L.）、马齿苋、毛马齿苋（ *Portulaca pilosa* L.）、四瓣马齿苋（ *P. quadrifida* L.）、羽芒菊、海滨大戟以及千根草（ *Euphorbia thymifolia* L.）等都具肉质茎或肉质叶，甚至整株植物都是肉质的。生长在海岸高潮线以上的前沿沙滩以及沙堤或裸露的岩石之上的灌木都具有肉质的叶，且叶片表面密被白毛，起着防止失水和降低蒸腾的作用。例如银毛树的叶片上下表面均被厚而密集的白色细毛，草海桐的叶片上下表面均被一层光亮的蜡质，这样的叶片结构具有反射强光和保护的作用。而海人树和水芫花为棒状的肉质小叶，叶片两面密被柔毛或被一层光亮的蜡质，这些都是对大风、干旱、光照极强、土壤水分含盐量高的生境的适应。

西沙群岛上的绝大部分木本植物，其树干里的贮水薄壁细胞非常发达，具有显著的髓部或髓腔，木质化不完全，机械组织不发达，因此枝干脆弱易折。最典型的例子就是抗风桐。抗风桐是西沙群岛主要的乔木之一，树高可达14 m，胸径30～50 cm，但其树干的木质化非常弱，在木质部里充满着薄壁细胞，富含水分，具明显的髓，因此树干十分脆弱，即使径粗10 cm的枝条也一折即断。银毛树、草海桐和海滨木巴戟等是西沙群岛的主要灌木，它们的枝干髓部发达而且具有较大的髓腔。海岸桐和橙花破布木的枝干同样具有显著的髓部。由于木本植物的枝干脆弱，每遇强大台风都会导致其枝桠断折满地，树冠光秃，这样反而能避

免植株整体在强台风下被连根拔起或拦腰截断。同时又由于其枝干含水丰富，树冠不久便能迅速恢复如初。此外，在降水充沛的雨季，大量树枝折断后掉落地上还可以进行营养繁殖而使得种群得以快速扩大，这些都是珊瑚岛上先锋速生树种的特性。

5. 西沙群岛植物的繁殖生物学特性

5.1
西沙群岛上的雌雄异株植物

徐苑卿（2016）统计了西沙群岛的永兴岛上雌雄异株植物的数量，认为永兴岛雌雄异株植物只有3种，包括防己科（Menispermaceae）的毛叶轮环藤（*Cyclea barbata* Miers）和粪箕笃（*Stephania longa* Lour.），以及露兜树科（Pandanaceae）的露兜树，占永兴岛184种植物的1.63%。它们的果实均为核果或浆果状核果。这3种雌雄异株植物均来源于只有雌雄异株植物的科，即露兜树科和防己科。但其研究并未区分原生植物与外来植物，依据邓双文（2017）的调查结果，西沙群岛共有原生植物49种，而毛叶轮环藤和粪箕笃都是外来植物。后来温美红（2018）的研究发现，西沙群岛的另一种优势物种抗风桐也属于雌雄异株植物（《中国植物志》记载抗风桐"花两性"），其种子是通过黏附在鸟类羽毛上传播的。此外，喜盐草（*Halophila ovalis* (R. Br.) Hook. f.）、泰来藻（*Thalassia hemprichii* (Ehrenb. ex Solms) Asch.）也为雌雄异株植物。永兴岛上的雌雄异株植物来自岛屿内进化的可能性极低，极大可能是由喜食核果和浆果的鸟类从邻近大陆或岛屿上带来的，由于鸟类的传播作用，具有核果和浆果的植物在远距离传播过程中具有非常大的优势（徐苑卿，2016）。

抗风桐雌花

抗风桐雄花

5.2
西沙群岛植物的花粉胚珠比

花粉胚珠比（Pollen-ovule Ratios）即植物单朵花的花粉数量与胚珠数量的比值，是群落水平的繁育系统研究的重要参数，也是植物繁育系统的可靠指征。后续在多个类群中的研究发现，花粉胚珠比与植物繁育系统的类型具有显著相关性，闭花授粉、自花授粉的植物的花粉胚珠比值显著低于异交的植物，而异交的植物中兼性自交的低于兼性异交的，完全异交的植物的花粉胚珠比最高。此外，花粉胚珠比与植物的传粉模式也有关联，在虫媒植物中，以小型昆虫为主要传粉者的植物，其花粉胚珠比低于以大型昆虫为主要传粉者的植物（李永泉等，2007）。

编者统计了永兴岛上 87 种被子植物的花粉胚珠比，结果显示，超过 70% 植物的花粉胚珠比值集中在 2000 以下，低花粉胚珠比的植物种类较多。这说明了永兴岛上拥有较多的具有自交倾向的植物，异交植物在海洋性岛屿上受到了较为明显的限制；在西沙群岛上，中小体型传粉者较大型传粉者的类群更为丰富多样（徐苑卿，2016）。

白花蛇舌草为典型的自花授粉植物，
花粉 / 胚珠比值仅为 32.4

5.3
西沙群岛海岸桐的繁殖生物学

海岸桐为茜草科海岸桐属的常绿小乔木，高 3～5 m，是西沙群岛几个面积较大的岛屿中乔木层的主要物种之一，在甘泉岛、金银岛、晋卿岛等岛屿的乔木林中占有绝对优势，常与草海桐伴生。海岸桐为聚伞花序，生于叶腋，花无梗或具极短的梗，芳香，萼管杯形，长 2～2.5 mm，萼檐管形，截平。花冠白色，高脚碟状，花冠管长 3.5～4 cm，顶端 7～8 裂，裂片倒卵形。海岸桐全年开花，盛花期为 4—12 月。海岸桐 19:00 左右开花，单个聚伞花序每日平均开花 1～2 朵，少数花序开花 3～4 朵，花气味浓烈芳香。花药在花冠打开后开裂，释放出呈条状团块的粘性花粉。单花期 12～16 h 不等，花冠于次日 7 点至 11 点脱落，花柱宿存 12～24 h 后也从子房处脱落。大蕾期至开花后，柱头表面湿润有分泌物，并保持湿润状态至花冠掉落，在花柱宿存期间，柱头逐渐变干变黑。

永兴岛上的海岸桐居群具有花柱异型现象，花柱呈现稳定的长柱型（L 型）和短柱型（S型）两种花型，但其花药在两种花型中基本保持着同一个高度水平，这就使得长柱型花朵的花药高度高于短柱型花朵的柱头，这样的异型花柱被称为"柱高二态"。柱高二态是一种特殊的异型花柱，它可能是二型花柱向雌性异株进化的中间过渡形态（徐苑卿，2016；Xu 等，2018）。永兴岛上海岸桐的柱高二态居群的花型比例为：L 型 /S 型 =1，即两种花型的比例无统计学差异，表明永兴岛海岸桐的柱高二态现象十分稳定。我们通过人工授粉和花粉管生长观察实验发现，海岸桐是具有严格的异型自交不亲和性的非精确二型花柱植物，其型内异交和自交均不结实，花粉管生长均停止于柱头。

花部附属物多态性也是海岸桐典型的异型花柱所具有的特征。海岸桐短柱型的花具有比

中国西沙群岛
野生植物资源

长柱型更宽的花冠口、更长的花药、更大更多的花粉、更高的花粉胚珠比以及较少的胚珠数和较细的柱头，这就使得短柱花产生的花粉是长柱花的近 1.5 倍。海岸桐增加短柱花的花粉量，加大了长柱和短柱两型之间的不对等性，极有可能存在严重不对等的花粉流。此外，海岸桐的长柱花和短柱花在对雌性器官和雄性器官上有着不同的资源配置，长柱型倾向于产生更多的胚珠，而短柱型则产生了更多的花粉，加强性别分化的结果就是，西沙群岛上的海岸桐极有可能演化为雌雄异株植物（徐苑卿，2016）。

海岸桐的夜间开花物候及其花部特征如白色花冠、管状花、花气味浓烈、高糖度的花蜜等均表明其是典型的夜间天蛾传粉模式。由于蛾类大多在傍晚和夜间活动，而相对纯的白色和奶油色的花在低光照水平下更容易被发现。因此，蛾类在傍晚的时候访问浅粉色和黄色的花，但是入夜后只访问白色的花。蛾类对花的定位常常需要浓烈且特殊的气味作为辅助，这些气味会被它们的触角探测到。我们通过在海岸桐开花期内的定点观察，于夜间灯诱传粉昆虫，同时分析传粉昆虫携带花粉种类等，确定了海岸桐的有效传粉昆虫为甘薯天蛾、咖啡透翅天蛾、膝带长喙天蛾、云斑斜线天蛾等几种

海岸桐长柱花和短柱花的比较（引自 Xu et al., 2018）

左：长柱花
右：短柱花

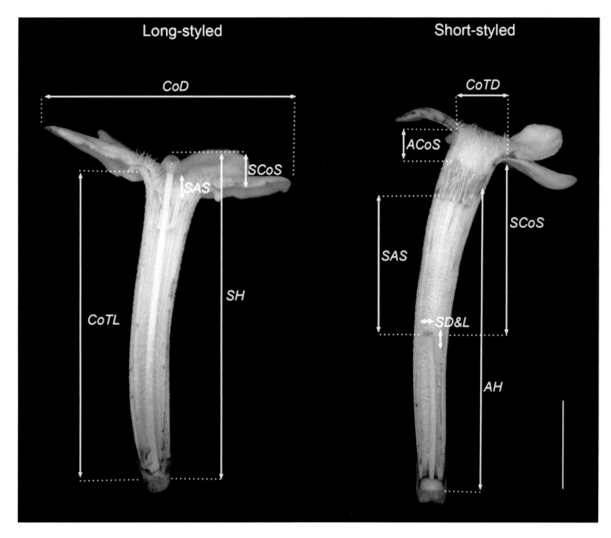

CoD：花冠直径；CoTL：花冠筒长；CoTD：花冠筒直径；SCoS：柱头 – 花冠距离；SAS：柱头 – 花药距离；AH：花药高度；SH：柱头高度；CoAS：花冠 – 花药距离；SD&L：柱头直径和长度。比例尺：10 mm。

海岸桐的长柱型花

海岸桐的短柱型花

长喙天蛾类。我们通过野外定点观察发现几种天蛾对海岸桐的访问频率虽然很低，但海岸桐的花粉成条块状，花药上的胶状分泌物和湿性柱头均有助于花粉附着，其狭窄的花冠管开口、短柱花花药高度和长柱花柱头高度的精确对应使其在传粉频率低下的情况下实现高效率的传粉（徐苑卿，2016）。

5.4
西沙群岛海滨木巴戟的繁殖生物学

　　海滨木巴戟又名海巴戟天，为茜草科巴戟天属灌木至小乔木，高 1～5 m。产于我国台湾岛、海南岛及西沙群岛等地，具有较高的药用价值。海滨木巴戟常见于西沙群岛各岛屿内，与其他乔木混生，在东岛、琛航岛、晋卿岛等岛屿形成了较大面积的单优灌木林（张浪 等，2011）。

　　海滨木巴戟花果期全年，盛花期为 4—11月，单花于白天开放，开花时长小于 12 h。头状花序每隔一节生长一个，与叶对生，具长1～1.5 cm 的花序梗。花多数，无梗。花冠白色，漏斗形，长约 1.5 cm，喉部密被长柔毛，顶端 5 裂。雄蕊 5，着生于花冠喉部，花柱约与花冠管等长，由下向上稍扩大，顶端 2 裂，裂片线形。头状花序每日 8 时左右开花 1～2朵，单花期 10 h 左右；18 时左右花冠与柱头同时脱落。花朵开放后即有花蜜分泌，可持续到花冠脱落后的 2～3 天，人们常在果序上见到的许多分泌物就是海滨木巴戟的花蜜。花冠管长 1～1.5 cm，花柱探出，呈 2 裂，裂片深达花柱的 1/4，上有乳突状毛；花药着生于花冠筒上，稍探出花冠筒喉部。海滨木巴戟花蜜量大、含糖量高，在花凋谢后子房基部依然有花蜜分泌。

　　巴戟天属具有柱头探出式雌雄异位、柱头内藏式雌雄异位、二型花柱和功能性雌雄异株等多种繁育系统（Reddy et al., 1978；Philip et al., 1978；Liu et al., 2012），同一物种内繁育系统也常常出现变异，十分复杂。海滨木巴戟具有花部多态性，在大洋洲的新几内亚岛上的海滨木巴戟种群中也有二型花柱的报道（Waki et al, 2008）。我国西沙群岛上的海滨木巴戟的花是柱头探出式雌雄异位的，我们通过人工授粉和花粉管生长观察实验发现，海滨木巴戟在自交和异交授粉后，花粉管的生长情况表现很一致，自交花粉的生长与异交花粉的生长速度无明显差异，且结实率均高达 90%，表明其具有高度的自交亲和性。

　　海滨木巴戟的球状果序由浆果状核果聚合而成，种子轻薄，能漂浮于水面。鸟类和海流使它们成为遍布热带海滨的广布种，几乎热带所有的岛屿都有发现（Razafimandimbison et al., 2010）。西沙群岛上的海滨木巴戟种群周围昆虫和鸟类活动频繁，种类丰富，访花者的种类非常多样化，包括小型昆虫如蝇类和蜜

咖啡透翅天蛾在访问海滨木巴戟的花

海滨木巴戟的花

东方蜜蜂在访问海滨木巴戟的花

蜂、隧蜂、青蜂，较大型的传粉者有蝴蝶和天蛾，以及绣眼鸟等，这几类传粉者在访花过程中均能接触到花药和柱头，我们通过分析它们身上携带的花粉，确定它们均为海滨木巴戟的有效传粉者。其中，访花频率最高的为东方蜜蜂，其次为蝇类和天蛾，绣眼鸟及蝶类较为少见。在一天中的不同时段，各访花昆虫的访花频率也有差异：上午蜜蜂活动频繁，为主要的传粉者；蝇类在一天之中的访花频率变化不大；蝴蝶的访花频率极低，天蛾在傍晚时候是主要的传粉者。多样化和活跃的访花者使得海滨木巴戟的自然开放式授粉的结实率很高。当传粉者不能得到稳定保障的情况下，泛化的传粉模式使植物在缺乏合适的传粉者时依然可以得以繁殖。海滨木巴戟虽是自交亲和的，但依然产生大量的花蜜报酬来吸引传粉者，不仅实现了自身的繁殖保障，还能提高异交率，减少自交所带来的近交衰退。

5.5
西沙群岛草海桐的繁殖生物学

草海桐为草海桐科（Goodeniaceae）草海桐属的灌木，高 2～4 m，最高可达 7 m。产于我国台湾、福建、广东、广西、海南。生于海边，通常在开旷的海边沙地上或海岸峭壁上。日本、东南亚、马达加斯加、大洋洲热带地区以及夏威夷群岛也有分布。草海桐是西沙群岛中分布最广的灌木之一，在永兴岛、琛航岛、晋卿岛、广金岛、珊瑚岛、金银岛、东岛等岛屿上均有草海桐的分布。它常常在岛屿边缘的沙堤上形成单优群落，或与银毛树、海岸桐等混生。

草海桐的聚伞花序腋生，长 1.5～3 cm。花两侧对称，花冠白色或淡紫色，长约 2 cm，冠筒细长，后方开裂至基部，外而于革，内侧密被长毛，基部合生，喉部有毛。花开放后背侧开裂至基部，其余部分裂至中部，裂片狭椭圆形，5 个裂片向同一方开展。花药 5 枚，在花开放前黏合，开放后分离。花柱弯曲，柱头周围有一圈蜡质刷毛状结构，呈杯状，称为集粉杯。草海桐花果期全年，花朵夜间开始开放，单花花期 7～8 天，花序日均开花 1～2 朵。草海桐从开花时起就开始分泌花蜜，直到花冠脱落时，子房顶部仍然有花蜜分泌，并可持续数日。

我们研究发现，草海桐具有典型的花粉二次呈现现象（通过特殊的花部结构将花粉从雄蕊上转移至其他位置再呈现给访花者的现象）。草海桐通过柱头周围由蜡质毛组成的集粉杯结构，将花粉收集在柱头上，然后通过柱头的生长将其挤压出集粉杯，再呈现给传粉者。详细的过程是：草海桐的花药在花蕾期互相黏合，呈笼状包围着柱头。花药在开花前开裂，花柱逐渐伸长，然后突破笼状结构，将花粉铲进集粉杯中。待花朵完全打开，花柱完全发育时，花柱向下弯曲呈耙状，集粉杯完全闭合。而后，花药变干，卷曲在花冠管的近子房端。集粉杯的作用在于转置呈现花粉，并起到存储的作用。在单花期的 7～8 天内，柱头本身也会发生变化：开花第 1～2 天，集粉杯内的柱头渐渐膨大，将原本藏在集粉杯内的花粉推出，此时花粉极易散落；第 3～4 天，柱头与集粉杯的口部平齐，此时的柱头开始成熟，呈淡绿色，花粉也已全部散出；第 5～6 天，柱头渐渐突出于集粉杯口，其颜色逐渐变浅；第 7～8 天，柱头完全伸出成舌状，呈白色，表面具不规则疣状突起。

草海桐存在雄蕊先熟的现象。草海桐平均单花花期为 8 天左右，柱头在开花第 4 天开始具有可授性，而花药在花朵开放前就具有活性。也就是说，草海桐单花具有雄性期和雌性期。在柱头成熟前为雄性期，执行散布花粉的功能；随着柱头逐渐成熟膨大，花粉被推挤出集粉杯，并由传粉者带走，花粉散布完毕后，柱头成熟并暴露凸出于集粉杯而进入雌性期，开始接收花粉。这种雌雄异熟现象是草海桐规避自花授粉和雌雄干扰的重要机制，它使得同一朵两性花在不同时间可以执行不同的性别功能，通过时间差异实现了雌雄异位，从而减少了雌雄干扰和自花授粉。

草海桐拥有一个不完全的自交不亲和系统。草海桐开花第 1～4 天的柱头，自交花粉不能萌发，异交花粉仅有少量萌发；开花第 5～8 天的柱头，异交花粉顺利萌发生长，只有少数自交花粉萌发。草海桐自然套袋可以结实，也有少量的结籽。说明草海桐存在一定程度的自交亲和性，但亲和程度较弱。由于草海桐是雌蕊后熟的，其自交亲和实质上是一种延迟的自花授粉行为。它可以在传粉者不足或缺乏的情况下利用自身的花粉保障繁殖，在具有传粉者时又可以保证异交的主导地位。因此，草海桐所具有的不完全自交不亲和性，是其应对岛屿传粉昆虫缺乏时的一种繁殖保障策略。总之，草海桐精妙的繁育系统对岛屿环境表现出极佳的适应性。

草海桐传粉者的访花行为（引自 Xu et al., 2021）

A、B，典型的仅以花蜜为食的传粉者（具有较长的口器）；C—H，既采集花蜜又采集花粉的传粉者（具有较短的口器），其中，C、E、G 为有效访花，D、F、H 为盗蜜行为。C、D，蜜蜂（中华蜜蜂）；E、F，苍蝇（黄褐鼻蝇）；G、H，小蜂

草海桐的传粉昆虫种类十分丰富，包括蜂类（蜜蜂、青蜂、隧蜂等）、天蛾类（云纹斜线天蛾、透翅天蛾、截线长喙天蛾等）以及蝇类（口鼻蝇、食蚜蝇等）。其中，东方蜜蜂为最主要的访花者，天蛾在傍晚是主要访花者，青蜂较为少见。各访花者的访花行为大不相同。蜜蜂、隧蜂、口鼻蝇访花时有两种行为：一是停留在未突出的柱头上收集花粉；二是直接在花冠管底部采蜜。当其采蜜时从花冠管侧面或上方降落，几乎不经过柱头。天蛾访花时，将口器正面插入花冠管底端吸取花蜜，同时触碰到柱头。观察所捕捉到的访花昆虫发现，蜜蜂、隧蜂、口鼻蝇全身可见花粉，而天蛾仅在口器上沾有花粉。这表明草海桐集粉杯内的花粉是吸引蜜蜂、隧蜂及口鼻蝇的重要报偿。当花去除雄蕊后，其他三种访花者的访花频率较自然对照花均有显著下降，而由于天蛾只吸取花蜜，去雄对天蛾的访花频率没有影响。因此，当去雄后，唯一的有效传粉者是天蛾。这表明在自然状态下，其他的访花者大部分都扮演了盗蜜者的角色，只有发生接触柱头的采集花粉行为时才是有效的传粉者（Xu et al., 2021）。种种迹象表明，草海桐将花粉集中在柱头的集粉杯

草海桐的花粉二次呈现

普安布朗蜂在草海桐花粉二次呈现的集粉杯处采集花粉

中，一方面有存储花粉的作用，另一方面即使在昆虫窃取花粉时依然可以利用它们传播花粉。因此，草海桐的这种特殊集粉杯式花粉二次呈现，对于适应多种多样的传粉者起到了关键的作用，避免了传粉者的获得限制。

5.6
西沙群岛橙花破布木的繁殖生物学

橙花破布木为紫草科（Boraginaceae）破布木属小乔木，高约3m，产于我国海南及西沙群岛（永兴岛），生于沙地疏林。非洲东海岸、印度、越南及太平洋南部诸岛屿均有分布。西沙群岛上的橙花破布木花期为5—12月。聚伞花序，每个花序10余朵花，与叶对生，花梗长3～6mm。花萼革质，圆筒状，具短小而不整齐的裂片。花冠橙红色，漏斗形，具圆而平展的裂片。坚果卵球形，具木栓质的中果皮，被增大的宿存花萼完全包围。橙花破布木单花花期1天，5:40左右花冠打开，柱头裂片慢慢

伸展；8:30左右花药开裂，柱头已经完全伸展开，花盘已分泌出花蜜。16:00左右花丝颜色开始变暗，21:00时左右花冠掉落。

研究发现，橙花破布木是二型花柱植物，其长、短柱花的雌雄蕊之间精确交互对应，短柱型花有着较小的花冠、较短的柱头、较高的花药，长柱型花有着较大的花冠、较长的柱头、较矮的花药。橙花破布木的花粉粒近球形，极面观为近三角形，具3孔沟及刺突，外壁表面具网状纹饰。短柱型花的花粉显著比长柱型花的花粉大。人们通过人工授粉和花粉管生长观察实验发现，橙花破布木具有高度自交亲和的繁育系统。长柱和短柱两种花型的型间异交、型内自交和自花自交人工授粉的花粉管均正常生长，授粉24小时后，所有授粉组合的花粉管都已经长至柱头基部，并开始进入子房，且最后均能正常结实和结籽。橙花破布木的果实具有木栓质的中果皮，种子依靠海流传播至海岛。由于海流的传播具有极大的随机性，扩散至新生境的橙花破布木有可能只有一种花型，例如东岛的橙花破布木为短柱型单态居群，自交亲

橙花破布木长柱花和短柱花的比较（引自 Wang et al., 2020）

左：长柱花
右：短柱花

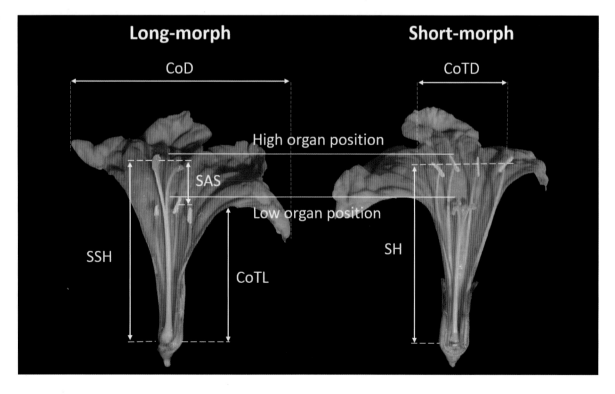

和的繁育系统能为其提供繁殖保障。这表明橙花破布木很可能是为了适应岛屿的环境，由自交不亲和的繁育系统转化为自交亲和的繁育系统（Wang et al., 2020）。

橙花破布木的有效传粉者为暗绿绣眼鸟、东方蜜蜂。我们通过衡量传粉者单次访花后的花粉落置量，发现虽然东方蜜蜂的访问频率很高，但是其单次访问后花粉落置柱头的量很少，而暗绿绣眼鸟单次访花后的花粉落置量远高于东方蜜蜂的，因此确定橙花破布木最有效的传粉者为暗绿绣眼鸟。暗绿绣眼鸟与东方蜜蜂相比，虽然访问频率较低，但暗绿绣眼鸟的头部大小与橙花破布木的花部结构更为贴合，便于进行精确传粉，一次访问就可以为橙花破布木带来大量本种花粉。而东方蜜蜂的访问频率虽然最高，但其体型大小与橙花破布木的花部结构并不贴合，不能做到精确传粉，且东方蜜蜂在西沙群岛是极其泛化的传粉者，访问岛上绝大部分植物的花，对橙花破布木的每次访问都会带来大量的异种花粉，访问效率极低。因此，暗绿绣眼鸟是西沙群岛上橙花破布木居群最为精确、专一、有效的传粉者之一。

橙花破布木两种花型的型间异交、型内自交和自花自交的花粉管生长情况（引自Wang et al., 2020）

右图显示，两种花型的型间异交、型内自交和自花自交的花粉管均正常生长，授粉24 h后，所有授粉组合的花粉管都已经长至柱头基部。
A. 型间异花授粉后 24 h 的长柱花
B. 型内异花授粉后 24 h 后长柱花
C. 自花授粉 24 h 后的长柱花
D. 型间异花授粉后 24 h 的短柱花
E. 型内异花授粉后 24 h s 型花柱
F. 自花授粉后 24 h 的短柱花。

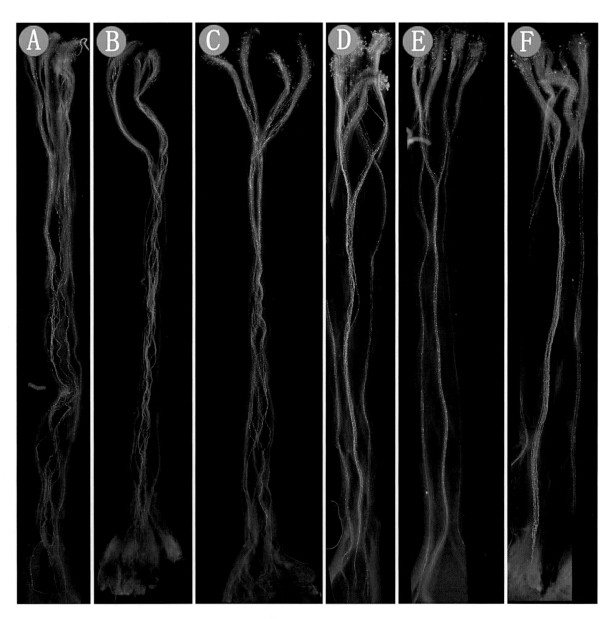

橙花破布木短柱型花

橙花破布木长柱型花

东方蜜蜂访问橙花破布木采集花粉

暗绿绣眼鸟访问橙花破布木吸食花蜜

5.7
西沙群岛银毛树的繁殖生物学

银毛树为紫草科紫丹属（*Tournefortia* L.）小乔木或灌木，高1～5m。产于我国海南岛、西沙群岛及台湾，生于海边沙地。日本、越南及斯里兰卡有分布。银毛树小枝密生锈色或白色柔毛，叶片两面密生丝状黄白色毛。镰状聚伞花序顶生，呈伞房状排列，密生锈色短柔毛。花萼肉质，5深裂，外面密生锈色短柔毛，内面近无毛。花冠白色，筒状；裂片卵圆形，比花筒长。雄蕊稍伸出，花药卵状长圆形，花丝极短。子房近球形，花柱不明显，柱头2裂，基部为膨大的肉质环状物围绕。银毛树花量巨大，单个花序的花朵数可达2000余朵，每个花序可开1～1.5个月，视花朵数的多少而定。

自然状态下，每一雌花序可同时开放多达300朵左右；每一两性花序可同时开放多达80朵左右。花果期全年，4—11月为盛花期。

研究发现，银毛树具有雌全异株的性系统，居群中同时存在雌性植株和两性植株，花部特征表现出明显的性二态性。雌花每日开1朵，单花花期3～4天，雌花花药败育、花期较长、有花蜜，且花部各结构皆显著较小；两性花每日开1朵，单花期1天，两性花雌雄蕊均正常，花药黄色、饱满，柱头正常，无花蜜，且花部各结构皆显著较大。雌花与两性花的雌雄蕊之间没有交互对应的现象，说明银毛树的雌全异株性系统并不是由二型花柱破损导致的。银毛树雌花花冠打开速度较慢，上午6时左右开始慢慢开放，可见败育的黄色花药；至中午呈半开状态，败育的花药失水变黑，花盘开始分泌花蜜；一天以后花冠才完全展开，可见柱头上绿色的环状附属物；此后花冠开口逐渐扩大，子房逐渐膨大；雌花将要凋谢时，柱头的环状附属物呈黑色。两性花的花冠于 6:00 完全打开，7:30 左右花药开始开裂，10:30 左右花药基本全部开裂，花粉容易散出，柱头的环状附属物呈淡绿色；19:00 左右，花冠及花药一起脱落，花萼快速合拢，包裹住柱头环状附属物。银毛树雌株具有明显的雌性优势，结果率显著高于两性植株，并且雌株的种子重量也大于两性植株，体现了银毛树的雌性优势。我们在对银毛树居群进行调查时发现，居群内有不少两性植株个体结果极少甚至不结果，说明有些两性植株在功能上已经完全雄性化。因此，银毛树很可能正在朝着雌雄异株的方向进化（Wang et al., 2020）。

银毛树的体细胞染色体数为 72 条，核型公式为 $2n=6x=72$，因此，银毛树应为六倍体植物，这在紫丹属中尚属首次报道。此外，紫丹属中已有繁育系统报道的 3 种植物 T. psilostachya Kunth，T. pubescens Hook. f. 和 T. rufo-sericea Hook. f. 均为具有自动自交机制的

银毛树的花结构（引自 Wang et al., 2020）

a、b: 雌化和两性花的正面
c、d: 雌花和两性花的纵切

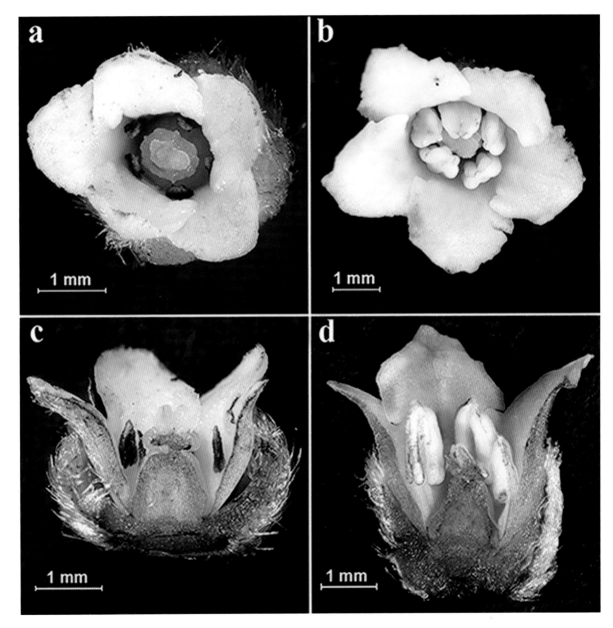

中国西沙群岛
野生植物资源

银毛树花粉和柱头
电镜扫描照片（引自
Wang et al., 2020）

a、b、c，雌花
d、e、f，两性花
a、d 成熟柱头
b、e，成熟花药
c、f 成熟花药横切面
f 的右上角为成熟的花
粉粒

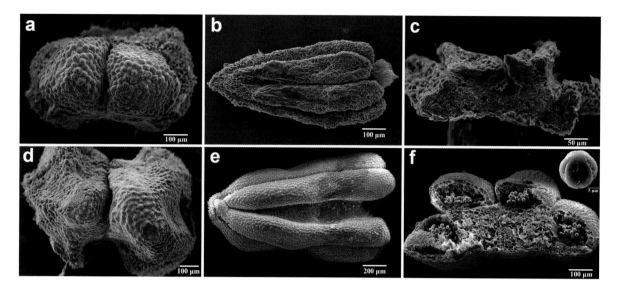

银毛树的访花者（引
自 Wang et al., 2020）

a、b：齿胫芦蜂访问雌
花和两性花
c：中华蜜蜂访问雌花
d：*Ceratina lieftincki* 访
问两性花
e：斑眼蚜蝇访问雌花
f：双色小蚜蝇访问两性花
g：东方粗股蚜蝇访问两
性花
h、i：拟三色星灯蛾访问
雌花和两性花

两性花植物（Mcmullen, 1987；2007），银毛树的雌全异株性系统也为该属的首次报道。有研究认为性二态的产生与染色体多倍化有关，全基因组加倍可能导致植物产生雄性或者雌性不育突变，为性二态的演化提供了原始材料（Ashman et al., 2013；Zhang et al., 2011）。我们比较了紫草科其他雌雄异株的染色体倍数，发现这些雌全异株植物并不全是多倍体。因此，雌全异株在紫草科中的出现可能与染色体多倍化没有联系。

银毛树的花小、开口浅、呈盘状，多种类型的昆虫能够访问，具有泛化的传粉系统。编者通过观察西沙群岛上银毛树的 4 个居群，统计到的访花者多达 5 个目的 20 余种昆虫，其中的大部分为小型的传粉昆虫，如蜂类和蝇类等。西沙群岛的成岛历史较短，昆虫数量相对稀少，且大部分为小型传粉昆虫，银毛树泛化的传粉系统可能使其在岛屿的定居和扩散具有优势。在这些种类众多的访花者中，拟三色星灯蛾成虫是主要的蛾类访花者，其幼虫在西沙群岛以银毛树为唯一的食物。我们在西沙群岛具有银毛树的 4 个岛上均发现有拟三色星灯蛾，其中赵述岛内植物种类及昆虫种类都相对简单，银毛树在赵述岛的主要访花者为东方蜜蜂、家蝇和拟三色星灯蛾，东方蜜蜂起初由人类引入永兴岛及东岛进行人工养殖，后部分逸为野生并扩散到其他部分岛屿。东方蜜蜂及家蝇均与人类活动密切相关，而拟三色星灯蛾因其与银毛树之间的互利共生关系，可能为银毛树扩散到传粉者匮乏且无人类活动的新生境时提供繁殖保障。

（本节作者：徐苑卿　温美红）

银毛树的两性花

拟三色星灯蛾的幼虫取食银毛树的叶片

银毛树的雌花

拟三色星灯蛾成虫访问银毛树的花

6. 西沙群岛植物果实和种子的传播

西沙群岛的植物都是从邻近地区传播而来，因此，岛上的主要植物都具有适应于长距离传播的特征和在这种特殊生境下顽强的繁殖能力。西沙群岛植物果实和种子的传播，主要依靠鸟类、海流和风力等媒介，这些果实和种子都具有耐盐、适于海水漂流以及适应鸟类传播的结构和特性。此外，还有一些植物是由人类的活动通过各种形式传播到岛上的。

6.1
西沙群岛野生植物对鸟类传播的适应

由鸟类传播的植物，其果实类型一般为颖果、肉果类的浆果或核果，又或是开裂的蒴果，果实或种子易被鸟类吞食排泄而传播；或其表面具刺毛、倒钩，或分泌黏液，或生有其他附着器官，能附于鸟类的羽毛上而传播。例如红瓜、少花龙葵、小酸浆（*Physalis minima* L.）和龙珠果的浆果，以及笔管榕（*Ficus subpiso-carpa* Gagnepain）的榕果等，肉质而多汁，鸟类十分喜食，它们被吞食后，果皮部分被消化吸收，残留的种子由于坚韧种皮的保护，不经消化而直接随粪便排出，种子得以传播；毛马唐（*Digitaria ciliaris* var. *chrysoblephara* (Figari et De Notaris) R. R. Stewart）、海南马唐（*Digitaria setigera* Roth ex Roem et Schult.）等植物的颖果同样也是鸟类的食料。蒺藜草、土牛膝、蒺藜、鬼针草（*Bidens pilosa* L.）、刺蒴麻等植物的果实具刺毛或钩，这些果实成熟后能够牢牢黏附在鸟类的羽毛上，随鸟类的迁徙而传播。

红瓜的果实成熟后十分鲜艳，深受鸟类喜爱

6.2
西沙群岛野生植物对海流传播的适应

　　西沙群岛上的多数木本植物都是通过海流传播而来的，它们的种子和果实具有各种适于海水漂流的结构。例如，椰子的中果皮具丝状纤维；海岸桐的果实具松软的木栓质种核；橙花破布木具有木栓质的中果皮；红厚壳具有厚且呈海绵质的中果皮；银毛树和海人树的种子较小，并由不透水的外壳所包围；海滨木巴戟的成熟果实落海后腐烂，具有小气室的小坚果还留着一小撮毛状纤维。藤本植物如厚藤、管花薯和海刀豆等也是适应海流传播的植物，它们的种子都具有适于海水漂流的结构。靠海流传播的植物多数是海岸或海滩生长的植物，它们的种子除具有很强的耐盐能力外，同时具有顽强的繁殖能力，可以在含盐量很高的珊瑚沙滩上发芽生长。

椰子幼苗

椰子果实

中国西沙群岛
野生植物资源

6.3
西沙群岛野生植物对风力传播的适应

由风力传播的植物，最常见的就是具有冠毛瘦果的菊科植物。但菊科植物的种类在西沙群岛不多，分布也不普遍，除羽芒菊和孪花菊的数量较多、分布较普遍之外，其他种类都是局地生长，且大多数是由于人类的活动传播而来。这主要是因为，具有羽状冠毛由风力传播的种子，要飞越遥远的具有潮湿空气的海洋上空是相当困难的。此外，西沙群岛上的蕨类植物如松叶蕨（*Psilotum nudum* (L.) Beauv.）、长叶肾蕨（*Nephrolepis biserrata* (Sw.) Schott）等均是由风力传播而来的。与具冠毛瘦果的菊科植物不同，它们具有质轻而小的孢子，能够较容易地飘浮于空气中而传播到远处。

羽芒菊的成熟果实具白色羽状冠毛，易由风吹送到远处而传播

抗风桐的果实呈棍棒状，表面具黏性短刺，既能依靠鸟类传播也能依靠海流传播

还有的植物兼具多种可被传播的特性，例如抗风桐、黄细心、直立黄细心（*Boerhavia erecta* L.）等的果实很小，呈棍棒状，果实表面具含有黏液的短刺，当鸟类于果实成熟期间活动，果实即黏附在鸟类的羽毛上，通过鸟类的携带而传播；或者黏附于干枯枝条之上，通过海水漂流而传播。

7. 西沙群岛植物种子的萌发

7.1
西沙群岛植物种子萌发的特点

种子的大小与其体积相关。然而，不同植物的种子形态千差万别，种子体积难以测量，通常用种子重量作为度量种子大小的指数。研究表明，被子植物的种子重量与植物体的大小、植物的生长型呈正相关关系 (Hewitt，1998)。种子质量更大，更容易出现在荫蔽的生境，多为乔木或灌木；质量越小，则更容易出现在开阔的环境，多为草本。

西沙群岛上的植物种子质量为 0～5 g 的微小种子占岛上所有植物物种的 57%，其次是质量为 5～20 g 的种子，占所有物种的 25%。西沙群岛植物具有种子偏小，大种子少的特征。大种子在西沙群岛上出现的比例较低，可能是因为大种子更有可能掉进海中而导致植物失去传播体，而小种子成熟后直接埋入土壤中，植物不会面临失去繁殖体的威胁。

种子的大小与多种环境因素有关。一般认为，确保成功建立幼苗的最有效的适应措施之一是植物产生较大的种子，在发芽后立即提供充足的营养储备；又或者是拥有数量众多的小种子，能够在土壤中形成种子库，并且有可能存在休眠的情况。西沙群岛的植物种子明显倾向于第二种，小种子与大种子相比有以下优势：种皮薄，更轻，更容易扩散和传播，并且更能适应不稳定和难以预测的环境。西沙群岛上的植物及其种子整体向更小更多的方向发展，以应对岛上恶劣的自然环境。

编者对西沙群岛上的 9 目 19 科 42 属 51 种植物进行了种子大小测量和种子萌发实验，其中包括 22 种盐生植物和 29 种非盐生植物。结果显示，西沙群岛上的盐生植物和非盐生植物在出芽时间和种子质量这两个数量性状上没有差异；这两类植物的生活型和种子萌发处理方法的差异也不显著。表明在西沙群岛上不管是盐生植物还是非盐生植物都是草本植物占优势，种子的内部结构、是否休眠和种皮厚度是种子萌发的关键因素。

盐生植物的种子并不倾向于盐水中萌发，发芽率随着盐浓度的升高而下降。典型的海滨盐生植物，例如银毛树、草海桐等的种子，都具有木栓质层，是由疏松的死亡细胞排列而成的，内部中空，质量小，使得盐生植物能够在海水中远距离漂浮，并且在沙滩海岸的土层中能够存活更长时间。这种种子结构通常需要采用浓硫酸浸泡或者机械破除的方法使种皮产生空隙，待胚具备吸水能力后才能正常萌发。

7.2
西沙群岛海人树的自然萌发率及萌发率的提高

海人树又称海湾雪松，为海人树科（Surianaceae）海人树属灌木或小乔木，高 1～3 m。叶线状匙形，稍呈肉质，常聚生于小枝顶部。聚伞花序腋生，有花 2～4 朵。萼片被毛，花瓣黄色，子房被毛，花柱无毛。果实被毛，近球形，具宿存花柱。花果期夏秋。

海人树广泛分布于亚洲、美洲、澳大利亚、东非和太平洋的热带海岸，生长于灌木丛中、沙丘和海岸边上，常常靠近较高的海岸线。海人树对干旱、高盐、高温和季风具有很强耐受性，是良好的海岸景观绿化植物。西沙群岛的海人树在东岛上数量最多。

海人树在我国仅见于台湾岛和西沙群岛，是热带海洋岛屿特殊生境的指示种和建群种。在一些由于近代台风等原因新形成的海洋岛礁或沙洲上，海人树通常也是这些年轻岛屿自然植被演进过程中的先锋种。海人树的根系深、小枝柔韧、小叶纤细，对热带海洋岛屿高盐、干旱、少土的特殊生境以及热带风暴气候具有很强的适应能力；同时海人树小枝密集，单叶柔美，花色纯黄，多数单叶聚生于小枝枝顶；在一些沙洲的开阔地带，成年植株树冠平展，在热带海洋岛屿沿岸形成清新优雅的热带海洋植被景观。海人树不仅是我国植物资源宝库中稀有而独特的一员，更是美化我国南海岛礁以及进行热带海洋岛屿自然生态系统重建和恢复的首选工具物种。

海人树种子的千粒重约为 10 g，硬实率约97.7%。成熟的种子为肾脏形，没有假种皮或翅等附属结构。海人树种子在成熟过程中，外种皮扩大并增厚，中种皮退化，完全成熟之后的种皮仅剩加厚且坚硬的外种皮。海人树的种子表现为对海水传播途径的高度适应，即外种皮十分坚硬，种皮内的胚和胚乳较小，在种子内部形成中空的腔以利于在海水中漂浮从而传播种子。该特征一方面利于海人树植物适应特殊的热带海岛环境，另一方面，也严重影响了海人树种子的萌发破芽。海人树种子选用常规播种方法几乎不能萌发，因而需要利用特殊的处理方法打破种子休眠。

海人树种子的自然萌发率仅为 2%，极低的自然萌发率致使其成为近危物种，并于 2021 年被列入《国家重点保护野生植物名录》，现为国家二级保护植物（中华人民共和国生态环境部，2013；中华人民共和国中央人民政府，2021）。我国西沙群岛海人树的自然资源十分有限，而人工繁殖也十分艰难。在常规条件下，海人树种子播种后 1 个月内萌发率不到 5%，致使人们难以获得大量用于我国南海岛礁生态系统重建和恢复所必需的实生苗。为此，我们于 2015 年年初从西沙群岛收集了部分海人树种子，进行了为期一年的种子萌发以及育苗实验，并首次发明了一种海人树种子繁殖和育苗新技术。

笔者对 5 种不同方法处理后的海人树种子进行了萌发比较实验，这 5 种处理方法分别为：

①空白对照组：直接将种子放入湿润的培养皿中。

②60 ℃热水浸泡 12 h，室温冷却之后放入湿润的培养皿中。

③0.02% 赤霉素处理 48 h，然后洗去赤霉素，放入湿润的培养皿中。

④98% 浓硫酸浸泡 1 h，流水清洗至少 3 次，之后放入湿润的培养皿中。

⑤60 ℃热水浸泡 12 h，自然冷却后用 98% 浓硫酸浸泡 1 h，流水冲洗，放入准备好的培养皿中。

每种处理方法做 3 次重复，每次重复 20 粒种子。培养皿放在恒温培养箱中（26～32 ℃），每隔 24 h 观察一次。以肉眼可见根尖为准，统计 30 天内的发芽率、发芽势和发芽指数。一旦发现霉变种子，即刻停止发芽试验。

结果显示，30 天内，仅有方法④和方法⑤中的海人树种子萌发，方法⑤处理后的发芽指数最高，达到 12.59；方法④处理后的发芽指数为 6.11（表 2）。这说明海人树适宜用浓硫酸催芽的方法来萌发。60 ℃热水浸泡 12 h 后，再用 98% 浓硫酸浸泡 1 h 的发芽势最高，在实验的第二天就达到了发芽高峰，这可能是热水和浓硫酸的浸泡软化了海人树种皮，加快了种子吸胀的过程，缩短了萌发时间，提高了萌发效率。

海人树种子萌发及育苗的方法包括以下步骤：采集新鲜成熟的海人树种子，置于干燥通风处进行后熟处理，得到后熟处理的种子；将待萌发的种子浸泡于 60 ℃热水中 12 h，然后取出置于质量分数 95%～98% 的浓硫酸中浸泡20～60 min，再取出置于质量分数 0.1% 赤霉素水溶液中 48～72 h，得到预处理好的种子，然后将其播种于消毒过的培养基质中，控制萌发温度为 25～32 ℃，浇水或喷雾保湿，在培养基质上方设置一层遮阳网；在种子萌发及育苗过程中，适当施用少量有机肥，有利于植株的生长；在植株生长为小苗趋于稳定后，打开

海人树

部分遮光网或改用遮光率为 90% 的遮光网以增加光照，有利于植株接受更多阳光。其中，培养基质为：珊瑚沙：泥炭土：珍珠岩：陶粒：鸟粪土：草木灰按质量比为 4：2：1：1：1：1 的混合物。培养基质的消毒方法是：每 10kg 培养基质均匀撒上质量分数 0.8% 的福尔马林水溶液 250 mL，然后密封，放置两天后开封，以完成培养基质的消毒处理。

60 ℃热水和体积分数 95% ～ 98% 的浓硫酸浸泡，容易软化海人树坚硬的种皮并且打破休眠，赤霉素溶液浸泡处理进一步增强了海人树种子的活力，并促进其根尖分生组织和茎尖分生组织的生长。用福尔马林溶液喷洒培养基质，可起到杀菌消毒的作用，减少由于外因病菌的影响而导致的海人树种子不能萌发的问题。在上述打破种子休眠和配制合适的培养基质的基础上，海人树种子的出苗率可达 95% 以上。

5 种处理方法的发芽率、发芽势和发芽指数见表 3.2。

表 3.2　5 种处理方法的发芽率、发芽势和发芽指数（引自刘俊芳，2017）

处理方法	发芽率 %	发芽势 %	发芽指数
A	0	0	0
B	0	0	0
C	0	0	0
D	55	12	6.11
E	47	18	12.59

A. 空白对照组；B.60℃热水浸泡 12 h；C.0.02% 赤霉素处理 48 h；D.98% 浓硫酸浸泡 1 h；E.60℃热水浸泡 12 h，自然冷却后用 98% 浓硫酸浸泡 1 h。

中国西沙群岛
野生植物资源

西沙群岛
常见野生植物
种质资源

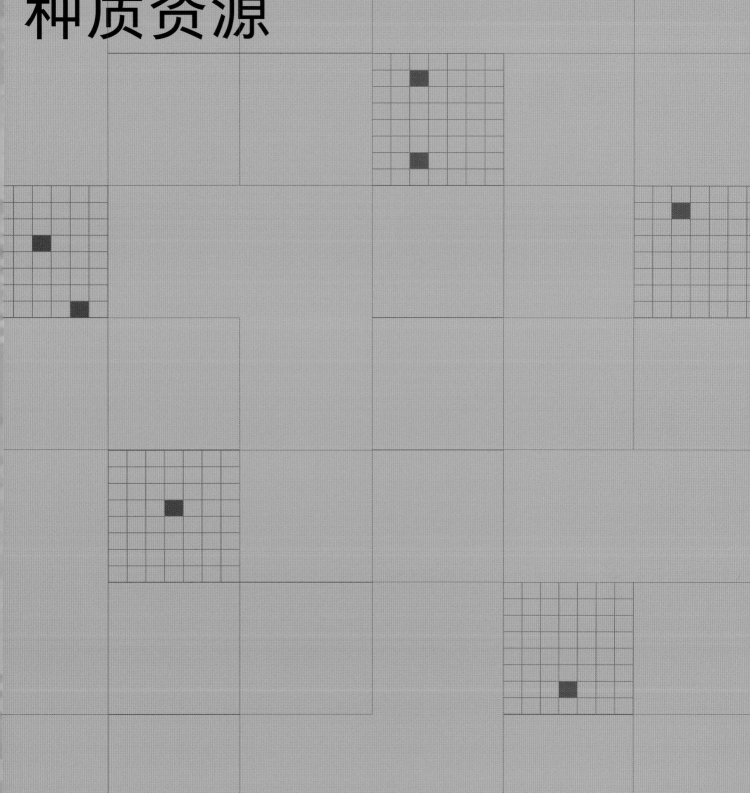

无根藤
Cassytha filiformis L.

樟科
Lauraceae

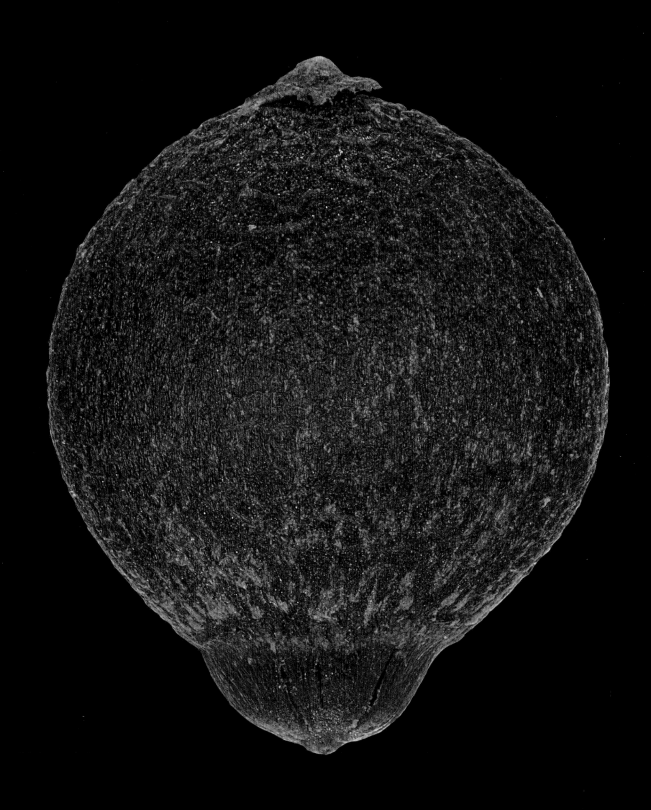

无根藤

中国西沙群岛
野生植物资源

科　名　　樟科
生　境　　海边灌丛
产　地　　永兴岛、石岛、东岛、中建岛、晋卿岛、琛航岛、
　　　　　广金岛、金银岛、甘泉岛、珊瑚岛、赵述岛
别　名　　罗网藤、无爷藤、无头藤

种子实际大小

无根藤
Cassytha filiformis L.

寄生缠绕藤本，具盘状吸根；茎线形，绿色或绿褐色，幼时被锈色柔毛，后渐脱落无毛。叶退化为鳞片；穗状花序长 2～5 cm，密被锈色柔毛；苞片和小苞片小，宽卵圆形，被缘毛；花白色，长不及 2 mm，无梗；裂片 6，外轮 3 枚小，圆形，具缘毛，内轮 3 枚较大，卵形，外面有短柔毛，内面几无毛。

穗状果序，长 2～5 cm，果序上具小果 1～6 个。果实卵球形，径长 6～12 mm，包藏于肉质果托内，顶端宿存花被片；果实绿色，成熟后白色或浅粉色。果肉丰富、厚，内含种子 1 枚。花果期 3—12 月。

种子卵珠形，径长 5～9 mm。种子表面深褐色，具不规则网络状纹络，纹络呈棕褐色。种子顶部钝，宿存花柱；底部具隆起的圆形种脐，褐色。外种皮质硬，厚约 0.4 mm。种子横切圆形，可见沙黄色胚及中部圆形、金黄色胚芽。种子纵切卵圆形，可见扁圆形的胚乳，种脐处有少量白色棉状组织，以及 1 根圆柱形金黄色胚芽。

横切　　　　　　　　　　　种子　　　　　　　　　　　纵切

（2）

水鳖科
Hydrocharitaceae

泰来草
Thalassia hemprichii (Ehrenb.) Asch.

中国西沙群岛
野生植物资源

科　名　　水鳖科
生　境　　沙质海滩
产　地　　永兴岛、晋卿岛
别　名　　泰来藻

种子实际大小

泰来草
Thalassia hemprichii (Ehrenb.) Asch.

　　海生沉水草本。根短，不分枝，密生根毛。根茎长，圆柱形，有纵裂气道，幼时节生膜质鳞片。直立茎极短，节密集成环纹状。叶2～6片，二列式，基部包于膜质鞘内；叶片带状，多少呈弯镰形，干后边缘波状，具极细纵裂气道，长6～12（～40）cm，宽4～8（～11）mm；叶缘生很细的锯齿，叶端圆钝，基部色淡，具膜质的叶鞘；叶脉9～15条，平行，先端相互连接。

　　花单性，雌雄异株；雄株生1～3个花序，而雌株仅生1个花序；雄花序佛焰苞内生1朵具长梗的雄花；花被片3枚，椭圆形；雄蕊3～12枚，花丝极短，花药长圆形，2～4室，纵裂；花粉粒球形，黄色，初时包在胶质团内，后形成念珠状，常在接触柱头前即已萌发；无退化雌蕊；雌花序具梗；佛焰苞内生1朵雌花，近无梗；花被淡黄色；子房具长喙，花柱6枚，每个花柱顶端为2裂柱头。果实球形或椭圆形，平滑或有凸刺，从顶部开裂为多个果瓣，裂片充分展开后呈辐射状排列。

　　种子多数着生于侧膜胎座上。种子梨形，长约10mm；种子表面棕褐色至黑褐色，密被圆点状小凸起；两端钝圆，顶端皱缩，侧边具槽，底部膨大，种脐位于顶端中心位置，点状。

纵切

种子群体及果实

（3）

鸭跖草科
Commelinaceae

饭包草
Commelina benghalensis L.

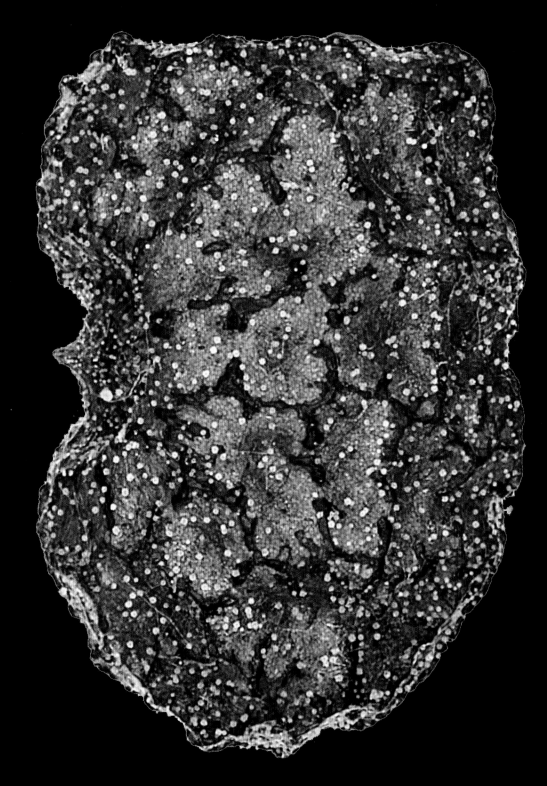

76

中国西沙群岛
野生植物资源

科　名　鸭跖草科
生　境　海边灌丛
产　地　永兴岛、石岛、珊瑚岛
别　名　圆叶鸭跖草、卵叶鸭跖草、竹叶菜、火柴头

种子实际大小

饭包草

Commelina benghalensis L.

多年生披散草本。茎大部分匍匐，节生根，上部及分枝上部上升，被疏柔毛。叶片卵形，近无毛；叶鞘口沿有疏而长的睫毛。总苞片漏斗状，与叶对生，常数个集于枝顶，下部边缘合生，被疏毛。花序下面一枝具细长梗，具1～3朵不孕的花，伸出佛焰苞，上面一枝有花数朵，结实，不伸出佛焰苞。萼片膜质，披针形，无毛；花瓣蓝色，圆形；内面2枚具长爪。

蒴果，椭圆状，长4～6 mm。果实绿色，成熟后棕褐色。表面密被白色绒毛，由肥大的宿存花被片包被成棒状倒卵形。萼片膜质，披针形，果实包被于花被片内。果实3室，腹面2室每室2种子，中裂；背面1室1种子，或无种子，不裂。花果期4—9月。

种子近肾形，长约2 mm。种子表面黑色或黑褐色，密被淡黄色斑点，多皱，具不规则网纹。顶部钝，底部截平，具不规则凹凸；腹面内凹，深约0.6 mm，具1圆形、赭黄色种脐，往外隆起锐尖。种皮较薄，厚约0.03 mm。种子横切扁心形，可见银白色胚乳及种脐处1沙黄色胚根。种子纵切近椭圆形，可见银白色胚乳及赭黄色胚根。

正常型种子，无休眠（Molin et al.，1997）。萌发条件为：20 ℃或25/15 ℃，含200 mg/L赤霉素的琼脂糖培养基（1%），12 h光照/12 h黑暗处理（郭永杰 等，2023）。

横切

种子群体

纵切

科　名　　鸭跖草科
生　境　　草地、湿地
产　地　　永兴岛
别　名　　竹节草、节节草、竹节花

种子实际大小

竹节菜

Commelina diffusa Burm. f.

一年生披散草本。茎匍匐，节上生根，多分枝，有的每节有分枝，无毛或有一列短硬毛，或全面被短硬毛。叶披针形或在分枝下部的为长圆形，顶端通常渐尖，少急尖的，无毛或被刚毛；叶鞘上常有红色小斑点，仅口沿及一侧有刚毛，或全面被刚毛。蝎尾状聚伞花序通常单生于分枝上部叶腋，有时呈假顶生，每个分

枝一般仅有一个花序；总苞片折叠状，平展后为卵状披针形，顶端渐尖或短渐尖，基部心形或浑圆，外面无毛或被短硬毛。花序自基部开始 2 叉分枝；花序梗上有花 1～4 朵，远远伸出总苞片，但都不育；一枝具短得多的梗，与总苞的方向一致，其上有花 3～5 朵，可育，藏于总苞片内。苞片极小，几乎不可见。花梗粗壮而弯曲。萼片椭圆形，浅舟状，宿存，无毛。花瓣蓝色。

蒴果，矩圆状三棱形，长约 5 mm。果实绿色，成熟后灰褐色。具肥大的花被片包被成宽卵圆形，表面密被白色绒毛；萼片膜质，披针形，果实包被于花被片内。果实 3 室，其中腹面 2 室每室具 2 颗种子，开裂，背面 1 室仅含 1 颗种子，不裂。花果期 5—11 月。

种子近肾形，长约 2 mm。种子表面棕褐色或黑褐色，密被白色星点状膜质物，多皱，具不规则网纹。顶部钝，底部截平，具不规则凹凸；腹面内凹，深约 0.6 mm，具 1 圆形、赭黄色种脐，往外隆起锐尖。种皮较薄，厚约 0.03 mm。种子横切扁心形，可见银白色胚及种脐处 1 沙黄色胚根。种子纵切近椭圆形，可见银白色胚及赭黄色胚根。

横切

种子群体

纵切

中国西沙群岛
野生植物资源

（4）

莎草科
Cyperaceae

科　名　　莎草科
生　境　　荒野田地
产　地　　永兴岛、东岛、琛航岛、金银岛
别　名　　球穗扁莎草、扁莎、黄毛扁莎

扁穗莎草
Cyperus compressus L.

多年丛生草本。根为须根，秆稍纤细，锐三棱形，基部具较多叶。叶折合或平张，灰绿色；叶鞘紫褐色。苞片3～5枚，叶状。长侧枝聚伞花序简单，具（1～）2～7个辐射枝，辐射枝最长达5 cm；穗状花序近于头状；花序轴很短，具3～10个小穗；小穗排列紧密，斜展，线状披针形，长8～17 mm，宽约4 mm，近于四棱形，顶端具稍长的芒，长约3 mm，背面具龙骨状突起，中间较宽部分为绿色，两侧苍白色或麦秆色，有时有锈色斑纹，脉9～13条。雄蕊3，花药线形，药隔突出于花药顶端；花柱长，柱头3，较短。每个小穗上具小坚果1枚。花果期7—12月。

小坚果倒卵形，长约2 mm。小坚果表面深棕色，有光泽，具细小点状斑点和细密的小颗粒。三棱形，侧面凹陷；3条棱汇交于顶部，顶端因柱头脱落留下1小突起；底部截平，具1圆形、棕黄色果痕，种脐位于果痕内部。每个小坚果内含种子1枚。小坚果横切三角形，可见金黄色、胶质胚乳。种子纵切倒卵形，可见金黄色胚乳，胚不明显。

横切

小坚果群体

纵切

中国西沙群岛
野生植物资源

科　名　莎草科
生　境　荒野草地
产　地　永兴岛
别　名　复出穗砖子苗、小穗砖子苗、展穗砖子苗

小坚果实际大小

砖子苗
Cyperus cyperoides (L.) Kuntze

多年生草本。根状茎短。秆疏丛生，锐三棱形，平滑，基部膨大，具稍多叶。叶短于秆或几与秆等长，下部常折合，向上渐成平张，边缘不粗糙；叶鞘褐色或红棕色。叶状苞片5～8枚，通常长于花序，斜展。

长侧枝聚伞花序，具6～12个或更多些辐射枝，辐射枝长短不等，有时短缩，最长达8cm；雄蕊3，花药线形，药隔稍突出；花柱短，柱头3个，细长。穗状果序圆筒形或长圆形，长10～25mm，宽6～10mm，具多数密生的小穗；小穗轴具宽翅，翅披针形，白色透明；鳞片膜质，长圆形，顶端钝，无短尖，长约3mm，边缘常内卷，淡黄色或绿白色，背面具多数脉，中间3条脉明显，绿色；小穗平展或稍俯垂，线状披针形，长3～5mm，宽约0.7mm，具1～2个小坚果。花果期4—10月。

小坚果狭长圆形，三棱柱形，长1～1.8mm。初期麦秆黄色，成熟后棕黄色至黄色，表面具微突起细点。小坚果基部具很短的柄，果柄去除后可见1圆形、灰褐色果痕，种脐位于果痕内部。顶端截平，常具1芒，芒脱落后留下1圆形脱落痕。小坚果具3条粗脊，粗脊两边形成内凹的3个面。每个小坚果内含种子1枚。小坚果横切三棱形，可见中间蜜黄色胚乳，以及边缘厚约0.1mm的果皮。小坚果纵切扁椭圆形，可见蜜黄色胚乳及1长条状、黄色胚。

正常型种子。萌发条件为：35/20℃，1%琼脂糖培养基，12h光照/12h黑暗处理（郭永杰等，2023）。

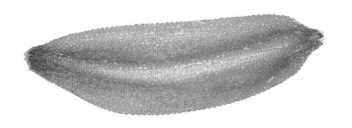

横切

小坚果

纵切

小坚果实际大小

疏穗莎草
Cyperus distans L. f.

　　多年生草本。根状茎短，秆散生或疏丛生，稍粗壮，扁三棱形，平滑，基部稍膨大。叶短于秆，平张，边缘稍粗糙，叶鞘长，棕色。叶状苞片 4～6 枚，下面的 2～3 枚较花序长，其余均短于花序。长侧枝聚伞花序复出或多次复出，具 6～10 个第一次辐射枝，辐射枝最长达 15 cm，每个辐射枝具 3～5 个第二次辐射枝，最上面的第二次辐射枝常由几个穗状果序组成一总状果序。雄蕊 3，花药线形，药隔突出花药顶端；花柱短，柱头 3，具锈色斑点。穗状果序轮廓宽卵形，具 8～18 个小穗；小穗呈二列，排列松散，斜展或平展，长 8～40 mm，宽不及 1 mm，稍呈圆柱状。小穗轴极细，回折，后期呈紫褐色，具白色透明的翅，翅早脱落；鳞片很稀疏排列，膜质，椭圆形，顶端圆，长约 2 mm，背面稍具龙骨状突起，绿色，两侧暗血红色，顶端具白色透明的边，有 3～5 条脉。小穗后期发育成果实，每个小穗内含小坚果 3 枚，花果期 7—8 月。

　　小坚果长圆形，三棱形，长约 1.6 mm。果实黑褐色，表面密布稍突起细点。小坚果基部具很短的柄，果柄去除后可见 1 圆形、灰褐色果痕，种脐位于果痕内部。顶端截平，常具 1 芒，芒脱落后留下 1 圆形脱落痕。小坚果具 3 条粗脊，粗脊两边形成内凹的 3 个面。每个小坚果内含种子 1 枚。小坚果横切三棱形，可见中间淡黄色至灰白色胚乳，以及边缘厚约 0.2 mm 的果皮。小坚果纵切扁椭圆形，可见蜜黄色胚乳，胚不明显。

横切

小坚果群体

纵切

科　名　莎草科
生　境　荒野沼地
产　地　永兴岛、石岛、东岛、甘泉岛
别　名　羽穗砖子苗

羽状穗砖子苗

Cyperus javanicus Houtt.

多年生草本。根状茎粗短，木质。秆散生，粗壮，钝三棱形，在扩大镜下可见到微小的乳头状突起，下部具叶，基部膨大。叶稍硬，革质，通常长于秆，基部折合，向上渐成为平张，横脉明显，边缘具锐刺，叶鞘黑棕色；苞片5～6枚，叶状，较花序长很多，斜展。

长侧枝聚伞花序复出或近于多次复出，具6～10个第一次辐射枝；辐射枝最长达10cm，肿胀，长4.5～5.5mm，宽1.8～2mm，具4～6朵花；小穗轴具宽翅；鳞片稍密地复瓦状排列，革质，宽卵形，顶端急尖，无短尖，凹形，长约3mm，淡棕色或麦秆黄色，具绣色条纹，边缘白色半透明，背面无龙骨状突起，具多条脉；雄蕊3，花药线形；花柱长，柱头3。每个小穗具小坚果1枚，花果期6—7月。

小坚果宽椭圆形或倒卵状椭圆形，三棱形，长约为1.5mm。果实黑褐色，表面密被突起的细点。小坚果果柄较短，去除后可见1圆形、黄褐色果痕，种脐位于果痕内部；果痕外常宿存1条状、深黄色假种阜。顶端钝尖，常具短芒，芒脱落后留下1圆形脱落痕。小坚果具3条粗脊，粗脊两边形成内凹的3个面。每个小坚果内含种子1枚。小坚果横切三棱形，可见中间银白色胚乳，以及边缘厚约0.18mm的果皮。小坚果纵切椭圆形，可见外种皮黄色，内部银白色胚乳；胚不明显。

横切

小坚果群体

纵切

科　名　莎草科
生　境　路边荒地
产　地　永兴岛、石岛、东岛、中建岛、琛航岛、金银岛、
　　　　甘泉岛、珊瑚岛
别　名　香附、香头草、莎草、雷公头

香附子

Cyperus rotundus L.

匍匐根状茎长，具椭圆形块茎。秆稍细弱，锐三棱形，平滑，基部呈块茎状。叶较多，短于秆，平张；鞘棕色，常裂成纤维状。叶状苞片2～5枚，长侧枝聚伞花序简单或复出，具2～10个辐射枝。穗状花序轮廓为陀螺形，稍疏松，具3～10个小穗；小穗斜展开，线形，具8～28朵花；雄蕊3，花药长，线形，暗血红色，药隔突出于花药顶端；花柱长，柱头3，细长，伸出鳞片外。

果序穗状辐射，具3～10个小穗；小穗斜展开，线形，长1～3cm，宽约1.5mm；小穗轴具较宽的白色透明的翅。鳞片稍密，覆瓦状排列，膜质，卵形或长圆状卵形，长约3mm，顶端急尖或钝，无短尖，中间绿色，两侧紫红色或红棕色，具5～7条脉。每个小穗内含1枚坚果，每个坚果即是1枚种子。花果期5—11月。

种子三棱状倒卵圆形或三棱状椭圆形，长1～1.2mm。种子茶褐色或黄褐色，表面具细小颗粒状突起，网纹状，外表附着1层白色霜状物。顶端锐尖，具宿存花柱；先端截平，中间具1近圆形、黄褐色种脐。从底部至顶部具3条粗纵脊棱，形成3个棱面，棱面或有脊。种皮较硬，厚约0.2mm。种子横切三棱形，可见金雀花黄色胚。种子纵切扁长条形，可见中部金雀花黄色胚及种脐处少量木栓层。

横切　　　　　　　　　　种子　　　　　　　　　　纵切

中国西沙群岛
野生植物资源

科 名 莎草科
生 境 海边草地
产 地 永兴岛
别 名 无

小坚果实际大小

粗根茎莎草
Cyperus stoloniferus Retz.

多年生草本。根状茎长而粗，木质化具块茎。秆钝三棱形，平滑，基部叶鞘通常分裂成纤维状。叶少长于秆，常折合，少平张。叶状

苞片2～3枚，通常下面2枚长于花序。简单长侧枝聚伞花序具3～4个辐射枝；辐射枝很短，一般不超过2cm，每个辐射枝具3～8个小穗；小穗长圆状披针形或披针形，长6～12mm，宽2～3mm，稍肿胀；小穗轴具狭的翅；鳞片紧密覆瓦状排列，纸质，宽卵形，顶端急尖或近于钝圆，长约3mm，土黄色，有时带有红褐色斑块或斑纹，具5～7条脉。雄蕊3，花药长，线形，药隔延伸出花药的顶端；花柱中等长，柱头3，具锈色斑点。小穗后期发育成果实，每个小穗内含小坚果3枚，花果期7月。

小坚果椭圆形或倒卵形，近于三棱形，长为鳞片的2/3。小坚果表面黑褐色，有光泽，无毛，具数条肋；顶部钝尖，具1残存花柱；基部钝圆，具1圆形、深棕色果痕，种脐位于果痕内部，基部常宿存1带状种阜。每个小坚果内含种子1枚。小坚果横切扁卵圆形，可见中间银白色胚乳，以及边缘厚约0.23mm的果皮。小坚果纵切扁椭圆形，可见绿米色胚乳，胚不明显。

横切

小坚果群体

纵切

科　名　　莎草科
生　境　　旷野草地
产　地　　永兴岛、东岛、晋卿岛、琛航岛、广金岛、甘泉
　　　　　岛、中沙洲、南沙洲
别　名　　无

佛焰苞飘拂草
Fimbristylis cymose var. *spathacea*
(Roth) T. Koyama

多年生草本。根状茎短。秆几不丛生，钝三棱形，具槽，基部生叶，外面包着黑褐色，分裂纤维状的枯老叶鞘。叶较秆短得多，线形，顶端急尖，坚硬，平张，边缘略向里卷，有疏细齿，稍具光泽，鞘前面膜质，白色，鞘口斜裂，无叶舌。苞片1～3枚，直立，叶状，较花序短得多。

长侧枝聚伞花序小，复出或多次复出，长1.5～2.5 cm，宽1～3 cm；辐射枝3～6个，钝三棱形，长3～15 mm；小穗单生，或2～3个簇生，卵形或长圆形，顶端钝，长3～5 mm，宽1.5～2.5 mm，密生多数花；鳞片宽卵形，顶端钝，膜质，长1.25 mm，锈色，有无色透明的宽边，背面有3～5条脉，有时只中脉呈显明的龙骨状突起；雄蕊3，花药狭长圆形，急尖，长约1 mm，为花丝长的1/2；子房长圆形，基部稍狭，花柱略扁，无缘毛，柱头2，很少3个，长约与花柱等。每个小穗上具小坚果2枚。花果期7—10月。

小坚果倒卵形或宽倒卵形，双凸状，长1 mm。表面紫褐色或黄棕色，具不规则网纹。小坚果基部具很短的柄，常宿存；果柄去除后可见1圆形、黄褐色果痕，种脐位于果痕内部。顶部圆，顶端具1突起，外围具晕环，稍凹。每个小坚果内含种子1枚。小坚果横切椭圆形，可见中间亮黄色胚乳，以及边缘厚约0.2 mm的果皮。种子纵切扁梭形，可见淡黄色胚乳以及近果痕处1线形、黄褐色胚。

正常型种子，可在30～50℃温水中浸泡6 h，室温自然冷却，放入培养皿中，保持湿润，3天后萌发（刘俊芳，2017）。

横切

小坚果群体

纵切

小坚果实际大小

两歧飘拂草
Fimbristylis dichotoma (L.) Vahl

多年生草本。秆丛生，无毛或被疏柔毛。叶线形，略短于秆或与秆等长，柔毛或无，顶端急尖或钝；鞘革质，上端近于截形，膜质部分较宽而呈浅棕色。苞片 3～4 枚，叶状，通常有 1～2 枚长于花序，无毛或被毛。

长侧枝聚伞花序复出，少有简单，疏散或紧密；小穗单生于辐射枝顶端，卵形、椭圆形或长圆形，长 4～12 mm，宽约 2.5 mm，具多数花；鳞片卵形、长圆状卵形或长圆形，长 2～2.5 mm，褐色，有光泽，脉 3～5 条，中脉顶端延伸成短尖；雄蕊 1～2 个，花丝较短；花柱扁平，长于雄蕊，上部有缘毛，柱头 2。每个小穗内含小坚果 2 枚，花果期 7—10 月。

小坚果宽倒卵形，双凸状，长约 1 mm。小坚果表面沙黄色，平滑，具 7～9 显著纵肋，纵肋凹面形成网纹，网纹近似横长圆形，无疣状突起。小坚果具褐色的柄，常宿存；果柄去除后可见 1 圆形、灰褐色果痕，种脐位于果痕内部。顶部钝，顶端具 1 突起，外围具 1 圈晕环。每个小坚果内含种子 1 枚。小坚果横切梭形，可见中间蜜黄色胚乳，以及边缘厚约 0.15 mm 的果皮。小坚果纵切扁椭圆形，可见蜜黄色胚乳，胚不明显。

正常型种子。萌发条件为：25/15 ℃或 35/20 ℃，1% 琼脂糖培养基，12 h 光照 /12 h 黑暗处理（郭永杰 等，2023）。

横切

小坚果群体

纵切

科　名　莎草科
生　境　山坡草地
产　地　永兴岛
别　名　无

知风飘拂草
Fimbristylis eragrostis (Nees) Hance

多年生草本。无根状茎。秆丛生，基部有少数根生叶。叶多少弯曲，略似镰刀状，无毛，顶部急尖，并带有细尖，边缘粗糙；鞘革质，顶端斜裂，

裂口处有淡棕色的膜质边缘。苞片近于叶状，2～4枚，上端渐狭；小苞片浅棕色。

长侧枝聚伞花序复出，有2至多数辐射枝，小穗单生于辐射枝顶端，长圆形、长圆状卵形或卵形，长6～10mm，宽2～3mm，有多数小花，最下面的1～2片鳞片内无花；有花鳞片宽卵形或近于三角形，长2.5～3.5mm，黄褐色，具光泽，背面有1条中脉呈龙骨状隆起，顶端具硬尖；雄蕊3；子房圆筒形，有沟槽，白色；花柱三棱形，基部膨大，呈棕褐色，柱头3。每个小穗上具3枚小坚果，花果期6—9月。

小坚果宽倒卵形，三棱形，长0.7～0.8mm，表面白色或棕黄色，密布疣状突起。小坚果基部具短柄，常宿存；果柄去除后可见1圆形稍隆起的棕褐色果痕。种脐位于果痕内部。顶部具1突起，外围具深棕色晕环，稍凹。每个小坚果内含种子1枚。小坚果横切圆形，可见中间蜜黄色胚乳，以及边缘厚约0.15mm的果皮。种子纵切卵圆形，可见金黄色胚乳。胚不明显。

横切

小坚果群体

纵切

科　名　莎草科
生　境　海边草地
产　地　永兴岛、石岛、东岛、晋卿岛、琛航岛、广金岛、
　　　　甘泉岛、珊瑚岛
别　名　无

锈鳞飘拂草

Fimbristylis sieboldii Miq. ex Franch. et Sav.

多年生草本。根状茎短，木质，水平生长。秆丛生，细而坚挺，扁三棱形，平滑，灰绿色，基部稍膨大，具少数叶。下部的叶仅具叶鞘，而无叶片，鞘灰褐色，上部的叶常对折，线形，顶端钝，长仅为秆的 1/3 或有时更短些。苞片 2～3 枚，线形，短于或稍长于花序，近于直立，基部稍扩大。

长侧枝聚伞花序简单，少有近于复出，具少数辐射枝；辐射枝短，最长不及 1 cm；小穗

单生于辐射枝顶端，长圆状卵形、长圆形或长圆状披针形，顶端急尖，少有钝的，圆柱状，长 7～15 mm，宽约 3 mm，具多数密生的花；鳞片近于膜质，卵形或椭圆形，顶端钝，具短尖，长 3～4 mm，灰褐色，中部具深棕色条纹，背面具 1 条明显的中肋，上部被灰白色短柔毛，边缘具缘毛；雄蕊 3，花药线形，药隔稍突出于花药顶端；花柱长而扁平，基部稍宽，具缘毛，柱头 2。每个小穗上具小坚果 2 枚。花果期 6—8 月。

小坚果倒卵形或宽倒卵形，扁双凸状，长 1～1.5 mm。表面近于平滑，具纵向沟纹，成熟时棕色或黑棕色。小坚果基部具很短的柄，常宿存；果柄去除后可见 1 圆形、灰褐色果痕，种脐位于果痕内部。顶部钝，顶端具 1 突起，外围具 1 圈晕环，稍凹。每个小坚果内含种子 1 枚。小坚果横切梭形，可见中间蜜黄色胚乳，以及边缘厚约 0.2 mm 的果皮。小坚果纵切扁椭圆形，可见蜜黄色胚乳及近果痕处 1 短圆柱形、黄褐色胚。

正常型种子。萌发条件为：35/20 ℃，含 200 mg/L 赤霉素的琼脂糖培养基（1%），12 h 光照 /12 h 黑暗处理（郭永杰 等，2023）。

横切

小坚果群体

纵切

科　名　　莎草科
生　境　　海边沼地
产　地　　永兴岛
别　名　　单穗飘拂草

双穗飘拂草
Fimbristylis subbispicata Nees et Meyen

　　多年生草本。无根状茎。秆丛生，细弱，扁三棱形，灰绿色，平滑，具多条纵槽，基部具少数叶。叶短于秆，稍坚挺，平张，上端边缘具小刺，有时内卷。苞片无或只有1枚，直立，线形，长于花序。

　　长侧枝聚伞花序简单，小穗通常1个，顶生，罕有2个，卵形、长圆状卵形或长圆状披针形，圆柱状，长8～30mm，宽4～8mm，具多数花；鳞片螺旋状排列，膜质，卵形、宽卵形或近于椭圆形，顶端钝，具硬短尖，长5～7mm，棕色，具锈色短条纹，背面无龙骨状突起，具多条脉；雄蕊3，花药线形，长2～2.5mm；花柱长而扁平，基部稍膨大，具缘毛，柱头2。每个小穗上具小坚果2枚。花果期6—10月。

　　小坚果圆倒卵形，扁双凸状，长1.5～1.7mm。小坚果表面褐色，具纵向六角形网纹，稍具光泽；基部具柄，深棕色，常宿存；果柄去除后可见1圆形、深褐色果痕，种脐位于果痕内部。顶部圆，顶端具1突起，外围具晕环，稍凹。每个小坚果内含种子1枚。小坚果横切椭圆形，可见中间红棕色胚乳，以及边缘厚约0.2mm的果皮。种子纵切扁梭形，可见红棕色胚乳以及近果痕处1线形、暗红色胚。

　　正常型种子。萌发条件为：35/20℃，1%琼脂糖培养基，12h光照/12h黑暗处理（郭永杰 等，2023）。

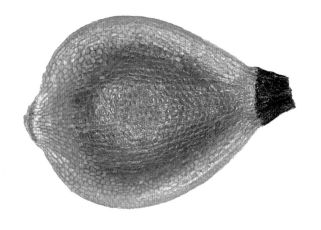

横切

小坚果群体

纵切

中国西沙群岛
野生植物资源

科　名　莎草科
生　境　荒地、草地
产　地　永兴岛
别　名　水蜈蚣

短叶水蜈蚣

Kyllinga brevifolia Rottb.

多年生草本。根状茎长而匍匐，外被膜质、褐色的鳞片，具多数节间，每一节上长一秆。秆成列地散生，细弱，扁三棱形，平滑，基部不膨大，具4～5个圆筒状叶鞘，叶状苞片3枚，极展开，后期常向下反折。穗状花序单个，球形。小穗具1朵花；雄蕊1～3个，花药线形；花柱细长，柱头2，长不及花柱的1/2。

果序穗状单个至3个，球形或卵球形，长5～11mm，宽4.5～10mm，具极多数密生的小穗。小穗长圆状披针形或披针形，压扁，长约3mm，宽0.8～1mm；鳞片膜质，长2.8～3mm，下面鳞片短于上面的鳞片，白色，具锈斑，少为麦秆黄色；背面的龙骨状突起绿色，具刺，顶端延伸成外弯的短尖，脉5～7条。每个小穗内含1枚坚果。花果期5—9月。

小坚果倒卵状长圆形，扁双凸状，长1.3～1.5mm。小坚果珊瑚红至酒红色，表面具密的细点，外附着1层膜状、金黄色胶质物。顶部渐钝尖，残存花柱基及膜质物；基部稍尖，具1隆起的圆形、棕黄色种脐。腹缝线较明显。每个坚果即是1枚种子，种皮质一般，厚约0.1mm。种子横切梭形，可见蜡黄色、油脂状胚；种子纵切长条状，可见蜜黄色胚，以及种脐处长约0.3mm的灰棕色木栓结构。

正常型种子，无休眠（Molin et al., 1997）。萌发条件为：25/15℃、30/20℃或35/25℃，1%琼脂糖培养基，12h光照/12h黑暗处理（郭永杰 等，2023）。

横切

小坚果群体

纵切

禾本科
Poaceae

台湾虎尾草
Chloris formosana (Honda) Keng
ex B. S. Sun et Z. H. Hu

中国西沙群岛
野生植物资源

科　名　禾本科
生　境　海边草地
产　地　永兴岛、东岛
别　名　白草、茎草、盘棋

白羊草
Bothriochloa ischaemum (L.) Keng

多年生直立草本。秆丛生，直立或基部倾斜，具3至多节，节上无毛或具白色髯毛；叶鞘无毛，多密集于基部而相互跨覆，常短于节间；叶舌膜质，具纤毛；叶片线形，顶生者常缩短，先端渐尖，基部圆形，两面疏生疣基柔毛或下面无毛。

总状花序4至多数着生于秆顶呈指状，长3～7 cm，纤细，灰绿色或带紫褐色，总状花序轴节间与小穗柄两侧具白色丝状毛；无柄小穗长圆状披针形，长4～5 mm，基盘具髯毛；第一颖草质，背部中央略下凹，具5～7脉，下部1/3具丝状柔毛，边缘内卷成2脊，脊上粗糙，先端钝或带膜质；第二颖舟形，中部以上具纤毛；脊上粗糙，边缘亦膜质；第一外稃长圆状披针形，长约3 mm，先端尖，边缘上部疏生纤毛；第二外稃退化成线形，先端延伸成一膝曲扭转的芒，芒长10～15 mm；第一内稃长圆状披针形，长约0.5 mm；第二内稃退化；鳞被2，楔形；雄蕊3枚，长约2 mm。有柄小穗雄性；第一颖背部无毛，具9脉；第二颖具5脉，背部扁平，两侧内折，边缘具纤毛。1个颖果内含1枚种子，花果期秋季。

种子梭形，(0.4～0.6) mm×0.3 mm×0.3 mm。种子表面褐色，布满纵向条纹。上部具乳黄色突起的种阜，中部隆起，尾部分叉，形如蜗牛。种阜及尾部分叉位置各有2条透明的长纤毛。横切可见椭圆形、金雀花黄色油脂状胚乳及腹部1条月牙形、大丽花黄色胚。

颖果（背面）

颖果（腹面）

颖果横切

科　名　禾本科
生　境　旷野、荒地
产　地　永兴岛
别　名　无

多枝臂形草
Brachiaria ramosa (L.) Stapf

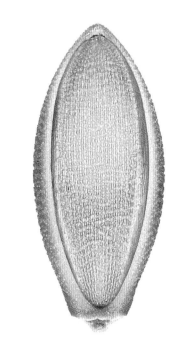

一年生草本。秆基部倾斜，节被柔毛，下部节上生根。叶鞘松弛，光滑，边缘及鞘口被毛；叶舌短小，密生纤毛；叶片狭披针形，先端渐尖，边缘略增厚而粗糙，常呈微波状皱折。

圆锥状花序，由3～6枚总状花序组成；总状花序长2～5 cm；主轴具三棱，被短刺毛；穗轴具三棱，通常被短刺毛，有时疏生长硬毛；小穗椭圆状长圆形，长约3.5 mm，疏生短硬毛，通常孪生，有时上部单生，稍疏离，一具短柄，一近无柄；第一颖广卵形，长约为小穗之半，具5脉；第二颖与小穗等长，顶端具小尖头，具5脉，第一小花中性，外稃具5脉，内稃膜质，狭窄而短小；第二外稃革质，长约2.5 mm，先端尖，背部凸起，具明显横皱纹，边缘内卷，包着同质的内稃。小穗后期发育成颖果，每个颖果内含种子1枚。花果期6—9月。

种子椭圆形或倒卵形，长约2 mm。种子表面金黄色，具多条纵棱，多条横脊覆盖在纵棱上，形成很多密集的颗粒。种子顶部钝，基部截平；具1近圆形、玉米黄色种脐。背面环形；腹面平，两条粗脊从基部沿着腹面至顶部。

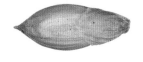

小穗

种子

小穗群体

中国西沙群岛
野生植物资源

科　名　　禾本科
生　境　　旷野、荒地
产　地　　永兴岛、东岛、中建岛、晋卿岛、珊瑚岛
别　名　　无

种子实际大小

四生臂形草
Brachiaria subquadripara (Trin.) Hitchc

　　一年生草本。秆纤细，下部平卧地面，节上生根，节膨大而生柔毛，节间具狭槽。叶鞘松弛，被疣基毛或边缘被毛；叶片披针形至线状披针形，先端渐尖或急尖，基部圆形，无毛

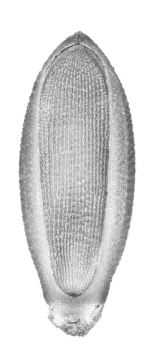

或稀生短毛，边缘增厚而粗糙，常呈微波状。

　　圆锥花序，由3～6枚总状花序组成；总状花序长2～4 cm；主轴及穗轴无刺毛；小穗长圆形，长3.5～4 mm，中部最宽约1.2 mm，先端渐尖，近无毛，通常单生；第一颖广卵形，长约为小穗之半，具5～7脉，包着小穗基部；第二颖与小穗等长，具7脉，第一小花中性，其外稃与小穗等长，具7脉，内稃狭窄而短小；第二外稃革质，长约3 mm，先端锐尖，表面具细横皱纹，边缘稍内卷，包着同质的内稃；鳞被2，折叠，长约0.6 mm；雄蕊3；花柱基分离。小穗后期发育成颖果，每个颖果内含种子1枚。花果期6—9月。

　　种子椭圆形或倒卵形，长约2 mm。种子表面金黄色，具多条纵棱，多条横脊覆盖在纵棱上，形成很多密集的颗粒。种子顶部钝，基部截平；具1近圆形、玉米黄色种脐。背面环形；腹面平，两条粗脊从基部沿着腹面至顶部。

　　正常型种子，可在30～50℃温水浸泡6 h，室温自然冷却，放入培养皿中，保持湿润，2天后萌发（刘俊芳，2017）。

种子（背面）

种子群体

种子（腹面）

科　名　禾本科
生　境　海边荒地
产　地　永兴岛、东岛
别　名　无

蒺藜草

Cenchrus echinatus L.

　　一年生草本。须根较粗壮。秆高约 50 cm，基部膝曲或横卧地面而于节处生根，下部节间短且常具分枝。叶鞘松弛，压扁具脊，上部叶鞘背部具密细疣毛，近边缘处有密细纤毛，下部边缘

多数为宽膜质无纤毛；叶舌短小，具长约 1 mm 的纤毛；叶片线形或狭长披针形，质较软，上面近基部疏生长约 4 mm 的长柔毛或无毛。

　　总状花序直立，长 4～8 cm，具多个刺苞，苞近扁球形，着生刚毛；每个刺苞内具小穗 2～6 个。小穗椭圆状披针形，顶端较长渐尖，含 2 小花；具 2 颖，第一颖长约小穗的 1/2，具 1 脉；第二颖稍短于小穗，具 5 脉；第一外稃与小穗等长，具 5 脉；其内稃狭长，披针形；第二外稃具 5 脉，包被其内稃。花药长约 1 mm，顶端无毛；柱头帚刷状，长约 3 mm。每颖内含 1 枚种子，花果期 4—9 月。

　　种子椭圆状扁球形，长约 3 mm。种子表面黄色，具丝状纵向条纹。腹面稍凹；顶部橙黄色，钝圆，平或宿存 1 枚花柱；底部钝，背缝线上近底部具 1 圆形、黑色种脐，凹陷；种子横切方形或半圆形，种皮薄，可见乳白色子叶和油脂状、金雀花黄色胚乳。种子纵切梭形，可见近种脐位置颗粒状、牡蛎白色胚。

　　正常型种子，可在 30～50 ℃温水浸泡 6 h，室温自然冷却，放入培养皿中，保持湿润，3 天后萌发（刘俊芳，2017）。

横切

刺苞

纵切

中国西沙群岛
野生植物资源

科　名　禾本科
生　境　荒坡草地
产　地　永兴岛
别　名　紫顶虎尾草、大指草、肿胀风车草

颖果实际大小

孟仁草
Chloris barbata Sw.

一年生草本。秆直立，无毛。叶鞘两侧压扁，背部具脊，边缘膜质，无毛或脊上被疏短毛；叶舌具一列白色柔毛；叶片线形，两面无毛，边缘粗糙。

穗状花序6～11枚，指状着生，小穗近无柄，紧密覆瓦状排列；颖膜质，具1脉，第一颖长约1.5mm；第二颖长约2.2mm，有时顶端具小尖头；第一小花倒卵形，长约2.2mm；外稃纸质，具3脉，中脉两侧被柔毛，边缘具密集白色长柔毛；内稃有时稍长于外稃，膜质，具2脊；基盘尖锐，被斜展的柔毛；花药黄色，柱头紫褐色；不孕小花2～3枚；第二小花有时具内稃，斜贝壳状，外稃具3脉，顶端圆形微凹，边缘具短柔毛，有时微弯曲；其余小花同形而较小，芒常弯曲，无毛，互相密接，其间小穗轴甚短而不可见。每个小穗具颖果1枚，颖果倒长卵形，无毛，淡褐黄色，长约1.4mm，宽约0.5mm。花果期3—7月。

每个颖果内含种子1枚。种子卵圆形，长约1.2mm。种子表面沙黄色，膨胀，具多条纵棱；顶部钝尖，具1芒，长约6mm；基部突起，具1圆点状、淡黄色种脐。胚长约1mm。

小穗　　　　　　　　　　小穗群体　　　　　　　　　种子

科　名　　禾本科
生　境　　海边沙土
产　地　　永兴岛、东岛、中建岛、金银岛、珊瑚岛
别　名　　无

台湾虎尾草
Chloris formosana (Honda) Keng
ex B. S. Sun et Z. H. Hu

一年生草本。秆直立或基部伏卧地面而于节处生根并分枝；光滑无毛。叶鞘两侧压扁，背部具脊，无毛；叶舌无毛；叶片线形，两面无毛或在近鞘口处偶有疏柔毛。

穗状花序4～11枚，长3～8cm，穗轴被微柔毛；小穗含1孕性小花及2不孕小花；第一颖三角钻形，具1脉，被微毛；第二颖长椭圆状披针形，膜质，先端常具长2～3mm的短芒或无芒；第一小花两性，与小穗近等长，倒卵状披针形，外稃纸质，具3脉，侧脉靠近边缘，被稠密白色柔毛，上部之毛甚长而向下渐变短；内稃倒长卵形，透明膜质，先端钝，具2脉；第二小花有内稃，上缘平钝，具芒；第三小花仅存外稃，偏倒梨形，具芒；不孕小花之间的颖果轴长0.6～0.7mm。花果期8—10月。

每个颖果内含种子1枚。种子卵圆形，长约1.3mm；种子表面金黄色，有膜，具光泽。顶部钝尖，基部截平，具1点状、黄褐色种脐。

正常型种子，可在30～50℃温水浸泡6h，室温自然冷却，放入培养皿中，保持湿润，4天后萌发（刘俊芳，2017）。

小穗

种子群体

中国西沙群岛
野生植物资源

科　名	禾本科
生　境	旷野、荒地
产　地	永兴岛、东岛、中建岛
别　名	百慕达草、绊根草、爬根草、咸沙草

狗牙根

Cynodon dactylon (L.) Pers.

多年生低矮草本，具根茎。秆细而坚韧，下部匍匐地面蔓延生长，节上常生不定根，秆壁厚，光滑无毛，有时略两侧压扁。叶鞘微具脊，无毛或有疏柔毛，鞘口常具柔毛；叶舌仅为一轮纤毛；叶片线形，通常两面无毛。

穗状花序2～6枚，长2～6cm；小穗灰绿色或带紫色，长2～2.5mm，仅含1小花；第一颖长1.5～2mm，第二颖稍长，均具1脉，背部成脊而边缘膜质；外稃舟形，具3脉，背部明显成脊，脊上被柔毛；内稃与外稃近等长，具2脉。鳞被上缘近截平；花药淡紫色；子房无毛，柱头紫红色。每个小穗内含颖果1枚，颖果长圆柱形。花果期5—10月。

每个颖果具1枚种子，卵圆形，长约1.2mm。种子表面棕褐色，具纵棱，背面环形，稍隆起；腹面稍平；基部钝，具1椭圆形、浅黄色种脐；顶部渐尖，具2条棕黄色种阜。

小穗群体

科　名	禾本科
生　境	荒坡路边
产　地	永兴岛、石岛、东岛、中建岛、金银岛、甘泉岛、珊瑚岛
别　名	竹目草、埃及指梳茅

种子实际大小

龙爪茅
Dactyloctenium aegyptium (L.) Beauv.

一年生草本。秆直立，或基部横卧地面，于节处生根且分枝。叶鞘松弛，边缘被柔毛；叶舌膜质，顶端具纤毛；叶片扁平，顶端尖或渐尖，两面被疣基毛。

穗状花序2～7个指状排列于秆顶，长1～4 cm，宽3～6 mm；小穗长3～4 mm，含3小花；第一颖沿脊龙骨状凸起上具短硬纤毛，第二颖顶端具短芒，芒长1～2 mm；外稃中脉成脊，脊上被短硬毛，第一外稃长约3 mm；有近等长的内稃，其顶端2裂，背部具2脊，背缘有翼，翼缘具细纤毛；鳞被2，楔形，折叠，具5脉。每个小穗内含3枚囊果。花果期5—10月。

囊果球形或卵圆形，长约1.8 mm，内含种子1枚。种子扁圆形，径长1 mm。种子表面焦黄色，两侧平，具多条纵向突起。腹面截平，形成1椭圆形种脊，中间具1圆形种脐。背缝线线形，环状，环面边缘隆起，成粗刺状。种子横切近矩形，可见绿米色胶质状胚乳。种子纵切倒卵形，可见胶质状胚乳，以及近种脐处灰白色、条状胚。

横切

种子群体

纵切

小穗实际大小

双花草

Dichanthium annulatum (Forsk.) Stapf

多年生草本。常丛生。秆直立或基部曲膝，分枝，节密生髯毛。上部的叶鞘短于节间；叶舌膜质，长约1mm，上缘撕裂状；叶片线形，顶端长渐尖，基部近圆形，粗糙，中脉明显，表面具疣基毛。

总状花序2～8枚指状着生于秆顶，基部

腋内有白色柔毛；小穗对紧密地覆瓦状排列，总状花序轴节间与有柄小穗柄边缘被纤毛，基部1～6对小穗对同为雄性或中性；无柄小穗两性，卵状长圆形或长圆形，背部压扁；第一颖卵状长圆形或长圆形，顶端钝或截形，纸质，边缘具狭脊或内折，背部常扁平，有5～9脉，无毛或被疏长毛，沿2脊上被纤毛；第二颖狭披针形，顶端尖或钝，无芒，具3脉，呈脊状，中脊压扁，脊的上部及边缘被纤毛；第一小花不孕，外稃线状长圆形，无脉，光滑，顶端钝，膜质透明；第二小花两性，外稃狭，稍厚，退化为芒的基部，芒膝曲，扭转；雄蕊3；子房无毛。

颖果倒卵状长圆形。有柄小穗与无柄小穗几等长，雄性或中性，第一颖有7～11脉，边缘内折成2脊，沿脊有短纤毛，第二颖窄而短，有3脉，第一外稃透明膜质，与第二颖等长或稍短，第二外稃小或不存在。每个小穗具颖果2枚；颖果倒卵状长圆形，长约1.4mm。花果期6—11月。

每个颖果具1枚种子。种子长椭圆形，长约1mm。种子表面淡黄色，具细小颗粒；背面稍膨胀；腹面扁平。顶部钝尖，具1棕黄色、线状种阜；基部沿背面稍凹，具1点状种脐。

种子实际大小

升马唐

Digitaria ciliaris (Retz.) Koel.

一年生草本。秆基部横卧地面，节处生根和分枝。叶鞘常短于其节间，多少具柔毛；叶

舌长约2mm；叶片线形或披针形，上面散生柔毛，边缘稍厚，微粗糙。

总状花序5～8枚，长5～12cm，呈指状排列于茎顶；穗轴宽约1mm，边缘粗糙；小穗披针形，长3～3.5mm，孪生于穗轴之一侧；小穗柄微粗糙，顶端截平；第一颖小，三角形；第二颖披针形，长约为小穗的2/3，具3脉，脉间及边缘生柔毛；第一外稃等长于小穗，具7脉，脉平滑，中脉两侧的脉间较宽而无毛，其他脉间贴生柔毛，边缘具长柔毛；第二外稃椭圆状披针形，革质，黄绿色或带铅色，顶端渐尖；等长于小穗。花药长0.5～1mm。小穗后期发育成颖果，每个颖果内含1枚种子。花果期5—10月。

种子椭圆形，长约2mm。种子表面棕褐色，腹面具纵向条纹，背面具小颗粒。顶部稍钝尖，具2条短圆形种阜；基部钝平，具1扁圆形、沙黄色种脐。

正常型种子，可在30～50℃温水浸泡6h，室温自然冷却，放入培养皿中，保持湿润，8天后萌发（刘俊芳，2017）。

小穗

小穗群体

小穗

科　名　　禾本科
生　境　　旷野、荒地
产　地　　永兴岛、石岛、金银岛
别　名　　无

种子实际大小

二型马唐
Digitaria heterantha (Hook. f.) Merr.

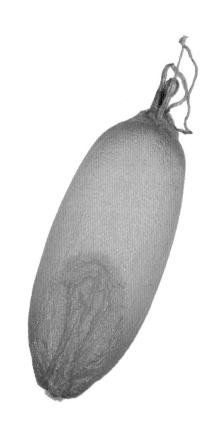

一年生草本。秆较粗壮，下部匍匐地面，节上生根并分枝。叶鞘常短于节间，较压扁，具疣基柔毛，基部者密生柔毛；叶舌长 1～2 mm；叶片粗糙，下部两面生疣基柔毛。

总状花序粗硬，2 或 3 枚，长 5～10 或达 20 cm，基部多少裸露；穗轴挺直，具粗厚的白色中肋，有窄翅，宽约 1 mm，节间长为其小穗的 2 倍；孪生小穗异性；短柄小穗无毛，长约 4 mm，第一颖微小；第二颖披针形，具 5 脉，长为小穗的 1/2～2/3；第一外稃具粗壮的 7～9 脉，脉隆起，脉间距离极窄仅留有缝隙，顶端渐尖；长柄小穗密生长柔毛，长约 4.5 mm，与其小穗柄近等长；第二颖短于小穗，具 3～5 脉，第一外稃有 5～7 脉，脉间与边缘均密生丝状柔毛，第二外稃披针形，薄革质，灰白色，稍短于小穗，顶端渐尖；花药长 1 mm。小穗后期发育成颖果，每个颖果内含种子 1 枚。花果期 6—10 月。

种子椭圆形，长约 2.8 mm。种子表面亮黄色，密布小颗粒，背面环形，腹面扁平；基部沿背面具 1 椭圆形、绿米色凹面，端部具 1 点状种脐；顶部钝尖，具 2 条不规则卷曲种阜。

小穗

小穗群体

小穗

光头稗
Echinochloa colona (L.) Link

一年生草本。秆直立，叶鞘压扁而背具脊，无毛；叶舌缺；叶片扁平，线形，长3～20 cm，宽3～7 mm，无毛，边缘稍粗糙。

圆锥花序狭窄，主轴具棱，通常无疣基长毛，棱边上粗糙；花序分枝长1～2 cm，排列稀疏，直立上升或贴向主轴，穗轴无疣基长毛或仅基部被1～2根疣基长毛；小穗卵圆形，具小硬毛，无芒，较规则地成四行排列于穗轴的一侧；第一颖三角形，长约为小穗的1/2，具3脉；第二颖与第一外稃等长而同形，顶端具小尖头，具5～7脉，间脉常不达基部；第一小花常中性，其外稃具7脉，内稃膜质，稍短于外稃，脊上被短纤毛；第二外稃椭圆形，平滑，光亮，边缘内卷，包着同质的内稃；鳞被2，膜质；每个小穗后期发育成2枚颖果，每个颖果内含1枚种子。花果期6—11月。

种子卵圆形，长约1.5 mm。种子表面被1层膜质壳、淡黄色，光滑反光，具纵向点线状斑点。腹面稍凹，两边具椭圆形透明翅；顶部钝，黄色，具少量绒毛；底部钝，黄色，具肉状疣点，内含种脐。种脐通过底部疣点吸收水分和养料提供生长。

正常型种子，具有生理休眠（Molin et al., 1997）。萌发条件为：20 ℃或25/15℃，1%琼脂糖培养基，12 h光照/12 h黑暗处理（郭永杰 等，2023）。

种子

小穗

果穗

科　名　禾本科
生　境　旷野、荒地
产　地　永兴岛、石岛、东岛、中建岛、琛航岛、金银岛、
　　　　珊瑚岛、赵述岛
别　名　蟋蟀草

牛筋草
Eleusine indica (L.) Gaertn.

一年生草本。根系极发达。秆丛生，基部倾斜。叶鞘两侧压扁而具脊，松弛，无毛或疏生疣毛；叶舌长约1mm；叶片平展，线形，无毛或上面被疣基柔毛。

穗状花序2～7个指状着生于秆顶，很少单生，长3～10cm，宽3～5mm；小穗长4～7mm，宽2～3mm，含3～6小花；颖披针形，具脊，脊粗糙；第一颖长1.5～2mm；第二颖长2～3mm；第一外稃长3～4mm，卵形，膜质，具脊，脊上有狭翼，内稃短于外稃，具2脊，脊上具狭翼。囊果卵形，长约1.5mm，基部下凹，具明显的波状皱纹。鳞被2，折叠，具5脉。每个小穗具2个囊果，每个囊果内含1枚种子。花果期6—10月。

种子椭圆形，三棱，长约1.5mm。种子表面红棕色，具多条环形横脊棱，稍突起，被一层白色斑块。种子顶部钝圆，底部钝圆，具1圆形、灰褐色种脐；背部具背缝线，腹缝线不明显，腹面较深内凹。种子横切三棱形，可见乳白色子叶及红棕色颗粒状胚乳。种子纵切椭圆形，可见近种脐处乳白色短圆状胚。

正常型种子，具有生理休眠（Molin et al.，1997）。萌发条件为：25℃、30/10℃或30/20℃，1%琼脂糖培养基，12h光照/12h黑暗处理（郭永杰 等，2023）。

横切

种子群体

纵切

科　名　禾本科
生　境　荒坡、草地
产　地　永兴岛、石岛、东岛、琛航岛、甘泉岛、珊瑚岛
别　名　无

种子实际大小

纤毛画眉草
Eragrostis ciliata (Roxb.) Nees

多年生草本。秆直立簇生，坚硬，多节，基部节间较短，节下有一圈腺点。叶鞘光滑无毛，鞘口披长柔毛；叶舌退化为一圈成束的短纤毛；叶片扁平，披针状线形，无毛。

圆锥花序紧缩成穗状，圆柱形，长 1.5～7 cm，宽 0.5～1.5 cm，基部分枝处密生长硬毛，分枝及小穗柄均短；小穗有 7～13 小花，长 4～6 mm，宽约 3 mm，成熟后小穗轴自上而下逐渐断落。颖膜质，披针形，先端短尖，背脊和边缘均有毛，第一颖长约 1.8 mm，第二颖长 1.8～2 mm；外稃膜质，第一外稃长 2～2.5 mm，具明显的 3 脉，侧脉远离边缘，先端具短尖，背部及边缘被短毛；内稃稍短于外稃，长约 1.8 mm。边缘被纤毛，脊亦被长纤毛；雄蕊 2 枚，花药长约 0.4 mm。小穗后期发育成颖果，每个颖果具 1 枚种子。花果期 11 月至翌年 5 月。

种子卵圆形，长约 0.5 mm。种子表面红褐色，具纵向沟槽，紧密排列。顶部钝圆，棕褐色，常黏附沙黄色胶质物；基部具脊，稍突起；腹面内凹，形成 1 椭圆形截面，近基部具 1 条状、污白色种阜，内是种脐；背面环形，向基部截平或稍内凹，中间具 1 凹槽。

种子群体

科　名　禾本科
生　境　海边荒地
产　地　永兴岛、东岛、晋卿岛、琛航岛、金银岛、珊瑚岛
别　名　花头草、鲫鱼婆、狗仔花

鲫鱼草

Eragrostis tenella (L.) P. Beauv. ex Roem. et Schult.

一年生草本。秆纤细，直立或基部膝曲，或呈匍匐状，具3～4节，有条纹。叶鞘松裹茎，比节间短，鞘口和边缘均疏生长柔毛；叶舌为一圈短纤毛；叶片扁平，上面粗糙，下面光滑，无毛。

圆锥状花序开展，分枝单一或簇生，长4～8 cm，节间很短，腋间有长柔毛，小枝和小穗柄上具腺点。小穗卵形至长圆状卵形，长约2 mm，含小花4～10朵，成熟后，小穗轴由上而下逐节断落；颖膜质，具1脉，第一颖长约0.8 mm，第二颖长约1 mm；第一外稃长约1 mm，有明显紧靠边缘的侧脉，先端钝；内稃脊上具有长纤毛；雄蕊3枚，花药长约0.3 mm。小穗后期发育成颖果，每个颖果内含1枚种子。花果期4—8月。

种子长圆形，长约0.5 mm。种子表面棕黄色至棕红色，具不规则细小颗粒。顶部钝，具1凸起，系花柱脱落痕，周围具1圆形、棕褐色凹凸。底部钝圆，具1稍突起圆形种脐。

种子群体

科　名　禾本科 Poaceae
生　境　荒坡草地
产　地　永兴岛
别　名　地筋

颖果实际大小

黄茅

Heteropogon contortus (L.) P. Beauv. ex Roem. et Schult.

多年生丛生草本。秆基部常膝曲，上部直立，光滑无毛。叶鞘压扁而具脊，光滑无毛，鞘口常具柔毛；叶舌短，膜质，顶端具纤毛；叶片线形，扁平或对折，顶端渐尖或急尖，基部稍收窄，两面粗糙或表面基部疏生柔毛。

总状花序单生于主枝或分枝顶，长3～7 cm（芒除外），各芒常于花序顶端扭卷成1束。花序基部3～12对小穗，为同性，无芒，宿存。上部7～12对为异性；无柄小穗线形（成熟时圆柱形），两性，长6～8 mm，基盘尖锐，具棕褐色髯毛；第一颖狭长圆形，革质顶端钝，背部圆形，被短硬毛或无毛，边缘包卷同质的第二颖；第二颖较窄，顶端钝，具2脉，脉间被短硬毛或无毛，边缘膜质；第一小花外稃长圆形，远短于颖；第二小花外稃极窄，向上延伸成2回膝曲的芒，芒长6～10 cm，芒柱扭转被毛；内稃常缺；雄蕊3；子房线形，花柱2。有柄小穗长圆状披针形，雄性或中性，无芒，常偏斜扭转覆盖无柄小穗，绿色或带紫色；第一颖长圆状披针形，草质，背部被疣基毛或无毛。花果期4—12月。

每个颖果具1枚种子，长圆柱形，长约1 cm。种子表面暗褐色，具纵向条纹，圆柱状。两端钝，顶部与芒柱粘连，具1环痕；基部具1点状、灰褐色种脐。

颖果果柄

果实群体

颖果先端

科　名　禾本科
生　境　荒地、草地
产　地　永兴岛
别　名　茅针、白茅根、尖刀草、兰根、毛启莲、红色男
　　　　爵白茅

颖果实际大小

白茅
Imperata cylindrica (L.) P. Beauv.

多年生草本，具粗壮的长根状茎。秆直立，具1～3节，节无毛。叶鞘聚集于秆基，甚长于其节间，质地较厚，老后破碎呈纤维状；叶舌膜质，长约2mm，紧贴其背部或鞘口具柔毛，分蘖叶片扁平，质地较薄；秆生叶片窄线形，通常内卷，顶端渐尖呈刺状，下部渐窄，或具柄，质硬，被有白粉，基部上面具柔毛。

圆锥花序稠密，长20cm，宽达3cm，小穗长4.5～6mm，基盘具长12～16mm的丝状柔毛；两颖草质及边缘膜质，近相等，具5～9脉，顶端渐尖或稍钝，常具纤毛，脉间疏生长丝状毛，第一外稃卵状披针形，长为颖片的2/3，透明膜质，无脉，顶端尖或齿裂，第二外稃与其内稃近相等，长约为颖之半，卵圆形，顶端具齿裂及纤毛；雄蕊2枚，花药长3～4mm；花柱细长，基部多少连合，柱头2，紫黑色，羽状，长约4mm，自小穗顶端伸出。小穗后期发育成颖果，每个颖果内含1枚种子。花果期4—6月。

颖果长圆柱形，长约3mm，宽约0.5mm。顶端具1白色、圆形基盘；基部圆形。表面金雀花黄色，具脉5～9条，脉间疏生长丝状毛；内含种子1枚。颖果横切近圆形，可见中间银灰色胶质状胚乳。颖果纵切长圆柱形，可见乳白色胚乳及金黄色胚。

横切

颖果群体

纵切

科　名　禾本科 Poaceae
生　境　旷野、荒地
产　地　永兴岛
别　名　绣花草、畔茅

千金子
Leptochloa chinensis (L.) Nees

一年生草本。秆直立，基部膝曲或倾斜，高 30～90 cm，平滑无毛。叶鞘无毛，大多短于节间；叶舌膜质，常撕裂具小纤毛；叶片扁平或多少卷折，先端渐尖，两面微粗糙或下面平滑。

圆锥花序长 10～30 cm，分枝及主轴均微粗糙；小穗多带紫色，含3～7小花；颖具 1 脉，脊上粗糙，第一颖较短而狭窄，长 1～1.5 mm，第二颖长 1.2～1.8 mm；外稃顶端钝，无毛或下部被微毛，第一外稃长约 1.5 mm；花药长约 0.5 mm。颖果长圆球形，长约 1 mm。花果期 8—11 月。

每个颖果具 1 枚种子。种子卵圆形，长约 0.8 mm。种子表面红棕色，具纵向网纹状小颗粒；背面稍隆起；腹面稍平，具 1 纵向腹缝线。基部隆起，沿着背面近端部具 1 内凹面；种脐位于基部隆起端口，圆形、具脊。顶部钝，具 1 金黄色、条状种阜。

小穗

小穗群体

小穗

中国西沙群岛
野生植物资源

科　名　禾本科
生　境　海边荒地
产　地　永兴岛、石岛、东岛、中建岛、晋卿岛、琛航岛、
　　　　金银岛、珊瑚岛、银屿、西沙洲、赵述岛、北岛、
　　　　南岛、北沙洲、中沙洲、南沙洲
别　名　台湾禾草

种子实际大小

细穗草
Lepturus repens (G. Forst.) R. Br.

多年生草本。秆丛生，坚硬，具分枝，基部各节常生根或有时作匍茎状。叶鞘无毛，因其内具分枝而松弛；叶舌长 0.3～0.8 mm，纸质，上端截形且具纤毛；叶片质硬，线形，通常内卷，先端呈锥状，无毛或上面通常近基部具柔毛，边缘呈小刺状粗糙。

穗状花序直立，穗轴节间长 3～5 mm；小穗含 2 小花，小穗轴节间长约 4 mm；第一颖三角形，薄膜质，第二颖革质，披针形，先端渐尖或锥状锐尖，上部具膜质边缘且内卷，多少反曲；外稃宽披针形，具 3 脉，两侧脉近边缘，先端尖，基部具微细毛；内稃长椭圆形，几与外稃等长；花药长约 2 mm。每个小穗内含 1～2 枚颖果。花果期 5—11 月。

颖果椭圆形长 1.6～2 mm，内含种子 1 枚。种子椭圆形，长约 1.5 mm。种子表面金雀花黄色，具纵向沟纹；基部沿背面一端具 1 扁圆形、棕褐色种脐，种脐周围具 1 圈白色膜质物；顶部具 2 条金黄色对称的渐尖，中间具 1 短圆钝尖；腹面平，颜色稍深。种子横切扁圆形，可见大面积油脂状胚乳及 1 扁圆形、金黄色胚。种子纵切长椭圆形，可见 1 长条状、金黄色胚，长度为种子的 1/2。

正常型种子，可在 30～50℃温水浸泡 6 h，室温自然冷却，放入培养皿中，保持湿润，3 天后萌发（刘俊芳，2017）。

横切

小穗

纵切

科　名　　禾本科 Poaceae
生　境　　路边荒地
产　地　　永兴岛
别　名　　红茅草

种子实际大小

红毛草
Melinis repens (Willd.) Zizka

多年生直立草本。根茎粗壮。秆直立，常分枝，节间常具疣毛，节具软毛。叶鞘松弛，大都短于节间，下部亦散生疣毛；叶舌为长约 1 mm 的柔毛组成；叶片线形。

圆锥花序开展，长 10～15 cm，分枝纤细，长可达 8 cm；小穗柄纤细弯曲，顶端稍膨大，疏生长柔毛；小穗长约 5 mm，常被粉红色绢毛；第一颖小，长约为小穗的 1/5，长圆形，具 1 脉，被短硬毛；第二颖和第一外稃具 5 脉，被疣基长绢毛，顶端微裂，裂片间生 1 短芒；第一内稃膜质，具 2 脊，脊上有睫毛；第二外稃近软骨质，平滑光亮；有 3 雄蕊，花药长约 2 mm；花柱分离，柱头羽毛状；鳞被 2，折叠，具 5 脉。小穗后期发育成颖果，每个颖果内含 1 枚种子，花果期 6—11 月。

种子扁梭形，长约 1 mm；种子外部包被 1 层淡黄色、具丝状纵向条纹的浆片；种子表面绿米色；种阜黄色，突起，周围被短绢毛；种子中部隆起，尾部具浅黄色尾尖。

小穗群体

小穗

颖果

科　名　禾本科
生　境　荒坡草地
产　地　永兴岛
别　名　花叶芒、高山鬼芒、金平芒、薄、芒草、高山芒、
　　　　紫芒、黄金芒

颖果实际大小

芒

Miscanthus sinensis Andersson.

多年生苇状草本。秆高 1～2 m，无毛或在花序以下疏生柔毛。叶鞘无毛，长于其节间；叶舌膜质，顶端及其后面具纤毛；叶片线形，下面疏生柔毛及被白粉，边缘粗糙。

圆锥花序直立，长 15～40 cm，主轴无毛，延伸至花序的中部以下，节与分枝腋间具柔毛；分枝较粗硬，直立，不再分枝或基部分枝具第二次分枝；小枝节间三棱形，边缘微粗糙；小穗披针形，黄色有光泽，基盘具等长于小穗的白色或淡黄色的丝状毛；第一颖顶具 3～4 脉，边脉上部粗糙，顶端渐尖，背部无毛；第二颖常具 1 脉，粗糙，上部内折之边缘具纤毛；第一外稃长圆形，膜质，边缘具纤毛；第二外稃明显短于第一外稃，先端 2 裂，裂片间具 1 芒，棕色，膝曲，芒柱稍扭曲，第二内稃长约为其外稃的 1/2；雄蕊 3 枚，花药浅褐色，先雌蕊而成熟；柱头羽状，紫褐色，从小穗中部之两侧伸出。每个小穗具颖果 1 枚，长圆形，长约 3 mm，暗紫色。花果期 7—12 月。

每个颖果具 1 枚种子，长条形，长约 1.2 mm。种子表面棕黄色，背面密布颗粒，腹面具纵向纹络。顶部渐尖，顶端合生于芒柱；基部点状，暗褐色，具 1 种脐。

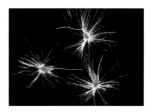

颖果群体

颖果

科　名　禾本科
生　境　荒野、沼地
产　地　永兴岛、东岛、琛航岛、广金岛、甘泉岛、
　　　　珊瑚岛
别　名　硬骨草

铺地黍
Panicum repens L.

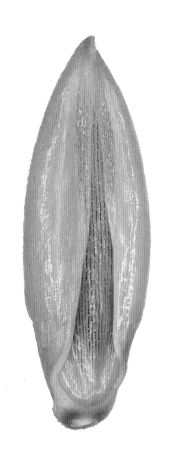

多年生草本。根茎粗壮发达。秆直立，坚挺。叶鞘光滑，边缘被纤毛；叶舌长约0.5mm，顶端被睫毛；叶片质硬，线形，干时常内卷，呈锥形，顶端渐尖，上表皮粗糙或被毛，下表皮光滑；叶舌极短，膜质，顶端具长纤毛。

圆锥花序开展，分枝斜上，粗糙，具棱槽；小穗长圆形，无毛，顶端尖；第一颖薄膜质，长约为小穗的1/4，基部包卷小穗，顶端截平或圆钝，脉常不明显；第二颖约与小穗近等长，顶端喙尖，具7脉，第一小花雄性，其外稃与第二颖等长；雄蕊3，其花丝极短，花药暗褐色；第二小花结实，长圆形，平滑、光亮，顶端尖；鳞被长约0.3mm，宽0.2～0.4mm，脉不清晰。每个小穗内含颖果1枚，花果期6—11月。

颖果长圆状，两端狭，长约1.8mm。每个颖果内含种子1枚。种子扁梭形，长约1.5mm；种子成熟后黑褐色，表面具不规则斑纹，顶端稍尖，无芒；基部钝，具1圆形、灰褐色种脐；腹面稍平，具1平面，稍内凹；背面环形，具小颗粒。小穗横切半圆形，可见内部种子深褐色截面，具深褐色胚乳。小穗纵切长条状、扁圆柱形，可见内部种子深褐色胚乳。

横切

小穗群体

纵切

中国西沙群岛
野生植物资源

科　名　禾本科
生　境　海边草地
产　地　永兴岛
别　名　游草、游水草

小穗实际大小

双穗雀稗
Paspalum distichum L.

多年生草本。匍匐茎横走、粗壮，长达1m，直立部分向上，节生柔毛。叶鞘短于节间，背部具脊，边缘或上部被柔毛；叶舌长2～3mm，无毛；叶片披针形，无毛。

总状花序2枚对连；穗轴宽1.5～2mm；小穗倒卵状长圆形，顶端尖，疏生微柔毛；第一颖退化或微小；第二颖贴生柔毛，具明显的中脉；第一外稃具3～5脉，通常无毛，顶端尖；第二外稃草质，等长于小穗，黄绿色，顶端尖，被毛。每个小穗具颖果1枚。花果期5—9月。

颖果，倒卵状长圆形，长约2.5mm；果实成熟后黄绿色至棕黄色，表面有颖片，具脉。每个颖果内含种子1枚。种子椭圆形，长约1.8mm。种子表面柠檬黄色，具纵向纹路；顶部钝尖，具突起；基部稍钝，具1圆形、点状种脐，外围具1层荤环。

小穗

小穗群体

果序

科　名　禾本科
生　境　旷野、荒地
产　地　永兴岛
别　名　无

种子实际大小

长叶雀稗
Paspalum longifolium Roxb.

多年生草本。秆丛生，直立，高80～120 cm，粗壮，多节。叶鞘较长于其节间，背部具脊，边缘生疣基长柔毛；叶舌长1～2 mm；叶片无毛。

总状花序6～20枚，着生于伸长的主轴上。穗轴边缘微粗糙；小穗柄孪生，微粗糙；小穗成4行排列于穗轴一侧，宽倒卵形；第二颖与第一外稃被卷曲的细毛，具3脉，顶端稍尖；第二外稃黄绿色，后变硬；花药长1 mm。每个小穗内含颖果1枚，每个颖果内含1枚种子。花果期7—10月。

种子宽卵圆形，长约1.6 mm。种子表面黄褐色或亮黄色，有光泽；具细小颗粒，呈纵向条纹。种子顶部钝尖，两侧各具1粗脊，自基部至顶部；基部稍隆起，圆，具1灰白色种脐；腹面截平，两侧粗脊使得腹面内凹。

果序

小穗

种子

科　名　禾本科
生　境　海边草地
产　地　永兴岛
别　名　无

种子实际大小

圆果雀稗

Paspalum scrobiculatum var. *orbiculare* (G. Forst.) Hack.

多年生草本。秆直立，丛生，高30～90cm。叶鞘长于其节间，无毛，鞘口有少数长柔毛，基部者生有白色柔毛；叶舌长约1.5mm；叶片长披针形至线形，大多无毛。

总状花序长3～8cm，2～10枚相互间距排列于长1～3cm的主轴上，分枝腋间有长柔毛；穗轴边缘微粗糙；小穗椭圆形或倒卵形，单生于穗轴一侧，覆瓦状排列成二行；小穗柄微粗糙；第二颖与第一外稃等长，具3脉，顶端稍尖；第二外稃等长于小穗，成熟后褐色，革质，有光泽，具细点状粗糙。每个小穗具颖果1枚，花果期6—11月。

颖果，倒卵状长圆形，长约2mm；果实成熟后黄绿色至棕黄色，表面有颖片，具脉。每个颖果内含种子1枚。种子卵圆形，长约1.2mm，黄棕色，表面黏附1层淡黄色膜质物，易脱落；具多条纵向、颗粒状点纹。顶部钝，稍突起，具1层荸环；基部截平，具1圆形、淡褐色种脐；背面环形，两侧具粗脊，腹面稍膨胀，具1圆面。种子横切梭形，可见油脂状、赭黄色胚乳，以及中间金黄色胚。种子纵切扁梭形，可见中间灰白色胚乳，以及近腹面一侧长圆柱状胚。

正常型种子。萌发条件为：20℃或25/15℃，1% 琼脂糖培养基，12h光照/12h黑暗处理（郭永杰 等，2023）。

横切

种子群体

纵切

种子实际大小

茅根
Perotis indica (L.) Kuntze

一年生或多年生草本。须根细而柔韧。秆丛生，基部稍倾斜或卧伏。叶鞘无毛，基部者常跨覆，上部者稍短于节间，叶舌膜质；叶片披针形，质地稍硬，扁平或边缘内卷，顶端尖，基部最宽，微呈心形而抱茎，无毛，或仅边缘疏生纤毛。

穗形总状花序直立，穗轴具纵沟，小穗脱落后小穗柄宿存于主轴上；小穗（不连芒）长2～2.5 mm，基部具0.2～0.3 mm的基盘；颖披针形，顶端钝或尖，被细小散生的柔毛，中部具1脉，自顶端延伸成1～2 cm的细芒；外稃透明膜质，具1脉，长约1 mm，内稃略短于外稃，具不明显的2脉；花药淡黄色，长约0.6 mm，花柱2，柱头帚状。每个小穗具颖果1枚，颖果细柱形，棕褐色，长约1.8 mm。顶端具2条分叉的芒，表面具细小颗粒；基部具1圆形果痕。花果期4—9月。

每个颖果内含种子1枚。种子细柱形，长约1.8 mm。种子表面棕褐色，膨胀，具多条纵棱；顶部钝尖，具1芒，长约6 mm；基部突起，具1圆点状、淡黄色种脐。种子横切扁圆形，可见大面积油脂状胚乳；胚长约1 mm。

横切

小穗

种子

中国西沙群岛
野生植物资源

科　名　禾本科
生　境　旷野、荒地
产　地　永兴岛
别　名　无

种子实际大小

简轴茅

Rottboellia cochinchinensis (Lour.)
Clayton

一年生粗壮草本。须根粗壮，常具支柱根。秆直立，高可达2m，亦可低矮丛生，无毛。叶

鞘具硬刺毛或变无毛；叶舌长约2mm，上缘具纤毛；叶片线形，中脉粗壮，无毛或上面疏生短硬毛，边缘粗糙。

总状花序粗壮直立，上部渐尖；总状花序轴节间肥厚，易逐节断落。无柄小穗嵌生于凹穴中，第一颖质厚，卵形，背面糙涩，先端钝或具2～3微齿，多脉，边缘具极窄的翅；第二颖质较薄，舟形；第一小花雄性，花药常较第二小花的短小而色深；第二小花两性，花药黄色，长约2mm；雌蕊柱头紫色。每个小穗内含颖果1枚。花果期9—12月。

颖果长圆状卵形，径长约2.5mm。果实表面亮黄色或棕黄色，密被颗粒，膨胀。颖片紧密包被，内含种子1枚。种子长圆柱形或近椭圆形，长约1.2mm。种子表面棕褐色或黄褐色，具细小颗粒。顶部钝，具1圆形、棕黄色脱落痕，系花柱脱落所致，常宿存丝状物；基部钝，稍隆起，中间具1灰褐色、圆形种脐；近种脐处具1黑色斑点；腹面稍平，背面环状。种子横切卵圆形，可见胶质状、亮黄色胚乳，两侧具2片椭圆形、浅黄色子叶，以及1扁圆、鲑鱼橙黄色胚。种子纵切椭圆形，可见近种脐处至顶部蜜黄色胚逐渐过渡到黄色的胚乳。

横切

种子群体

纵切

科　名　禾本科
生　境　山坡草地
产　地　永兴岛、东岛
别　名　无

种子实际大小

鼠尾粟

Sporobolus fertilis (Steud.) Clayton

多年生草本，须根较粗壮且较长。秆直立，丛生，基部质较坚硬，平滑无毛。叶鞘疏松裹茎，基部者较宽，平滑无毛或其边缘稀具极短的红毛，下部者长于而上部者短于节间；叶舌极短，纤毛状；叶片质较硬，平滑无毛，或仅上面基部疏生柔毛，通常内卷，少数扁平，先端长渐尖。

圆锥花序较紧缩呈线形，常间断，或稠密近穗形，分枝稍坚硬，直立，与主轴贴生或倾斜，基部者较长，小穗密集着生其上；小穗灰绿色且略带紫色；颖膜质，第一颖小，先端尖或钝，具1脉；外稃等长于小穗，先端稍尖，具1中脉及2不明显侧脉；雄蕊3，花药黄色，长0.8～1mm。每个小穗内含囊果1枚。花果期3—12月。

囊果长圆状倒卵形或倒卵状椭圆形，长1～1.2mm。囊果成熟后红褐色，明显短于外稃和内稃，顶端截平。每个囊果内含种子1枚。种子椭圆形，长约1.2mm，宽约0.7mm。种子表面红棕色，具细小颗粒。两端钝圆，顶端中间稍隆起，具1圆形、红褐色脱落痕；基部中间稍内凹，具1圆形、暗褐色种脐。腹面自基部至顶部，具1～2条沟槽。侧面常具不规则平截面。种皮很薄。种子横切椭圆形，可见胶质状、浅灰色胚乳。种子纵切长椭圆形，可见胶质状、浅灰色胚乳。

横切

种子群体

纵切

中国西沙群岛
野生植物资源

科　名　　禾本科
生　境　　海边草地
产　地　　永兴岛、东岛
别　名　　马尼拉草

沟叶结缕草
Zoysia matrella (L.) Merr.

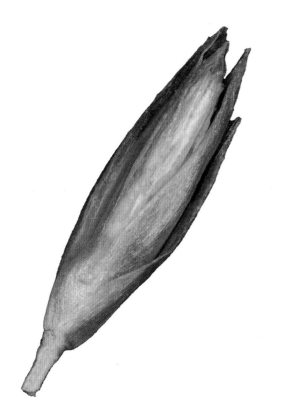

多年生直立草本。具横走根茎，须根细弱。秆直立，基部节间短，每节具一至数个分枝。叶鞘长于节间，除鞘口具长柔毛外，余无毛；叶舌短而不明显，顶端撕裂为短柔毛；叶片质硬，内卷，上面具沟，无毛，顶端尖锐。

总状花序呈细柱形，长2～3cm，宽约2mm；小穗柄长约1.5mm，紧贴穗轴；小穗长2～3mm，宽约1mm，卵状披针形，黄褐色或略带紫褐色；第一颖退化，第二颖革质，具3或5脉，沿中脉两侧压扁；外稃膜质，长2～2.5mm，宽约1mm；包被着颖果。花药长约1.5mm。颖果长卵形，棕黄色。每个颖果都内含1枚种子。花果期7—10月。

种子长卵形，（1.3～1.5）mm×（0.5～0.5）mm×0.8mm。种皮膜质，与颖果果皮合生。种子表面光滑无毛，浅黄色。褪去膜质种皮后可见乳白色胚乳。

穗果序

颖果

（6）

蒺藜科
Zygophyllaceae

大花蒺藜
Tribulus cistoides L.

中国西沙群岛
野生植物资源

科　名　蒺藜科
生　境　荒地、沙地
产　地　永兴岛、石岛、琛航岛、金银岛、甘泉岛、珊瑚岛、
　　　　赵述岛、南岛
别　名　硬蒺藜、蒺骨子

分果实际大小

大花蒺藜
Tribulus cistoides L.

　　多年生草本。枝平卧地面或上升，长达60 cm，密被柔毛；小叶4～7对，近无柄，长圆形或倒卵状长圆形，长0.6～1.5 cm，宽3～6 mm，先端圆钝或尖，基部偏斜，上面疏被柔毛，下面密被长柔毛。花单生叶腋，径约3 cm；花梗与叶近等长；萼片披针形，长约8 mm，被长柔毛；花瓣倒卵状长圆形，长约2 cm；子房被淡黄色硬毛。

　　分果，近肾形，长8～12 mm。整个果扁球形，径长约1 cm，成熟后绿米色或柠檬黄色，散落，分果4～7爿。分果骨质，背面具小瘤体和锐刺2～4枚，疏被淡黄色硬毛，腹面呈长圆形、白色，具斜向细脊，中间1条粗脊。顶部锐尖，底部凹凸。每个分果内含种子4枚，2枚种子常发育不良而无法长成完好的种子。花果期5—8月。

　　种子长圆形，长约0.5 mm。种子表面瓜黄色，具白色星状物；两侧稍扁，两端钝圆。腹面与分果木栓结构贴合面具1椭圆形、白色种脐。种皮较薄。种子横切椭圆形，可见油菜花黄色胚及大量象牙白色胚乳。种子纵切长扁圆形，可见种子近分果粗脊处红棕色，且胚乳临近粗脊，由此可知种子在发育过程中会吸收胚乳，粗脊处也可以为种子提供萌发所需要的水分。

横切

分果

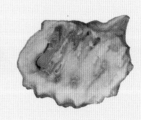
纵切

科　名　　蒺藜科
生　境　　荒地、沙地
产　地　　琛航岛、珊瑚岛
别　名　　白蒺藜、蒺藜狗

分果实际大小

蒺藜
Tribulus terrestris L.

多年生草本。茎平卧，偶数羽状复叶；小叶对生，3～8对，矩圆形或斜短圆形，长

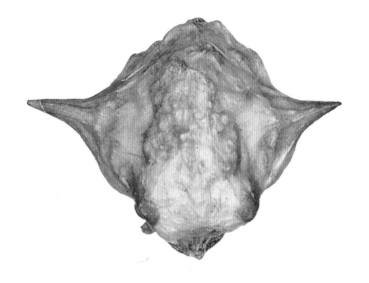

5～10 mm，宽2～5 mm，先端锐尖或钝，基部稍偏斜，被柔毛，全缘。花腋生，花梗短于叶，花黄色；萼片5，宿存；花瓣5；雄蕊10，生于花盘基部，基部有鳞片状腺体，子房5棱，柱头5裂，每室3～4胚珠。

分果，近肾形，长4～6 mm。整个果扁球形，径长约5 mm，成熟后绿米色或淡黄色，散落，分果5爿。分果骨质，背面具小瘤体，中部边缘有平生、广展的锐刺2枚，下部亦常有较小的锐刺2枚；疏被白色硬毛。腹面呈长圆形、白色，具斜向细脊，中间1条粗脊。顶部锐尖，底部凹凸。每个分果内含种子3～4枚。花果期5—9月。

种子长圆形，长约0.5 mm。种子表面瓜黄色，具白色星状物；两侧稍扁，两端钝圆。腹面与分果木栓结构贴合面具1圆形、乳白色种脐。种皮较薄。种子横切圆形，可见米黄色胚及大量象牙白色胚乳。种子纵切长扁圆形，可见囊状、亮黄色种室及近粗脊处的栓状组织，该组织可为种子萌发提供水分。

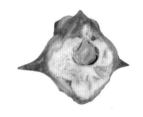

横切

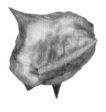

分果

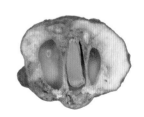

纵切

124

中国西沙群岛
野生植物资源

（7）

相思子
Abrus precatorius L.

豆科
Fabaceae

科　名　　豆科
生　境　　灌丛
产　地　　永兴岛
别　名　　相思豆、相思藤、猴子眼、鸡母珠

相思子
Abrus precatorius L.

藤本。茎细弱，多分枝，疏被白色糙伏毛。羽状复叶；小叶 8～13 对，膜质，对生，近长圆形，先端截形，具小尖头，基部近圆形，上面无毛，下面被稀疏白色糙伏毛。总状花序腋生，花序轴粗短；花小，密集成头状；花萼钟状，萼齿 4 浅裂，被白色糙毛；花冠紫色，旗瓣柄三角形，翼瓣与龙骨瓣较窄狭；雄蕊 9；子房被毛。

荚果，长圆形，长 2～3.5 cm，宽 0.5～1.5 cm。1 条果穗常具多个果实。果实绿色，成熟时棕色或棕褐色；表面被短绒毛，成熟时近无毛。果实成熟时背裂，果瓣革质，内含种子 2～6 粒。

种子椭圆形，径长 4～7 mm。种子表面平滑有光泽，上部约 2/3 为鲜红色，下部约 1/3 为紫黑色。腹缝线明显，稍凹陷；种脐位于近上部腹缝线上，白色、梭形、内凹；周围具 1 圈深红色色圈。种脐上部稍隆起，即种脊。种皮硬，厚约 0.2 mm。种子横切卵圆形或圆形，可见 2 瓣硫磺色子叶。种子纵切卵圆形或圆形，可见种脊处 1 扁条形胚根；种脐处的白色木栓物质，可为种子萌发吸收养分。

相思子的种子质地坚硬，色泽华美，可作装饰品。但其种子含有相思子毒素，有剧毒，能抑制细胞内蛋白质的合成，应注意防止误食。

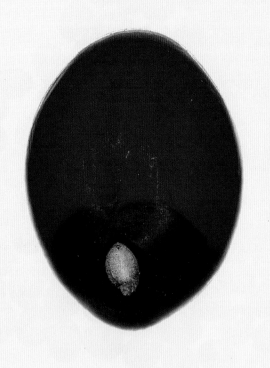

横切

种子群体

纵切

中国西沙群岛
野生植物资源

科 名	豆科
生 境	旷野草地
产 地	永兴岛、石岛、东岛、琛航岛、珊瑚岛
别 名	水咸草、小豆、假花生

种子实际大小

链荚豆

Alysicarpus vaginalis (L.) DC.

多年生草本，簇生或基部多分枝；茎平卧或上部直立，无毛或稍被短柔毛。叶仅有单小叶；托叶线状披针形，干膜质，具条纹，无毛；小叶形状及大小变化很大，茎上部小叶通常为

卵状长圆形、长圆状披针形至线状披针形；下部小叶为心形、近圆形或卵形，上面无毛，下面稍被短柔毛，全缘，侧脉 4～9 条，稍清晰。总状花序腋生或顶生，有花 6～12 朵，成对排列于节上；苞片膜质，卵状披针形；花萼膜质，比第一个荚节稍长，5 裂，裂片较萼筒长；花冠紫蓝色，略伸出于萼外，旗瓣宽，倒卵形；子房被短柔毛，有胚珠 4～7。

荚果，扁圆柱形，长 1.5～2.5 cm，宽 2～2.5 mm。被短柔毛，有不明显皱纹，荚节 3～7，荚节间不收缩，但分界处有略隆起线环。果柄长 5～10 mm，果萼宿存。种子 4～8 个。花果期 9—11 月。

种子长椭圆形或椭圆形，（1.6～2.2）mm×（0.8～1.2）mm×（1～1.2）mm。种子外表粉彩黄色，光滑无毛；具不规则、鲑鱼橙色点斑。种脐位于种子腹面稍凹处，鲑鱼橙色，圆形；上面着生着 1 条短的、紫红色种阜。紧挨着种脐的是种脊，稍隆起，椭圆形。种皮薄，约 0.1 mm。种子横切椭圆形，可见 2 枚橘黄色子叶及少量红橙色、油质状胚乳。种子纵切长椭圆形，可见 2 枚柠檬黄色子叶。

横切

种子群体

纵切

科　名　豆科
生　境　荒地灌丛
产　地　永兴岛
别　名　华南云实、假老虎簕、大托叶云实

种子实际大小

南天藤

Caesalpinia crista L.

木质藤本。树皮黑色，具少数倒钩刺。二回羽状复叶，叶轴上有黑色倒钩刺；羽片 2～3 对，有时 4 对，对生；小叶 4～6 对，对生，具短柄，革质，卵形或椭圆形，先端圆钝，有时微缺，基部阔楔形或钝，两面无毛，具光泽。总状花序长，复排列成顶生、疏松的大型圆锥花序；花芳香；萼片 5，披针形，无毛；花瓣 5，不相等，其中 4 片黄色，卵形，无毛，瓣柄短，稍明显，上面一片具红色斑纹，向瓣柄渐狭，内面中部有毛；雄蕊略伸出，花丝基部膨大，被毛；子房被毛，有胚珠 2 颗。

荚果，斜阔卵形，革质，长 3～4 cm，宽 2～3 cm。果实绿色，成熟后棕褐色；表面粗糙，具网脉，中部肿胀，先端有喙。果皮质硬，内含种子 1 枚。花果期 4—12 月。

种子卵圆形，径长约 1.8 cm。种子表面宝石红色，夹杂少量黑色；圆润，外缘成脊，两侧扁平。近基部具 1 卵圆形、棕红色种脐，稍浅凹；沿着腹缝线往上是种脊，稍隆起；沿着腹缝线往下，可见种孔。种皮革质，较硬，厚约 0.4 mm。种子横切梭形，可见 2 瓣淡黄色子叶，以及边缘棕褐色内种皮。种子纵切近圆形，可见沙黄色子叶及近种脐处短条状、金黄色胚根。

横切

种子

纵切

科　名　豆科
生　境　旷野、路旁或山坡草丛
产　地　永兴岛
别　名　虫豆、白蔓草虫豆

种子实际大小

蔓草虫豆

Cajanus scarabaeoides (L.) Thouars

多年生蔓生或缠绕状草质藤本。茎纤弱，具细纵棱，多少被红褐色或灰褐色短绒毛。叶具羽状3小叶；托叶小，卵形，被毛，常早落；小叶纸质或近革质，下面有腺状斑点，顶生小叶椭圆形至倒卵状椭圆形，先端钝或圆，侧生小叶稍小，斜椭圆形至斜倒卵形，两面薄被褐色短柔毛，但下面较密；基出脉3，在下面脉明显凸起；小托叶缺；小叶柄极短。总状花序腋生，有花1～5朵；总花梗与总轴同被红褐色至灰褐色绒毛；花萼钟状，4齿裂或有时上面2枚不完全合生而呈5裂状，裂片线状披针

形。总轴、花梗、花萼均被黄褐色至灰褐色绒毛；花冠黄色，通常于开花后脱落，旗瓣倒卵形，有暗紫色条纹，基部有呈齿状的短耳和瓣柄，翼瓣狭椭圆状，微弯，基部具瓣柄和耳，龙骨瓣上部弯，具瓣柄；雄蕊二体，花药一式，圆形；子房密被丝质长柔毛，有胚珠数颗。

荚果，长圆形，长1～2cm，宽约6mm；常1～4个荚果聚生于果序轴上。果实熟时，果荚密被红褐色或灰黄色长毛，革质，种子间具横溢线。果柄短，5～7mm。基部果萼宿存，尾部锐尖。种子3～7颗，有光泽。花果期9—12月。

种子椭圆形或卵形，（3.5～4.2）mm×（0.8～1.2）mm×（1.2～1.8）mm。种子表面平滑，无毛；种皮黑褐色或棕红色，厚约0.2mm；种子基部具突起的绿米色种阜，种脐条线形、牡蛎白色；种子横切椭圆形，可见1端部圆形、柠檬黄色胚，及2瓣大面积柠檬黄色和绿米色颗粒状交互的子叶；种子纵切长椭圆形，可见基部1鲑鱼橙色种脐及2片子叶。

正常型种子，将一端的种皮刻伤，有缺刻的一端浸水湿润，2天后萌发（刘俊芳，2017）。

横切

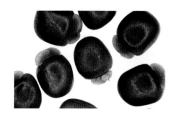

种子群体

纵切

科　名　　豆科
生　境　　海岸边
产　地　　永兴岛、东岛、琛航岛
别　名　　滨刀豆、水流豆

种子实际大小

海刀豆

Canavalia rosea (Sw.) DC.

粗壮草质藤本。茎被稀疏的微柔毛。羽状复叶具3小叶；托叶、小托叶小。小叶倒卵形、卵形、椭圆形或近圆形，先端通常圆，截平、微凹或具小凸头，稀渐尖，基部楔形至近圆形，侧生小叶基部常偏斜，两面均被长柔毛，侧脉每边4～5条。总状花序腋生，花1～3朵聚生于花序轴近顶部的每一节上；小苞片2，卵

形，着生在花梗的顶端；花萼钟状，被短柔毛，上唇裂齿半圆形，下唇3裂片小；花冠紫红色，旗瓣圆形，顶端凹入，翼瓣镰状，具耳，龙骨瓣长圆形，弯曲，具线形的耳；子房被绒毛。

荚果，线状长圆形，长8～12cm，宽2～2.5cm，厚约1cm。荚果幼嫩时绿色，成熟后黄棕色。顶端具喙尖，离背缝线3mm处的两侧有纵棱；腹缝线不明显，膨胀，环刀形；两侧稍扁。基部果柄关节肿胀，具环形萼片脱落痕。果荚较厚，约0.4mm，内含种子2～12个。花期6—7月。

种子椭圆形，长13～15mm，宽10mm。种子表面褐色，光滑；两端钝圆，背面环形，膨胀；腹缝线黑色，两侧黄棕色，近基部一端具1长条状、灰白色种脐，长约1cm。近种脐一端具1小突起，即种脊。种皮质硬，厚约0.1mm。种子横切椭圆形，可见2片米黄色子叶。种子纵切椭圆形，可见2片米黄色子叶以及近种脐处1圆柱形、沙黄色胚。

正常型种子，将一端的种皮刻伤，有缺刻的一端浸水湿润，4天后萌发（刘俊芳，2017）。

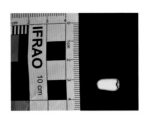

横切

种子群体

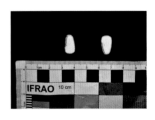

纵切

科　名　豆科
生　境　海岸边
产　地　东岛
别　名　野刀板豆

种子实际大小

小刀豆
Canavalia cathartica Thou.

二年生粗壮草质藤本。茎、枝被稀疏的短柔毛。羽状复叶具3小叶；托叶小，胼胝体状；小托叶微小，极早落。小叶纸质，卵形，先端急尖或圆，基部宽楔形、截平或圆，两面脉上被极疏的白色短柔毛。花1～3朵生于花序轴

的每一节上；萼近钟状，被短柔毛，上唇2裂齿阔而圆，下唇3裂齿较小；花冠粉红色或近紫色，旗瓣圆形，顶端凹入，近基部有2枚痂状附属体，无耳，具瓣柄，翼瓣与龙骨瓣弯曲；子房被绒毛，花柱无毛。

荚果，长圆形，长7～9cm，宽3.5～4.5cm，厚约1.3cm。荚果幼嫩时绿色，成熟后黄棕色或棕褐色。果实膨胀，顶端具喙尖，离背缝线3mm处的两侧有纵棱；腹缝线不明显，膨胀，环刀形；基部果柄关节肿胀，具环形萼片脱落痕。果荚较厚，约0.3mm，内含种子1～7个。花果期3—10月。

种子椭圆形，长约18mm，宽约12mm。种子表面黑褐色，光滑；两端钝圆，背面环形，膨胀；腹缝线黑色，两侧黄棕色，近基部一端具1长条状、灰白色种脐，长13～14mm。近种脐一端具1小突起，即种脊。种皮质硬，厚约0.1mm。种子横切椭圆形，可见2片米黄色子叶。种子纵切椭圆形，可见2片米黄色子叶以及近种脐处1圆柱形、沙黄色胚。

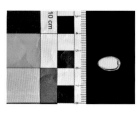

横切

种子群体

纵切

科　名　　豆科
生　境　　砂地、村边草地
产　地　　永兴岛
别　名　　黄野百合、太阳麻

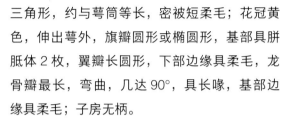

猪屎豆
Crotalaria pallida Aiton

　　直立矮小灌木或多年生草本。茎枝圆柱形，具小沟纹，密被紧贴的短柔毛。托叶极细小，刚毛状，通常早落；叶三出，小叶长圆形或椭圆形，先端钝圆或微凹，基部阔楔形，上面无毛，下面略被丝光质短柔毛，两面叶脉清晰。总状花序顶生，有花10～40朵；苞片线形，长约4mm，早落，小苞片的形状与苞片相似，长约2mm，花时极细小，长不及1mm，生萼筒中部或基部；花萼近钟形，5裂，萼齿三角形，约与萼筒等长，密被短柔毛；花冠黄色，伸出萼外，旗瓣圆形或椭圆形，基部具胼胝体2枚，翼瓣长圆形，下部边缘具柔毛，龙骨瓣最长，弯曲，几达90°，具长喙，基部边缘具柔毛；子房无柄。

　　荚果，长圆柱状，长3～4cm，径长5～8mm。幼时被毛，成熟后脱落；下部稍宽，果萼宿存；在底端具1上弯的喙。果实成熟后棕褐色，果瓣开裂后扭转，质坚硬，种子20～30颗。花果期9—12月。

　　种子肾形或钩状肾形，（3～5）mm×（3～4）mm×（1～2）mm。种皮较薄，约0.5mm，表面光滑无毛，黄绿色、棕色或青褐色。腹面具钩状凹缺，种脐位于凹缺处，矩圆形，黄褐色；内凹圆形环有深褐色脐条，种脐上端比下端大，背面弓曲。种子纵切面肾形，可见胚根位于种脐上钩状突起位置，子叶2枚，黄色。横切面卵形，可见少量黄褐色的胚乳和2片中部凹陷的子叶，部分种子种脐具种阜，浅黄色。

　　正常型种子，可用浓硫酸浸泡1h后流水冲洗至少3次后清水洗净，放入培养皿中，保持湿润，3天后萌发（刘俊芳，2017）。

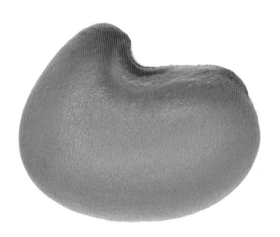

横切

种子

纵切

中国西沙群岛
野生植物资源

种子实际大小

吊裙草
Crotalaria retusa L.

多年生直立草本。茎枝圆柱形，具浅小沟纹，被短柔毛。托叶钻状；单叶，叶片长圆形或倒披针形，先端凹，基部楔形，上面光滑无毛，下面略被短柔毛，叶脉清晰可见。总状花序顶生，有花 10～20 朵；苞片披针形，小苞片线形，极细小；花萼二唇形，萼齿阔披针形，被稀疏的短柔毛；花冠黄色，旗瓣圆形或椭圆形，基部具 2 枚胼胝体，翼瓣长圆形，龙骨瓣约与翼瓣等长，中部以上变狭形成长喙，伸出萼外。

荚果，长圆形，长 3～4 cm，径长 8～14 mm，果颈长约 2 mm，下部稍宽。无毛，花萼宿存。底部具 1 上弯的喙，长约 1.2 cm。果实成熟后褐棕色或黑色，果瓣开裂后种子炸开，质坚硬。种子 10～20 颗。花果期 10 月至翌年 4 月。

种子肾形或钩状肾形，(4～6) mm×(3～4) mm×(1～2) mm。种皮薄，约 0.4 mm。种子表面光滑无毛，棕色或橙黄色。种子上端比下端大，背面弓曲，腹面具钩状凹缺，种脐位于凹缺处。种脐圆形，黄褐色，周围具 1 圈褐色的环形。种子横切倒卵形，可见 2 枚梓黄色子叶，周围黄褐色油脂状胚乳。种子纵切肾形，可见少量胚乳，2 枚梓黄色子叶以及种脐钩突位置上的胚根。

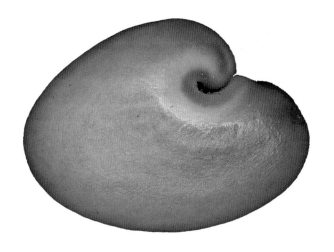

横切

种子群体

纵切

科　名　豆科
生　境　灌丛
产　地　永兴岛、盘石屿、晋卿岛、琛航岛、金银岛、
　　　　珊瑚岛、赵述岛
别　名　大果苏木、刺果苏木

种子实际大小

鹰叶刺

Guilandina bonduc L.

有刺藤本，各部均被黄色柔毛；刺直或弯曲。叶长 30～45 cm，叶轴有钩刺；羽片 6～9 对，对生；羽片柄极短，基部有刺 1 枚；托叶大，叶状，常分裂，脱落；在小叶着生处常有托叶状小钩刺 1 对；小叶 6～12 对，膜质，长圆形，长 1.5～4 cm，宽 1.2～2 cm，先端圆钝而有小凸尖，基部斜，两面均被黄色柔毛。总状花序腋生，具长梗，上部稠密，下部稀疏；

苞片锥状，长 6～8 mm，被毛，外折，开花时渐脱落；花托凹陷；萼片 5，长约 8 mm，内外均被锈色毛；花瓣黄色，最上面一片有红色斑点，倒披针形，有柄；花丝短，基部被绵毛；子房被毛。

荚果革质，长圆形，长 5～7 cm，宽 4～5 cm，种子 2～3 颗，近球形，铅灰色，有光泽。荚果幼嫩时青绿色，成熟后黄棕色或深褐色。果实膨胀，先端圆钝而有喙；基部果柄长约 10～18 mm，果萼宿存；果瓣表面密生针状刺，腹缝线和背缝线明显，内含种子 2～3 颗。花期 8—10 月；果期 10 月至翌年 3 月。

种子椭圆形，长约 18 mm；宽约 10 mm，形与莲子相仿，一侧稍洼。种子表面银灰色或深灰色，光滑；顶部钝圆，常具点状浅凹。基部种柄宿存，黄褐色，长约 7 mm；种脐位于种柄与种子着生点，稍内凹，种脐外围黄色；种脐旁具 1 点状种孔。自基部至顶部具 4～6 条脊，近种脐侧有环状纹，常具 1 圆面，稍内凹，黄色。种皮质硬，厚约 1 mm。种子横切椭圆形，可见 2 片绿米色子叶。种子纵切椭圆形，可见 2 片绿米色子叶及 1 枚尖刺状胚。

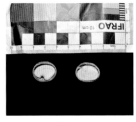

横切

种子群体

纵切

科　名　豆科
生　境　草地荒地
产　地　永兴岛、东岛
别　名　三点金草、三脚虎、六月雪

三点金
Grona triflora (L.) H. Ohashi et K. ohashi

多年生草本。茎纤细，被开展柔毛；叶具3小叶，叶柄被柔毛；顶生小叶倒心形，倒三角形或倒卵形，先端截平，基部楔形，上面无毛，下面被白色柔毛，叶脉4～5对。花单生或2～3簇生叶腋，花萼密被白色长柔毛，5深裂；花冠紫红色，旗瓣倒心形，具长瓣柄，翼瓣椭圆形，具短瓣柄，龙骨瓣呈镰刀形，具长瓣柄。

荚果，扁平条形，镰状弯曲，长8～16 mm，径长约3 mm。果实宿存萼片，长三角形，具长绒毛；表面具网纹，密被钩状短柔毛。腹缝线直，背缝线在节间缢缩。有2～5荚节，荚节近方形。每个果荚内含种子2～5枚。

种子肾形，长约6 mm，宽2.5～3 mm。种子表面柠檬黄色，间有少量黄橙色条纹，具细小颗粒。顶部圆，外缘成脊，两侧面扁平；基部稍凹，种脐位于腹缝线中间，圆形，灰白色；上有1黄橙色、圆形种阜。种皮质硬，厚约0.25 mm。种子横切扁椭圆形，可见2瓣金雀花黄色子叶。种子纵切椭圆形，可见金雀花黄色、油脂状胚。

横切

种子群体

纵切

科　名　豆科
生　境　荒地、旷野
产　地　永兴岛、石岛、琛航岛、珊瑚岛
别　名　陈氏木蓝

疏花木蓝

Indigofera colutea (Burm. f.) Merr.

亚灌木状草本。茎平卧或近直立，基部木质化，与分枝均被灰白色柔毛和具柄头状腺毛。羽状复叶，叶柄与叶轴均被开展腺毛；托叶线状钻形，小叶3～5对，对生，椭圆形，先端钝，具小尖头，基部楔形，两面均被白色丁字毛，上面毛开展，细而少，下面的毛平贴并较粗，中脉上面凹入，侧脉不明显。总状花序腋生，有5～10朵疏离的花；花序轴被丁字毛和腺毛；苞片线形，花梗极短；花萼密被白色丁字毛，萼齿线形，基部被毛；花冠红色，旗瓣倒卵形，外面被毛，翼瓣线状长圆形，均具极短瓣柄，龙骨瓣中部以下渐狭；花药球形，顶端具凸尖；子房线形，被茸毛，花柱短，无毛。

荚果，圆柱形，长1.1～1.4 cm，径长1.5～1.8 mm。果实绿色，成熟后棕色；表面被腺毛和开展丁字毛。顶端有凸尖，基部萼片宿存。果皮革质，内果皮有紫红色斑点，具种子9～12粒。花果期6—12月。

种子方形，小，(0.8～1.4) mm x (0.5～0.8) mm x (0.5～0.8) mm。种子表面棕黄色或棕褐色，无毛；凹凸不平，具多条不规则细小脊。种子具4棱，上下两面截平，种脐位于1粗纵棱的中间位置，稍凹陷，呈圆形或椭圆形，深褐色；周围具1圈褐色色圈，往外呈辐射状黄棕色色圈。种皮薄，约0.1 mm。种子横切菱形，可见长圆柱状、梓黄色胚及大量浅黄色、油脂状胚乳。种子纵切方形，可见鸭蛋黄色胚，以及近种脐处沙黄色油脂状物质，推测此与种子萌发有一定联系。

正常型种子，可用浓硫酸浸泡1h后流水冲洗至少3次后清水洗净，放入培养皿中，保持湿润，2天后萌发（刘俊芳，2017）。

横切

种子群体

纵切

136　中国西沙群岛
野生植物资源

科　名　豆科
生　境　海滨沙地、旷野、草地
产　地　永兴岛
别　名　刚毛木蓝

种子实际大小

硬毛木蓝
Indigofera hirsuta L.

　　平卧或直立亚灌木，多分枝。茎圆柱形，枝、叶柄和花序均被开展长硬毛。羽状复叶，叶轴上面有槽，具灰褐色开展毛；小叶3～5对，对生，纸质，倒卵形或长圆形，先端圆钝，基部阔楔形，两面有伏贴毛，下面较密，侧脉4～6对，不显著。总状花序，密被锈色和白色混生的硬毛，花小，密集；苞片线形，花萼外面有红褐色开展长硬毛，萼齿线形；花冠红色，外面有柔毛，旗瓣倒卵状椭圆形，有瓣柄，翼瓣与龙骨瓣等长，有瓣柄，距短小；花药卵球形，顶端有红色尖头；子房有淡黄棕色长粗毛，花柱无毛。

　　荚果，线形或圆柱形，稀长圆形或卵形，具4棱，长1.5～2 cm，径长2.5～8 mm。果柄短，果萼宿存。果实多个，紧挤排列；具开展长硬毛，尾端偶具刺；未成熟时绿色，成熟后红褐色或黑色。果瓣质硬，内部具红色或黑色斑点。种子6～9粒，花果期7月至翌年1月。

　　种子矩形或近方形，（1.5～3.2）mm×（1.5～3）mm×（1.5～3）mm。种皮较薄，约0.4 mm，表面凹凸不平，无毛，黄绿色或棕褐色。种脐位于一条棱边的中间位置，稍凹陷，呈圆形或椭圆形，黑褐色。种脐周围具1圈深褐色色圈，外1圈是黄棕色色圈。种脐所在的棱边上部具1条棕色隆起，称种脊；种脐边缘，与种脊相反方向的位置，有1个孔，称种孔。种子横切面是不规则方形，可见椭圆形、棕褐色的种胚，2枚长圆形、黄褐色的子叶和两边灰白色、斑点状的胚乳。

横切

种子

横切

第4章
西沙群岛常见野生植物种质资源

137

科 名　豆科
生 境　海岸边
产 地　永兴岛
别 名　无

种子实际大小

刺荚木蓝
Indigofera nummulariifolia (L.) Livera
ex Alston

多年生草本。茎平卧，基部分枝。单叶，倒卵形或近圆形，先端圆钝，基部圆或宽楔形，除边缘有毛外，两面近无毛；托叶三角形，宿存。总状花序，有5～10朵花，花序轴被丁字毛；萼齿线形；花冠深红色，旗瓣倒卵形，外面密生丁字毛，翼瓣基部具舟状附属物，花药两端有髯毛；子房有毛。

荚果，镰形，长约5 mm。果实幼嫩时表面红绿色，成熟后棕褐色。果柄较短，尾部具喙，不裂，背缝沿弯拱部分有数行钩刺。每个果实具1枚种子。花果期1—11月。

种子肾状长圆形，长达4 mm。种子表面金雀花黄色至深橙色，两端钝，具瘦脸形内凹，两侧扁，背缝线呈长条带状。腹缝线中部内凹，具1圆形、红褐色种脐，一端是三棱形棕红色斑纹。种子横切盾形，可见中间2瓣长圆柱形柠檬黄色子叶，以及外围绿米色颗粒状胚乳。种子纵切肾形，可见金黄色子叶。

横切

种子群体

纵切

科　名　　豆科
生　境　　海边灌丛
产　地　　永兴岛
别　名　　无

紫花大翼豆
Macroptilium atropurpureum （DC.）
Urban

多年生蔓生草本，根茎深入土层，茎被短柔毛或茸毛，逐节生根。羽状复叶具3小叶；托叶卵形，被长柔毛，脉显露；小叶卵形至菱形，有时具裂片，侧生小叶偏斜，外侧具裂片，先端钝或急尖，基部圆形，上面被短柔毛，下面被银色茸毛。花序轴长1～8cm；花萼钟状，被白色长柔毛，具5齿；花冠深紫色，旗瓣具长瓣柄。

荚果，线形，长5～9cm，宽3～6mm，芦苇绿色、绿棕色或铜棕色。果萼宿存，顶端具喙尖，常2～5个荚果疏散排列于总状果序上。荚果成熟后开裂，果瓣向内旋转。具种子10～15颗，花果期7—12月。

种子长圆状椭圆形，(3～5)mm×(1.5～2.5)mm×(1.5～3)mm。种皮厚约0.8mm，表面具棕色及黑色大理石花纹，具凹痕。种脐椭圆形，中部凹陷，牡蛎白色。种脊和种孔分别位于种脐的两侧，种孔两边具隆起。种子横切面卵圆形，可见2枚半圆形颗粒状、象牙色子叶，以及子叶中间梭形、淡黄色胚和种脐边缘柠檬黄色胚乳。

横切

种子

种子群体

科　名　豆科
生　境　荒地、草地
产　地　永兴岛、金银岛
别　名　带刺含羞草

 种子实际大小

巴西含羞草
Mimosa diplotricha C. Wright

直立、亚灌木状草本。茎攀援或平卧，五棱柱状，沿棱上密生钩刺，其余被疏长毛，老时毛脱落。二回羽状复叶，总叶柄及叶轴有钩刺4～5列；羽片4～8对；小叶12～30对，线状长圆形，被白色长柔毛。头状花序花时连花丝直径约1cm，1或2个生于叶腋；花紫红色，花萼极小，4齿裂；花冠钟状，中部以上4瓣裂，外面稍被毛；雄蕊8枚，花丝长为花冠的数倍；子房圆柱状，花柱细长。

荚果，长圆形，长2～2.5cm，宽4～5mm。常多个果实簇生于叶腋处。果实扁平，稍弯曲，尾尖，边缘及荚节有刺毛。成熟后褐色，易开裂，种子4～8个。花果期3—9月。

种子倒卵形或卵圆形，长3～3.5mm。种子表面火焰红色，具细小颗粒，稍粗糙。顶部钝圆，基部稍隆起；近基部腹缝线上具1点状种脐，常宿存1细长肉质种阜。种脊隆起，环状，两侧面扁平；沿着种子轮廓，具1圈环形、稍凹陷的沟槽。种皮质硬，厚约0.8mm。种子横切梭形，可见2瓣金雀花黄色子叶及大量黄橙色胚乳。种子纵切卵圆形，可见金雀花黄色的胚及近种脐处油菜花黄色胚根。

横切

种子群体

纵切

中国西沙群岛
野生植物资源

科　名　　豆科
生境　　　草地旷野
产地　　　永兴岛、石岛
别名　　　怕羞草、害羞草、怕丑草、呼喝草、知羞草

含羞草
Mimosa pudica L.

　　披散、亚灌木状草本。茎圆柱状，具分枝，有散生、下弯的钩刺及倒生刺毛。托叶披针形，有刚毛。羽片和小叶触之即闭合而下垂；羽片通常2对，指状排列于总叶柄之顶端；小叶10～20对，线状长圆形，先端急尖，边缘具刚毛。头状花序圆球形，具长总花梗，单生或2～3个生于叶腋；花小，淡红色，多数；苞片线形；花萼极小；花冠钟状，裂片4，外面被短柔毛；雄蕊4枚，伸出于花冠之外；子房有短柄，无毛；胚珠3～4颗，花柱丝状，柱头小。

　　荚果，长圆形，长1～2cm，宽约5mm。常多个果实簇生于叶腋处。果实扁平，稍弯曲，尾尖；荚缘波状，具刺毛。成熟时褐色，荚节脱落，荚缘宿存。果皮薄，内含种子1～5个。花果期3—11月。

　　种子卵形，径长约3.5mm。种子表面火焰红色，具细小颗粒，稍粗糙。顶部截平，基部钝尖；外缘成脊，沿着种子轮廓，具1圈环形、稍凹陷的沟槽。近基部脊上具1圆形白色种脐，浅凹；周围具浅黄色色块，近种脊处具1绿米色种孔。种脊隆起，环状，两侧面扁平；沿着种子轮廓，具1圈环形、稍凹陷的沟槽。种皮质硬，厚约0.8mm。种子横切梭形，可见2瓣金雀花黄色子叶及大量黄橙色胚乳。种子纵切阔卵形，可见金雀花黄色的胚及近种脐处油菜花黄色胚根。

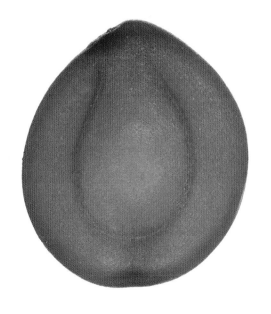

横切

种子群体

纵切

科　名　豆科
生　境　荒地草地
产　地　永兴岛
别　名　无

种子实际大小

小鹿藿
Rhynchosia minima (L.) DC.

缠绕状一年生草本。茎很纤细，具细纵纹，略被短柔毛。叶具羽状 3 小叶；托叶小，披针形，常早落；叶柄具微纵纹，无毛或略被短柔毛；小叶膜质或近膜质，顶生小叶菱状圆形，先端钝或圆，稀短急尖，两面无毛或被极细的微柔毛，下面密被小腺点，基出脉 3；小托叶极小；小叶柄极短，侧生小叶与顶生小叶近相

等或稍小，斜圆形。总状花序腋生，花序轴纤细，微被短柔毛；花小，排列稀疏，常略下弯；苞片小，披针形，早落；花萼微被短柔毛，裂片披针形；花冠黄色，伸出萼外，各瓣近等长，旗瓣倒卵状圆形，基部具瓣柄和 2 尖耳，翼瓣倒卵状椭圆形，具瓣柄和耳，龙骨瓣稍弯，先端钝，具瓣柄。

荚果，倒披针形至椭圆形，长 1～1.7 cm，宽约 5 mm。果实绿色，成熟时黑色。顶端钝尖，果柄较短，果萼宿存；果实表面密被短柔毛。果皮硬革质，成熟后开裂，内含种子 1～2 颗，多数 2 颗。花果期 5—11 月。

种子卵圆形或肾形，长 6～8 mm，宽约 4 mm。种子表面灰褐色，常具有棕黄色和黑色斑点，无毛。两端钝圆，从上部至下部，沿着腹面依次是种脊、种脐、种孔；其中种脐深褐色、内凹，上面覆盖着开裂状种阜，周围棕黄色。种皮较硬，厚约 0.2 mm。种子横切卵心形，可见绿米色、颗粒状胚及种脐处条状，厚约 1 mm 的木栓结构物质。种子纵切肾形，可见金雀花黄色胚及亮黄色、圆柱状弯曲的胚根。

正常型种子，将一端的种皮刻伤，有缺刻的一端浸水湿润，4 天后萌发（刘俊芳，2017）。

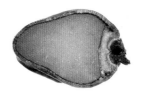

横切

种子群体

纵切

中国西沙群岛
野生植物资源

科　名　　豆科
生　境　　旷野、路旁或山坡草丛
产　地　　永兴岛
别　名　　黎茶、羊角豆、狗屎豆、野扁豆、茳芒决明

种子实际大小

望江南
Senna occidentalis (L.) Link

一年生直立亚灌木或灌木。根黑色，枝带草质，有棱。叶柄近基部有大而带褐色、圆锥形的腺体 1 枚；小叶 4～5 对，膜质，卵形至卵状披针形，顶端渐尖，有小缘毛；托叶膜质，卵状披针形，早落。花数朵组成伞房状总状花序，腋生和顶生；苞片线状披针形或长卵形，长渐尖，早脱；萼片不等大，外生的近圆形，内生的卵形；花瓣黄色，外生的卵形，顶端圆形，均有短狭的瓣柄；雄蕊 7 枚发育，3 枚不育，无花药。

荚果，带状镰形，长 8～13 cm，宽 8～9 mm。幼嫩时绿色，成熟后棕色，稍弯曲，边缘色较淡，加厚，有尖头；果柄长 1～1.5 cm；种子 30～40 颗，种子间有薄隔膜。花果期 4—10 月。

种子卵圆形或椭圆形，（3.5～4.2）mm×（0.8～1.2）mm×（1.2～1.8）mm；外面包裹着 1 层辐射状裂纹，表面光滑无毛；芦苇绿色或暗绿色，在中部两面具 1 椭圆形、黄橄榄绿色凹斑；顶端钝，沿种子侧面可见 1 突起种脊，种脐位于基部，浅凹，周围具 1 圈圆形突起。种子横切长椭圆形，可见中间 1 长条形、柠檬黄色胚根及 2 枚扁长条形、红木棕色子叶。种子纵切卵圆形，可见 2 枚子叶及 1 枚菱形、柠檬黄色胚。

横切

种子群体

纵切

科　名　豆科
生　境　荒地
产　地　永兴岛、东岛
别　名　马蹄决明、假绿豆、假花生、草决明

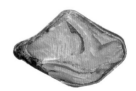

种子实际大小

决明
Senna tora (L.) Roxb.

一年生亚灌木状草本。叶轴上每对小叶间有棒状的腺体1枚；小叶3对，膜质，倒卵形或倒卵状长椭圆形，顶端圆钝而有小尖头，基部渐狭，偏斜，上面被稀疏柔毛，下面被柔毛；托叶线状，被柔毛，早落。花腋生，通常2朵聚生；花梗丝状；萼片稍不等大，卵形或卵状长圆形，膜质，外面被柔毛；花瓣黄色，下面二片略长；能育雄蕊7枚，花药四方形，顶孔开裂，花丝短于花药；子房无柄，被白色柔毛。

荚果，纤细，长条状近四棱形，长达15 cm，宽3～4 mm。果实稍弯曲，两端渐尖，果柄长约2.7 cm，无毛，果皮膜质；成熟后内含种子多数，种子间具隔膜。花果期8—11月。

种子菱形，长2.5～2.8 mm。种子表面棕褐色，光亮，无毛。顶部截平，基部斜截，截面稍凹；从基部到顶部具4～6条纵棱脊，其中1条至基部端点尖凸；种脐位于该尖凸上，圆形，白色。腹缝线沿着斜截面至顶部，明显，稍凹。种皮质硬，厚约0.12 mm。种子横切近圆形，可见棕黄色、颗粒状胚乳及S形玉米黄色胚。种子纵切菱形，可见层叠状、玉米黄色胚。

横切

种子群体

纵切

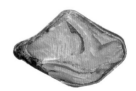

中国西沙群岛
野生植物资源

科　名　豆科
生　境　村边、路旁
产　地　永兴岛、东岛
别　名　黄槐

种子实际大小

黄槐决明

Senna surattensis (N. L. Burman) H. S. Irwin et Barneby

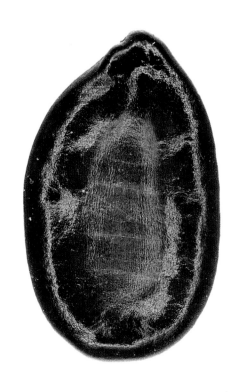

豆科灌木或小乔木。分枝多，小枝有肋条；树皮颇光滑，灰褐色；嫩枝、叶轴、叶柄被微柔毛。叶轴及叶柄呈扁四方形，在叶轴上面最下2或3对小叶之间和叶柄上部有棍棒状腺体2～3枚；小叶7～9对，长椭圆形或卵形，下面粉白色，被疏散、紧贴的长柔毛，边全缘；托叶线形，弯曲，早落。总状花序生于枝条上部的叶腋内；苞片卵状长圆形，外被微柔毛；萼片卵圆形，大小不等，有3～5脉；花瓣鲜黄至深黄色，卵形至倒卵形；雄蕊10枚，全部能育，最下2枚有较长的花丝，花药长椭圆形，2侧裂；子房线形，被毛。

荚果扁平，带状，长7～10 cm，宽8～12 mm，成熟时棕红色或酒红色；顶端具细长的喙，果颈长约5 mm，果柄明显；种子10～12颗，有光泽。花果期全年。

种子卵形、长椭圆形或椭圆形，扁平，（5～8）mm×（3～4）mm×（1～1.5）mm。全身坚硬，种皮光滑无毛，中部稍凹陷，酒红色或黑红色。顶部钝圆，基部钝尖，突起，具1红褐色、圆形种脐。

果荚

种子群体

种子

科　名　豆科
生　境　草地、旷野
产　地　永兴岛
别　名　多刺田菁

种子实际大小

刺田菁
Sesbania bispinosa (Jacq.) W. Wight

灌木状草本。枝圆柱形，稍具绿白色线条，通常疏生扁小皮刺。偶数羽状复叶，叶轴上面有沟槽，顶端尖，下方疏生皮刺；托叶线状披针形，先端渐尖，无毛，早落；小叶20～40对，线状长圆形，先端钝圆，有细尖头，基部圆，上面绿色，下面灰绿色，两面密生紫褐色腺点，无毛；小托叶细小，针芒状。总状花序，具2～6花；总花梗常具皮刺；苞片线状披针形，下面疏被毛；小苞片2，卵状披针形，无

毛，与苞片均早落；花萼钟状，无毛，萼齿5，短三角形，花冠黄色，旗瓣外面有红褐色斑点，近卵形，长大于宽，先端微凹，基部变狭成柄，胼胝体三角形，翼瓣长椭圆形，具长柄，一侧具耳，龙骨瓣长倒卵形，基部具耳，呈齿牙状；雄蕊二体，对旗瓣的1枚分离，花药倒卵形，背部褐色；雄蕊线形，花柱细长向上弯曲，柱头顶生，头状。

荚果，圆柱形，直或稍镰状弯曲，长15～22cm，径约3mm。果实幼嫩时绿色或带红色斑纹，成熟后深褐色。果柄长约12mm，常宿存膜质物；顶端具喙，长10～12mm。果实具横隔，横隔部位稍内凹。荚果成熟后开裂，具种子多数，种子间微缢缩，横隔间距约5mm。花果期8—12月。

种子近圆柱状，长约3mm，径长约2mm。种子表面棕褐色或黑褐色，具光泽，常黏附1层暗褐色内果皮；顶部圆，两侧稍扁；腹缝线中部稍内凹；种脐圆形，姜黄色，位于腹缝线中部；种阜位于种脐一侧稍隆起处。种子横切水滴状，可见棕黄色紧密排列的种皮及2片长条状、泥褐色子叶。

横切	种子	种子群体

中国西沙群岛
野生植物资源

科　名　豆科
生　境　村边、旷野
产　地　永兴岛、琛航岛
别　名　向天蜈蚣

田菁
Sesbania cannabina (Retz.) Poir.

一年生草本。茎绿色，有时带褐色红色，有不明显淡绿色线纹；平滑，基部有多数不定根，幼枝疏被白色绢毛，后秃净，折断有白色黏液，枝髓粗大充实。羽状复叶；叶轴具沟槽，幼时疏被绢毛，后无毛；托叶披针形，早落；小叶20～40对，对生或近对生，线状长圆形，位于叶轴两端者较短小，先端钝至截平，具小尖头，基部圆形，两侧不对称，上面无毛，下面幼时疏被绢毛，后秃净，两面被紫色小腺点，下面尤密；小托叶钻形，宿存。总状花序具2～6朵花，疏松；总花梗及花梗纤细，下垂，疏被绢毛；苞片线状披针形，小苞片2枚，均

早落；花萼斜钟状，无毛，萼齿短三角形，先端锐齿，各齿间常有1～3腺状附属物，内面边缘具白色细长曲柔毛；花冠黄色，旗瓣横椭圆形至近圆形，先端微凹至圆形，基部近圆形，外面散生大小不等的紫黑点和线，胼胝体小，梨形，翼瓣倒卵状长圆形，与旗瓣近等长，基部具短耳，中部具较深色的斑块，并横向皱折，龙骨瓣较翼瓣短，三角状阔卵形，先端圆钝，平三角形；雄蕊二体，对旗瓣的1枚分离，花药卵形至长圆形；雌蕊无毛，柱头头状，顶生。

荚果，细长，稍弯；长圆柱形，长12～22 cm，宽2.5～3.5 mm。果实表面具黑褐色斑纹，喙尖，长5～10 mm；果颈长约5 mm。幼嫩时绿色，成熟后开裂，有种子20～35粒，种子间具横隔。花果期7—12月。

种子短圆柱状，长约4 mm，径长约2.5 mm。种子表面绿褐色，具不规则块状或点状黑色斑纹，有光泽。两端稍圆，腹面稍内凹，具1圆形红褐色种脐。种脐稍偏于一端，相对种脐另一端的腹面上，具1圆形深褐色假种脐，稍隆起。种子横切卵圆形，可见中间2瓣玉米黄色子叶，以及外围绿米色胚乳。种子纵切椭圆形，可见玉米黄色子叶，以及1弯曲、蜜黄色胚芽。

横切

种子群体

纵切

科　名	豆科
生　境	海岸边灌丛
产　地	永兴岛、东岛、金银岛
别　名	岭南槐树、海南槐

种子实际大小

绒毛槐

Sophora tomentosa L.

灌木或小乔木。枝被灰白色短绒毛，羽状复叶长 12～18 cm；无托叶；小叶 5～7（～9）对，近革质，宽椭圆形或近圆形，稀卵形，先端圆形或微缺，基部圆形，稍偏斜，上面灰绿色，无毛，具光泽，下面密被灰白色短绒毛，干时边缘反卷或内折，中脉上面稍凹陷，侧脉不明显。通常为总状花序，有时分枝成圆锥状，顶生，被灰白色短绒毛；花较密；苞片线形；花萼钟状，被灰白色短绒毛，幼时具 5 萼齿，甚小，成熟时檐部偏斜，近截平，萼下有一关节；花冠淡黄色或近白色，旗瓣阔卵形，边缘反卷，翼瓣长椭圆形，与旗瓣等长，具钝圆形单耳，柄纤细，龙骨瓣与翼瓣相似，稍短，背部明显呈龙骨状互相盖叠；雄蕊 10，分离；子房密被灰白色短柔毛，花柱短。

荚果，典型串珠状，长 7～10 cm，径长约 10 mm。果实幼时绿色，成熟时金雀花黄色至棕黄色；表面被短绒毛，成熟时近无毛。顶端具长尖，基部果萼宿存。果皮较硬，内含种子多数。花果期 8—12 月。

种子球形，径长约 8 mm。种子表面棕黄色至褐色，具光泽。沿着腹缝线上，近顶部具 1 扁圆形、白色种脐，凹陷；周围具深褐色色圈，近顶部具 1 稍隆起的脊，即种脊。种皮稍硬，厚约 0.8 mm。种子横切圆形，可见 2 瓣金雀花黄色子叶及少量绿米色胚乳。种子纵切近肾形，可见种脐处白色木栓物质，可为种子萌发吸收养分。

横切

种子

纵切

科　名　豆科
生　境　荒地、旷野
产　地　永兴岛、东岛、琛航岛
别　名　灰叶、红花灰叶

灰毛豆
Tephrosia purpure (L.) Pers.

豆科灌木状草本。多分枝，茎基部木质化，近直立或伸展，具纵棱，近无毛或被短柔毛。羽状复叶，托叶线状锥形，小叶4～8（～10）对，椭圆状长圆形至椭圆状倒披针形，先端钝，截形或微凹，具短尖，基部狭圆，上面无毛，下面被平伏短柔毛，侧脉7～12对，清晰。总状花序顶生、与叶对生或生于上部叶腋，较细；花梗细，长2～4mm，果期稍伸长，被柔毛；花萼阔钟状，被柔毛，萼齿狭三角形，尾状锥尖，近等长；花冠淡紫色，旗瓣扁圆形，外面被细柔毛，翼瓣长椭圆状倒卵形，龙骨瓣近半圆形；子房密被柔毛，花柱线形，无毛，柱头点状，无毛或稍被画笔状毛，胚珠多数。

荚果，线形，长4～5cm，宽0.4～0.6cm。果实稍上弯，顶端具短喙，被稀疏平伏柔毛；基部果萼宿存，果柄较长，约4mm。幼果嫩绿色，成熟后会开裂，内含种子6粒。花果期3—12月。

种子椭圆形，长约3mm，宽约1.5mm。种子表面灰褐色，具斑纹；常黏附1层白色膜质物。背面隆起成脊肋，两侧扁平；腹缝线长条状，种脐位于中央，周围被少量白色绒毛。近一端着生金黄色、泡沫状种阜。种皮较硬，厚约0.25mm。种子横切椭圆形，可见2片金黄色子叶及近种脐处扁圆形胚。种子纵切长椭圆形，可见2片柠檬黄色子叶。

正常型种子，可用浓硫酸浸泡1h后流水冲洗至少3次后清水洗净，放入培养皿中，保持湿润，5天后萌发（刘俊芳，2017）。

横切　　　　　　　　种子群体　　　　　　　　纵切

科　名　　豆科
生　境　　荒地、旷野
产　地　　永兴岛、东岛、琛航岛
别　名　　西沙灰叶

种子实际大小

矮灰毛豆
Tephrosia pumila (Lam.) Pers.

豆科多年生草本。枝匍伏状或蔓生，茎细硬，具棱，密被伸展硬毛。羽状复叶，托叶线状三角形或钻形；小叶3～6对，楔状长圆形呈倒披针形，先端截平或钝，短尖头，基部楔形，由面被平伏柔毛，下面被伸展毛，侧脉6～7对，不明显。总状花序短，顶生或与叶对生，被长硬毛，有1～3朵花；苞片线状锥形，宿存；花萼线浅皿状，密被长硬毛，萼齿三角形，尾状渐尖，上方2齿部分连合，下方1齿最长；花冠白色至黄色，旗瓣圆形，外被柔毛，翼瓣和龙骨瓣无毛；子房被柔毛，花柱扁平，稍扭转，无毛，胚珠多数。

荚果，线形，长3.5～4cm，宽约0.5cm。果实绿色，成熟时浅棕色；表面密被短硬毛，顶端稍上弯，喙急剧下指。有种子8～14粒。花果期全年。

种子长圆状菱形或短圆柱形，（5～8）mm×（3～5.5）mm×（3～5）mm。种子表面具不规则棕色间白色斑纹，具不规则凹凸，无毛。种脐位于腹缝线中央位置，微凹，具椭圆形绿米色种阜，周围环形棕褐色。种子横切菱形，可见中部梓黄色胚及2瓣金雀花黄色子叶。种子纵切椭圆形，可见2枚子叶及种脐位置沟状胚根。

横切

种子群体

纵切

科　名	豆科
生　境	海边旷地
产　地	石岛、盘石屿、中建岛、琛航岛、广金岛、羚羊礁、金银岛、甘泉岛、银屿、北岛
别　名	无

种子实际大小

滨豇豆
Vigna marina (Burm.) Merr.

多年生匍匐或攀援草本。茎幼时被毛，老时无毛或被疏毛。羽状复叶具3小叶；托叶基着，卵形；小叶近革质，卵圆形或倒卵形，先端浑圆，钝或微凹，基部宽楔形或近圆形，两面被极稀疏的短刚毛至近无毛。总状花序被短柔毛；小苞片披针形，早落；花萼管无毛，裂片三角形，上方的一对连合成全缘的上唇，具缘毛；花冠黄色，旗瓣倒卵形，翼瓣及龙骨瓣长约1cm。

荚果，线状长圆形，微弯，肿胀，长3.5～6cm，宽8～9mm。嫩时绿色，被稀疏微柔毛，老时蓝灰色或鹿棕色，无毛。顶端钝尖，基部环形叶痕明显。具种子2～6颗。花果期5—12月。

种子长圆形，长5～7mm，宽4.5～5mm。种子表面黄褐色或红褐色，具光泽、无毛。两端稍平，腹缝线具长圆形种脐，一端稍狭，种脐周围的种皮稍隆起。种皮质硬，厚约0.1mm。种子横切圆形，可见金雀花黄色子叶2枚。种子纵切近长方形，可见金雀花黄色子叶以及条状长圆柱形、瓜黄色胚芽。

正常型种子，可用浓硫酸浸泡1h后流水冲洗至少3次后清水洗净，放入培养皿中，保持湿润，6天后萌发（刘俊芳，2017）。

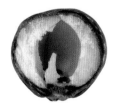

横切

种子个体

纵切

海人树
Suriana maritima L.

海人树科
Surianaceae

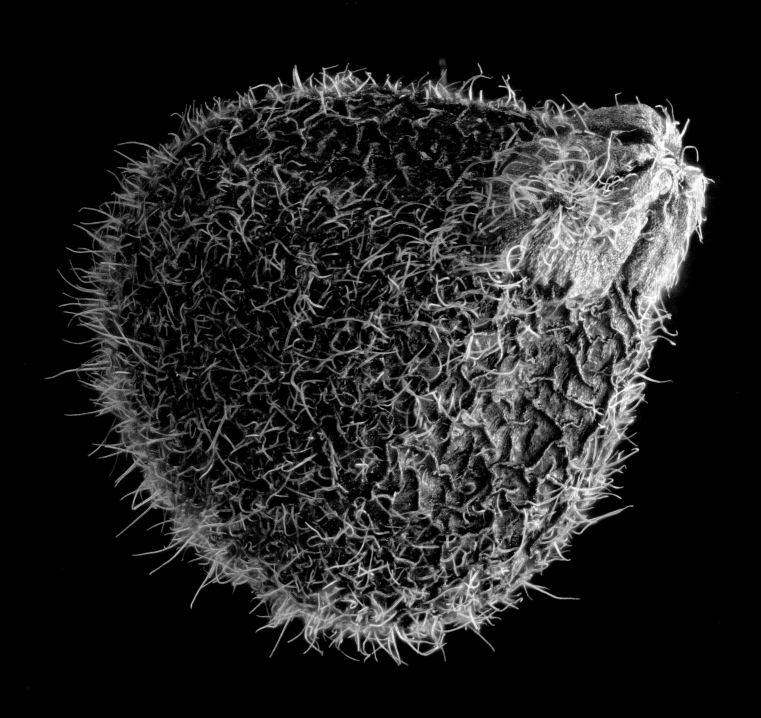

中国西沙群岛
野生植物资源

科　名　海人树科
生　境　海岸边
产　地　永兴岛、石岛、东岛、中建岛、晋卿岛、琛航岛、
　　　　广金岛、金银岛、银屿、西沙洲、赵述岛、北岛、
　　　　南岛、中沙洲、南沙洲
别　名　滨樗

核果实际大小

海人树

Suriana maritima L.

灌木至小乔木。嫩枝密被柔毛及头状腺毛；分枝密，小枝常有小瘤状的疤痕。叶具极短的柄，常聚生在小枝的顶部，稍带肉质，线状匙形，先端钝，基部渐狭，全缘，叶脉不明显。

聚伞花序腋生，有花 2～4 朵；苞片披针形，被柔毛；萼片卵状披针形或卵状长圆形，有毛；花瓣黄色，覆瓦状排列，倒卵状长圆形或圆形，具短爪，脱落；花丝基部被绢毛；心皮有毛，倒卵状球形，花柱无毛，柱头小而明显。

多聚核果，常 3～5 个聚生，基底着生，珠孔朝向基部。近球形，被宿存花萼包被，长约 5 mm，花柱宿存。幼时绿色，成熟后褐色。核果水滴状，长约 3 mm。核果表面深褐色，具不规则褶皱，密被白色丝状绒毛。顶部圆，基部钝尖，稍截平，可见 1 环状、浅褐色果皮，中间是珠孔。沿腹面稍内凹至顶部，具 1 沟槽。内含种子 1 枚。花果期 5—10 月。

种子椭圆形，弯曲，种皮鲑鱼橙色，表面密被不规则褶皱。中间内凹，呈心形沟槽。核果横切近球形，可见种子金雀花黄色、弯曲的胚。核果纵切近卵形，可见金雀花黄色、心形胚。

正常型种子，可通过 60 ℃热水浸泡 12 h，用 98% 浓硫酸浸泡 1 h，流水冲洗至少 3 次后清水洗净，放入培养皿中，保持湿润，3 天后萌发（刘俊芳，2017）。

横切

果实群体

纵切

蛇藤
Colubrina asiatica (L.) Brongn.

鼠李科
Rhamnaceae

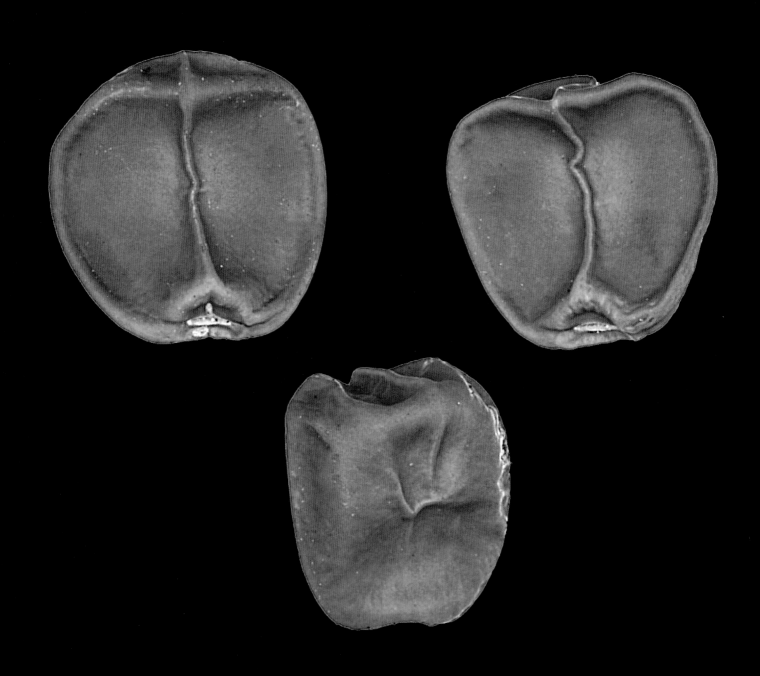

种子实际大小

科　名　　鼠李科
生　境　　海边灌丛
产　地　　永兴岛
别　名　　亚洲滨枣

蛇藤
Colubrina asiatica (L.) Brongn.

藤状灌木，幼枝无毛。叶互生，近膜质或薄纸质，卵形或宽卵形，顶端渐尖，微凹，基

部圆形或近心形，边缘具粗圆齿，两面无毛或近无毛，侧脉 2～3 对，两面凸起，网脉不明显。花黄色，五基数，腋生聚伞花序，无毛或被疏柔毛；花萼 5 裂，萼片卵状三角形，内面中肋中部以上凸起；花瓣倒卵圆形，具爪，与雄蕊等长；子房藏于花盘内，3 室，每室具 1 胚珠，花柱 3 浅裂；花盘厚，近圆形。

蒴果状核果，圆球形，直径 7～9 mm。幼嫩时绿色，成熟后黄色至棕黄色，表面具小颗粒。果梗长 4～6 mm，基部为愈合的萼筒所包围，成熟时室背开裂，内有 3 个分核。分核红褐色，质硬，顶部钝圆；基部截平，具 1 扁圆形、白色珠孔。背面扇形；腹缝线成脊；两侧呈椭圆面，稍内凹；边缘成脊，2 条。每个分核内具种子 1 枚。花期 6—9 月，果期 9—12 月。

种子扁圆形，长约 6 mm。种子表面灰褐色，具不规则小颗粒，外具 1 层膜质物。背面扇形；腹缝线呈纵棱；两侧平。顶部钝，基部珠孔位置具 1 灰白色种脐。

种子

种子群体

种子

（10）

山黄麻
Tremato mentosa (Roxb.) H. Hara

大麻科
Cannabaceae

中国西沙群岛
野生植物资源

科　名　　大麻科
生　境　　旷野、灌丛
产　地　　永兴岛
别　名　　山麻木、九层麻、麻桐树、山角麻

种子实际大小

山黄麻
Trema tomentosa (Roxb.) H. Hara

灌木至小乔木。树皮灰褐色，平滑或细龟裂；小枝灰褐至棕褐色，密被直立或斜展的灰褐色或灰色短绒毛。叶纸质或薄革质，宽卵形或卵状矩圆形，稀宽披针形，先端渐尖至尾状渐尖，稀锐尖，基部心形，明显偏斜，边缘有细锯齿，两面近于同色，干时常灰褐色至棕褐色，叶面极粗糙，有直立的基部膨大的硬毛，叶背有密或较稀疏直立的或稀斜展的灰褐色或灰色短绒毛，基出脉3，侧脉4～5对；托叶条状披针形。雄花序毛被同幼枝，几乎无梗，花被片5，卵状矩圆形，外面被微毛，边缘有缘毛，雄蕊5，退化雌蕊倒卵状矩圆形，压扁，透明，在其基部有一环细曲柔毛。雌花具短梗，在果时增长，花被片4～5，三角状卵形，外面疏生细毛，在中肋上密生短粗毛，子房无毛；小苞片卵形，具缘毛，背面中肋具细毛。

核果，宽卵珠状，压扁，径长2～3mm。果实常聚生于叶节处；表面无毛，成熟时具不规则的蜂窝状皱纹，褐黑色或紫黑色。果实顶部钝圆，中间稍内凹；基部具宿存的花被片。果皮薄，具肉质中果皮。种子1枚。花果期3—11月。

种子阔卵珠状，径长1.5～2mm。种子表面青棕色或棕褐色，具多条棱相互交错呈网状。种脐位于基部棱交接点，圆形，灰褐色。种子顶部锐尖，两侧面稍扁。种皮质硬，厚约0.5mm。种子横切卵圆形，可见银白色、油脂状胚及外圈环形、棕红色木栓层。种子纵切宽卵形，可见银白色胚。

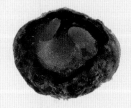

横切

种子群体

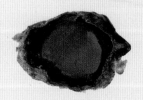

纵切

（11）

木麻黄科
Casuarinaceae

木麻黄
Casuarina equisetifolia L.

158　　中国西沙群岛
　　　野生植物资源

科　名　木麻黄科
生　境　海岸边
产　地　永兴岛、石岛、东岛、中建岛、琛航岛、珊瑚岛、
　　　　西沙洲、赵述岛、北岛
别　名　驳骨树、马尾树

木麻黄
Casuarina equisetifolia L.

　　乔木。树干通直，树冠狭长圆锥形；在幼树上的树皮为赭红色，较薄，皮孔密集排列为条状或块状，老树的树皮粗糙，深褐色，不规则纵裂，内皮深红色；枝红褐色，有密集的节；最末次分出的小枝灰绿色，纤细，常柔软下垂，具7～8条沟槽及棱，初时被短柔毛，渐变无毛或仅在沟槽内略有毛，节脆易抽离。鳞片状

叶每轮通常7枚，少为6或8枚，披针形或三角形，紧贴。花雌雄同株或异株；雄花序几无总花梗，棒状圆柱形，有覆瓦状排列、被白色柔毛的苞片；小苞片具缘毛；花被片2；花药两端深凹入；雌花序通常顶生于近枝顶的侧生短枝上。

　　球果状果序椭圆形，长1.5～2.5 cm，直径1.2～1.5 cm。两端近截平或钝，幼时外被灰绿色或黄褐色茸毛，成长时毛常脱落。每个小坚果宿存2枚小苞片，小苞片阔卵形，顶端略钝或急尖，背无隆起的棱脊。小坚果幼时包被于闭合的小苞片内，成熟后小苞片硬化为木质，展开露出小坚果。小坚果扁平，灰褐色，密被点状颗粒，顶端具膜质的薄翅；小坚果连翅长4～7 mm，宽2～3 mm。种子1枚，花果期4—10月。

　　种子扁平，基部稍膨大，长约1.2 mm。种皮膜质，基部具条状圆点种脐。小坚果横切卵圆形，可见绿黄色胚。小坚果纵切蝌蚪状，可见灰褐色木栓物质，基部具沙黄色直胚，以及1面扁平的子叶。种子无胚乳，有1对子叶和向上的短的胚根。

横切

小坚果群体

纵切

12

番马㼎
Melothria pendula L.

葫芦科
Cucurbitaceae

中国西沙群岛
野生植物资源

科　名　葫芦科
生　境　荒地、灌丛
产　地　永兴岛、金银岛
别　名　金瓜、老鸦菜、山黄瓜

红瓜
Coccinia grandis (L.) Voigt

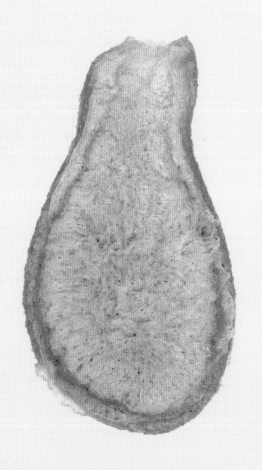

攀缘藤本。多分枝，有棱角，无毛。叶柄长2～5cm；叶宽心形，常有5角，两面被颗粒状小凸点，先端钝圆，基部有数个腺体，叶下面腺体明显；卷须不分歧。雌雄异株；雌花、雄花均单生；雄花花萼筒宽钟形，裂片线状披针形，花冠白或稍黄色，5中裂，裂片卵形；雄蕊3，花丝及花药合生，花药近球形，药室折曲。雌花花梗长1～3cm；退化雄蕊3，长1～3mm，近钻形。

果实纺锤形，长5cm，径长2.5cm。果实绿色，熟时深红色，表面具不规则块状白色斑纹。果实顶部常宿存花冠筒，底部果柄粗大。果肉丰富，内含种子多数。花果期4—7月。

种子长圆形，(6～7)mm×(2.5～4)mm×1.5mm。种子表面浅黄色，两面具小疣点，密布白色绒毛。顶端圆，底端钝。种脐位于底部中间，浅白色、条形，从种脐至顶部具多数纵向木栓结构。中部整体较边缘隆起，两侧扁。种皮稍厚，约0.3mm。种子横切扁椭圆形，可见中间2瓣浅象牙色子叶及两边棕红色胚乳。种子纵切扁梭形，可见上下2瓣浅象牙色子叶及近种脐处稍尖凸的胚芽。

横切

种子群体

纵切

科　名　葫芦科
生　境　荒地、灌丛
产　地　永兴岛、晋卿岛
别　名　美洲马㼐儿、垂瓜果

番马㼐

Melothria pendula L.

攀缘藤本。茎枝纤细，有棱沟，无毛。卷须不分枝。叶柄细，叶片膜质，多型，三角状卵形、卵状心形或戟形，不分裂或3～5浅裂，上面深绿色，脉上极短的柔毛，背面淡绿色，无毛，先端渐尖或稀短渐尖，基部弯缺半圆形，边缘微波状或有疏齿，脉掌状。雌雄同株；雄花单生或稀2～3朵生于短的总状花序上，花梗丝状，花萼宽钟形，萼齿5，花冠5裂，淡黄色，有极短的柔毛；雄蕊3，2枚2室，1枚1室，有时全部2室；雌花在与雄花同一叶腋内单生或双生，子房狭卵形，有疣状凸起，花柱短，柱头3裂，退化雄蕊腺体状。

果实长圆形或狭卵形，长1.2～1.5 cm，径长7 mm。果实绿色，成熟时黑色，表面具白色点状物。果实顶部常宿存花冠筒，果柄细长。果肉丰富，内含种子多枚。花果期4—7月。

种子卵形，长4～5 mm，宽1.8～2.2 mm。种子表面亮黄色，密被透明柔毛。顶部圆，基部变狭，边缘不明显。种脐位于基部狭口处，象牙色、扁条形。中部整体较边缘隆起，两侧扁。种皮稍厚，约0.4 mm，近边缘处厚达1 mm。种子横切梭形，可见中间象牙色胚及边缘海绵质体。种子纵切扁条形，可见中间象牙色胚及近种脐处棕褐色油脂状物。推测其与种子萌发有一定关系。

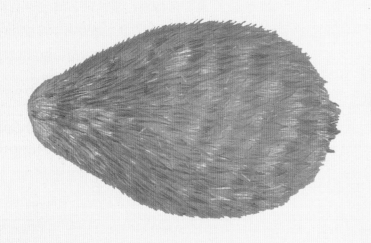

横切

种子群体

纵切

162
中国西沙群岛
野生植物资源

13

酢浆草
Oxalis corniculata L.

酢浆草科
Oxalidaceae

科　名　　酢浆草科
生　境　　村边荒野
产　地　　永兴岛、琛航岛
别　名　　酸三叶、酸醋酱、鸠酸、酸味草

种子实际大小

酢浆草
Oxalis corniculate L.

多年生草本。根茎稍肥厚；茎细弱，直立或匍匐。叶基生，茎生叶互生，小叶3，倒心形，先端凹下。花单生或数朵组成伞形花序状，花序梗与叶近等长；萼片5，披针形或长圆状披针形，长3～5mm，背面和边缘被柔毛；花瓣5，黄色，长圆状倒卵形，长6～8mm；雄蕊10，基部合生，长、短互间；子房5室，被伏毛，花柱5，柱头头状。

蒴果，长圆柱形，长1～2.5cm，5棱。果实基部花托宿存，顶部钝尖。果实成熟后会炸裂，外果皮从绿色到黄色，内具种室，淡黄色。种子多数。花果期2—9月。

种子长卵形，长1～1.5mm。种子褐色或红棕色，表面具横向凹陷条纹。基部种脐，钝尖，分泌棕褐色生物胶。背部呈波浪状，腹部两棱从基部至顶部，亦呈波浪状。种子横切，可见红棕色油脂状胚乳。

正常型种子，无休眠（Molin et al.，1997）。萌发条件为：20℃，含200mg/L赤霉素的琼脂糖培养基（1%），12h光照/12h黑暗处理（郭永杰 等，2023）。

种子

种子群体

横切

14

红厚壳
Calophyllum inophyllum L.

红厚壳科
Calophyllaceae

科　名　藤黄科
生　境　林地、村边
产　地　永兴岛、东岛、中建岛、晋卿岛、琛航岛、金银岛、
　　　　甘泉岛、珊瑚岛、南岛
别　名　琼崖海棠

种子实际大小

红厚壳

Calophyllum inophyllum L.

　　高大乔木。树皮厚，灰褐色或暗褐色，有纵裂缝，幼枝具纵条纹。叶片厚革质，宽椭圆形或倒卵状椭圆形，长8～15 cm，宽4～8 cm，顶端圆或微缺，基部钝圆或宽楔形，两面具光泽。总状花序或圆锥花序近顶生，有

花7～11朵；花两性，白色，微香，直径2～2.5 cm；花萼裂片4枚，外方2枚较小，近圆形，顶端凹陷，内方2枚较大，倒卵形，花瓣状；花瓣4，倒披针形，顶端近平截或浑圆，内弯；雄蕊极多数，花丝基部合生成4束；子房近圆球形，花柱细长，蜿蜒状，柱头盾形。

　　核果，球形、椭圆形或卵形，径长约2.5 cm。果实绿色，成熟后黄色，具白色乳汁。果实顶部宿存花柱，形如刚毛；花柱痕圆形，黑褐色。基部具1圈萼片脱落痕。内果皮硬，厚约0.7 cm，具丰富的木栓结构物质，两面平滑；从基部至顶部具多条细小纵沟。果肉较厚，内含种子1枚。花果期3—11月。

　　种子桃形，大，径长约1 cm。种子饱满，表面棕色或棕黄色，具不规则细纹；顶部钝凸，棕红色；基部截平，紫红色，中间具1圆形、稍内凹的紫红色种脐。自顶部至基部具1明显腹缝线。种皮薄，紧贴着胚。种子横切圆形，可见2瓣亮黄色胚，胚中间密布细小颗粒。种子纵切桃形，可见鲑鱼橙色或黄橙色胚，以及种脐处油状物，中间子叶贴合处具众多细纹。

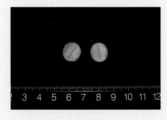

横切

种子群体

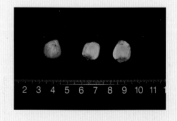

纵切

中国西沙群岛
野生植物资源

15

龙珠果
Passiflora foetida L.

西番莲科
Passifloraceae

科 名　西番莲科
生 境　路边灌丛
产 地　永兴岛、琛航岛、广金岛、金银岛、珊瑚岛
别 名　龙眼果、假苦果、龙须果、龙珠草、肉果、野仙桃、
　　　　天仙果、香花果

种子实际大小

龙珠果

Passiflora foetida L.

草质藤本。茎柔弱，被平展柔毛。叶膜质，宽卵形或长圆状卵形，先端尖或渐尖，基部心形，3浅裂，有缘毛及少数腺毛，两面及叶柄均被丝状长伏毛，叶下面中部有散生小腺点。聚伞花序具1花；花白或淡紫色；苞片羽状分裂，裂片顶端具腺毛；萼片长圆形，背面近顶端具角状附属物；花丝基部合生，花药长约4mm；柱头头状，花柱3～4，子房椭球形，长约6mm。

浆果，卵圆形或球形，直径2～3cm。果柄长3～5cm；萼片5枚，位于果实基部，宿存。苞片3枚，一至三回羽状分裂，裂片丝状，顶端具腺毛，包被果实，宿存。果皮较薄，表面光滑无毛，成熟后黄色；内部白色，含种子多数。种子外裹着1层灰色果肉，具香味，可食用。花期7—8月，果期翌年4—5月。

种子盾形或椭圆形，扁平无毛，黑褐色或棕褐色，（3.5～4）mm×（2.5～3）mm×（0.8～1）mm。种皮硬，厚0.3mm，表面具皱纹。种脐位于侧面基部中间稍凹处，棕褐色。沿着侧面在种脐两边具2个隆起，顶端是3个钝尖，形似叉子，其中中间钝尖内含海绵状软质，可吸水。种子横切长椭圆形，可见大量浅灰色胚乳，具油性；及篦排状、棕红色种皮。种子纵切长条形，可见1椭圆状、浅灰色胚，大量浅灰色胚乳及钝尖三棱形、金雀花黄色的海绵状软质。

正常型种子，可在30～50℃温水浸泡6h，室温自然冷却，放入培养皿中，保持湿润，20天后萌发（刘俊芳，2017）。

横切

种子群体

纵切

中国西沙群岛
野生植物资源

16

蓖麻
Ricinus communis L.

大戟科
Euphorbiaceae

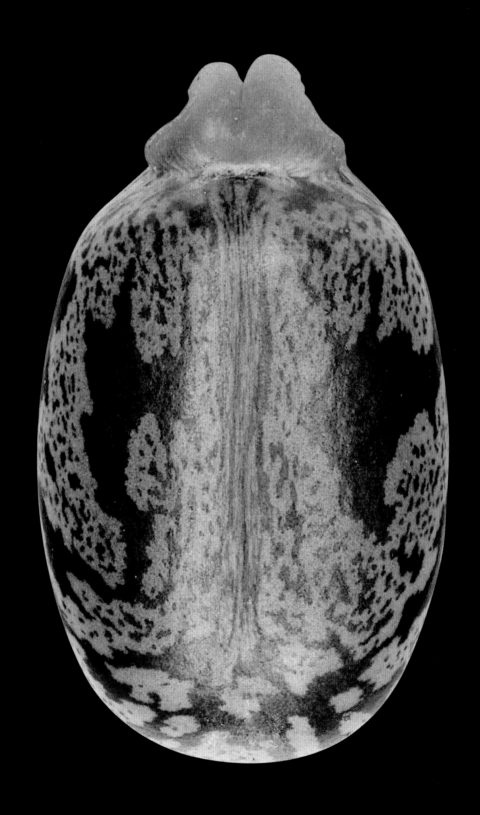

科　名　　大戟科
生　境　　路边草地、荒地
产　地　　永兴岛
别　名　　蛤蜊花、海蚌含珠、蚌壳草

铁苋菜
Acalypha australis L.

一年生草本，小枝被平伏柔毛。叶长卵形、近菱状卵形或宽披针形，先端短渐尖，基部楔形，具圆齿，基脉 3 出，侧脉 3～4 对；叶柄被柔毛，托叶披针形，具柔毛。花序长 1.5～5 cm，雄花集成穗状或头状，生于花序上部，下部具雌花；雌花苞片 1～4，卵状心形，具齿；雄花花萼无毛；雌花 1～3 朵生于苞腋；萼片 3，长 1 mm；花柱长约 2 mm，撕裂。

蒴果，三棱状，径长约 4 mm。果实顶部具花柱脱落痕，基部花萼宿存；具 3 个分果爿，成熟后开裂。外果皮具疏生毛和毛基变厚的小瘤体；内果皮质坚硬，青褐色。3 室，具种子 3 枚。花果期 4—12 月。

种子近卵形，长 1.5～2 mm。种子表面氧化红色或黑褐色，具细小颗粒，表面覆盖 1 层黏附性黄棕色生物胶状物质。顶部钝尖，基部钝圆，常具 1 尖突的假种阜，细长；种脐位于腹面中间位置。种皮平滑。种子横切近圆形，可见沙黄色胚乳。种子纵切卵圆形，可见沙黄色胚乳。

横切

种子群体

纵切

中国西沙群岛
野生植物资源

科　名　　大戟科
生　境　　路边草地、荒地
产　地　　永兴岛、中建岛、金银岛、珊瑚岛
别　名　　无

热带铁苋菜
Acalypha indica L.

一年生草本，小枝被平伏柔毛。雌花苞片3～7，长约5 mm；叶长卵形、近菱状卵形或宽披针形，长2～3.5 cm，先端短渐尖，基部楔形，具圆齿，基脉5出；叶柄被柔毛，托叶披针形，具柔毛。花序长1.5～5 cm，雄花集成穗状，生于花序上部，花序顶端常有异形雌花，雄花花萼无毛；雌花1～3朵生于苞腋；萼片3，长1 mm；花柱长约2 mm，撕裂。

蒴果，三棱状，直径约为2 mm。果实基部花萼宿存，顶部具花柱脱落痕。成熟后开裂成3个分果爿，外果皮具短柔毛，灰褐色，内果皮质坚硬，青褐色。3室，具种子3枚。花果期3—10月。

种子卵形，长约1.5 mm。种子表面红棕色，具细小颗粒体，表面还覆盖1层黏性灰白色生物胶状物质。顶部尖，种脐位于腹面中间位置，具假种阜，细小。种子横切卵圆形，可见亮红橙色胚乳及中部粉彩橙色胚。

种子

种子群体

横切

科　名	大戟科
生　境	路边草地、荒地
产　地	永兴岛、金银岛、珊瑚岛
别　名	无

种子实际大小

麻叶铁苋菜
Acalypha lanceolata Willd.

一年生直立草本，嫩枝密生黄褐色柔毛及疏生的粗毛。叶膜质，菱状卵形或长卵形，顶端渐尖，基部楔形或阔楔形，边缘具锯齿，两面具疏毛；基出脉5条；叶柄具柔毛；托叶披针形。雌雄花同序，花序1～3个腋生；雌花苞片3～9枚，半圆形，约具11枚短尖齿，边缘散生具头的腺毛，外面被柔毛，掌状脉明显，苞

腋具雌花1朵，雌花萼片3枚，狭三角形；子房具柔毛，花柱3枚，撕裂各5条；雄花生于花序的上部，排列呈短穗状，雄花苞片披针形，苞腋具簇生的雄花5～7朵，雄花花蕾时球形，花萼裂片4枚；雄蕊8枚；花梗长约0.5mm；花序轴的顶部或中部具1～3朵异形雌花，其花梗长约1mm；萼片4枚，披针形；子房扁倒卵状，1室，花后伸长，顶部二侧具环形撕裂，花柱1枚，位于子房基部，撕裂。

蒴果，三棱状，扁圆形，径长约2.5mm。果实基部花萼宿存，顶部具花柱脱落痕。成熟后开裂成3个分果爿，外果皮具短柔毛，灰褐色，内果皮质坚硬，青褐色。3室，具种子3枚。花果期3—10月。

种子卵状，长约1.8mm。种子表面黄褐色，光滑无毛，具细小颗粒。顶部钝，先端具小尖；基部锐尖，具脊，沿着腹缝线具假种阜；假种阜小，淡黄色。腹缝线线形自基部至顶部，种脐位于基部，线状，黄色。种子横切圆形，可见胶状、金雀花黄色胚乳。种子纵切卵圆形，可见玉米黄色胚乳及近种脐处红褐色胚。

横切

种子群体

纵切

科　名　　大戟科
生　境　　海滩旷地
产　地　　永兴岛、石岛、中建岛、晋卿岛、琛航岛、广金岛、
　　　　　羚羊礁、金银岛、甘泉岛、珊瑚岛、银屿、赵述岛、
　　　　　北岛、中岛、南岛、中沙洲、南沙洲
别　名　　林氏大戟、滨大戟、线叶大戟

种子实际大小

海滨大戟
Euphorbia atoto G. Forst.

多年生亚灌木状草本。根圆柱状，茎基部木质化，向上斜展或近匍匐，多分枝，每个分枝向上常呈二歧分枝。叶对生，长椭圆形或卵状长椭圆形，先端钝圆，中间具小尖头，基部偏斜，近圆形或圆心形，边缘全缘；侧脉羽状；托叶膜质，三角形，边缘撕裂，干时易脱落。

花序单生于多歧聚伞状分枝的顶端；总苞杯状，边缘5裂，裂片三角状卵形，顶端急尖，边缘撕裂；腺体4枚，浅盘状，边缘具白色附属物。雄花数枚，略伸出总苞外；苞片披针形，边缘撕裂；雌花1枚，花柄长2~4mm，明显伸出总苞外；子房光滑无毛；花柱3，分离；柱头2浅裂。

蒴果，三棱状，直径约为3mm。果实基部花托宿存，顶部花柱宿存。果实成熟后开裂成3个分果爿，外果皮浅褐色到深褐色，内果皮坚硬，青褐色，3室，具种子3枚。花果期6—11月。

种子球形，直径约1.5mm。种子淡黄色，表面具淡褐色条纹，还黏附1层白霜，易脱落。无种阜，种脐微凹，周围颜色偏橙红色。一条很明显的腹缝线连接到种子顶部，顶部钝尖，周围颜色和种肚脐颜色一致。

正常型种子，可在30~50℃温水浸泡6h，室温自然冷却，放入培养皿中，保持湿润，3天后萌发（刘俊芳，2017）。

种子

种子群体

种子

第4章
西沙群岛常见野生植物种质资源

173

科　名　　大戟科
生　境　　草地、旷野
产　地　　永兴岛、东岛、琛航岛、金银岛、珊瑚岛
别　名　　草一品红、叶上花

猩猩草

Euphorbia cyathophora Murray

　　一年生或多年生草本。根圆柱状，基部有时木质化。茎直立，上部多分枝，光滑无毛。叶互生，卵形、椭圆形或卵状椭圆形，先端尖或圆，基部渐狭，边缘波状分裂或具波状齿或全缘，无毛；总苞叶与茎生叶同形，较小，淡

红色或仅基部红色。花序单生，数枚聚伞状排列于分枝顶端，总苞钟状，绿色，边缘 5 裂，裂片三角形，常呈齿状分裂；腺体常 1 枚，偶 2 枚，扁杯状，近两唇形，黄色。雄花多枚，常伸出总苞之外；雌花 1 枚，子房柄明显伸出总苞处；子房三棱状球形，光滑无毛；花柱 3，分离；柱头 2 裂。

　　蒴果，三棱状球形，长 4.5～5 mm，径长 3.5～4 mm。果实绿色，成熟后棕褐色；无毛，顶部宿存花柱，3 片，2 叉。果实成熟时分裂为 3 个分果爿，内果皮较硬，棕褐色。3 室，具种子 3 枚。花果期 5—11 月。

　　种子卵状椭圆形，长 2.5～3 mm，径长 2～2.5 mm。种子表面褐色至黑色，具少量白色膜质物。顶部钝尖，底部圆尖，侧面具不规则的小突起；腹缝线明显，黑色，两边是米红色颗粒；近底部腹缝线上具 1 白色不规则状种脐，无种阜。种皮质硬，厚约 0.2 mm。种子横切圆形，可见绿米色胚以及中间扁梭形、沙黄色胚根。种子纵切近卵圆形，可见绿米色胚及中间长条状、沙黄色胚根。

横切

种子群体

纵切

科　名　大戟科
生　境　路边草地、荒地
产　地　永兴岛、石岛、东岛、中建岛、晋卿岛、琛航岛、
　　　　广金岛、金银岛、甘泉岛、珊瑚岛、
别　名　飞相草、乳籽草、大飞扬

种子实际大小

飞扬草
Euphorbia hirta L.

一年生草本。根纤细，茎单一，自中部向上分枝或不分枝，被褐色或黄褐色的多细胞粗硬毛。叶对生，披针状长圆形、长椭圆状卵形或卵状披针形，先端极尖或钝，基部略偏斜；边缘于中部以上有细锯齿，中部以下较少或全缘；叶面绿色，叶背灰绿色，有时具紫色斑，两面均具柔毛，叶背面脉上的毛较密。花序多数，于叶腋处密集成头状，基部无梗或仅具极短的柄，变化较大，且具柔毛；总苞钟状，被柔毛，边缘 5 裂，裂片三角状卵形；腺体 4，近于杯状，边缘具白色附属物；雄花数枚；雌花 1 枚，具短梗，伸出总苞之外；子房三棱状，被少许柔毛；花柱 3，分离；柱头 2 浅裂。

蒴果，三棱状，长约 1.5 mm，直径约 1.5 mm。果实基部宿存花萼，浅裂，顶部具花柱脱落痕。表面番红色或红棕色，被短柔毛。成熟后开裂成 3 个分果爿，内果皮质坚硬，灰褐色。3 室，具种子 3 枚。花果期 6—12 月。

种子近圆状四棱，长约 1 mm。种子表面亮橙色，每个棱面具多个纵棱槽，上面覆盖 1 层白色生物胶状物质。顶部钝平，底部钝尖，种脐位于靠近底部的腹缝线上。种脐周围橙红色，无种阜。

正常型种子，可在 30～50 ℃温水浸泡 6 h，室温自然冷却，放入培养皿中，保持湿润，3 天后萌发（刘俊芳，2017）。

果实

分果爿

种子

科　名　　大戟科
生　境　　草地、荒地
产　地　　永兴岛
别　名　　小飞扬草、南亚大戟

种子实际大小

通奶草

Euphorbia hypericifolia L.

一年生草本。根纤细，常不分枝，少数由末端分枝。茎直立，自基部分枝或不分枝，无毛或被少许短柔毛。叶对生，狭长圆形或倒卵形，先端钝或圆，基部圆形，通常偏斜，不对称，边缘全缘或基部以上具细锯齿，上面深绿色，下面淡绿色，有时略带紫红色，两面被稀

疏的柔毛，或上面的毛早脱落；托叶三角形，分离或合生。苞叶 2 枚，与茎生叶同形。花序数个簇生于叶腋或枝顶，每个花序基部具纤细的柄，柄长 3～5 mm；总苞陀螺状，边缘 5 裂，裂片卵状三角形；腺体 4，边缘具白色或淡粉色附属物。雄花数枚，微伸出总苞外；雌花 1 枚，子房柄长于总苞；子房三棱状，无毛；花柱 3，分离；柱头 2 浅裂。

蒴果，三棱状，长约 1.5 mm，径长约 2 mm。果实绿色，成熟后红褐色或具红色斑点；无毛，顶部宿存花柱。成熟后分裂为 3 个分果爿，内果皮较硬，棕褐色。3 室，具种子 3 枚。花果期 8—12 月。

种子卵棱状，长约 1.2 mm，径长约 0.8 mm。种子表面棕红色，密被灰白色膜质物。顶部钝尖，底部截平，从底部至顶部具 4 条纵棱，纵棱波纹状，每个棱面具数个皱纹；底部中间位于具 1 点状棕褐色种脐，无种阜。腹缝线棕褐色、明显。种皮稍硬，厚约 0.2 mm。种子横切矩圆形，可见浅灰色油脂状胚。种子纵切近椭圆形，可见浅灰色油脂状胚及近底部乳白色块状胚根。

横切

种子群体

纵切

科　名　大戟科
生　境　草地、荒地
产　地　永兴岛、东岛、珊瑚岛
别　名　小虫儿卧单、血见愁草、草血竭、小红筋草、奶
　　　　汁草、红丝草

匍匐大戟
Euphorbia prostrata Aiton

　　一年生草本。根纤细，茎匍匐状，自基部多分枝，通常呈淡红色或红色，少绿色或淡黄绿色，无毛或被少许柔毛。叶对生，椭圆形至倒卵形，先端圆，基部偏斜，不对称，边缘全缘或具不规则的细锯齿；叶面绿色，叶背有时略呈淡红色或红色；叶柄极短或近无；托叶长三角形，易脱落。花序常单生于叶腋，少为数个簇生于小枝顶端；总苞陀螺状，常无毛，少被稀疏的柔毛，边缘 5 裂，裂片三角形或半圆形；腺体 4，具极窄的白色附属物。雄花数个，常不伸出总苞外；雌花 1 枚，子房柄较长，常伸出总苞之外；子房于脊上被稀疏的白色柔毛；花柱 3，近基部合生；柱头 2 裂。

　　蒴果，三棱状卵球形，长约 0.9 mm，直径约 0.5 mm，黄色，每个棱面上有 6～7 个横沟。果实红色，成熟后淡褐色。分果爿背部中线具白色短茸毛；顶部花柱宿存，3 片，2 叉。果实成熟时分裂为 3 个分果爿，内果皮较硬，棕褐色。3 室，具种子 3 枚。花果期 5—10 月。

　　种子三棱状卵球形，长约 1.3 mm，直径约 0.9 mm。种子表面玫瑰红色。顶端钝尖，基部截平，中间稍隆起形成种脐，圆形，无种阜。从基部至顶端具 4 条纵棱脊，形成 4 个棱面，每个棱面具多个波纹状、灰色横沟。种皮质较软，紧贴种胚，厚约 0.1 mm。种子横切矩形，可见浅灰色油脂状胚。种子纵切扁梭形，可见浅灰色油脂状胚。

横切

种子群体

纵切

科　名　　大戟科
生　境　　路边草地、荒地
产　地　　永兴岛、石岛、东岛、中建岛、琛航岛、金银岛、
　　　　　珊瑚岛、赵述岛
别　名　　小飞扬、细叶小锦草

千根草
Euphorbia thymifolia L.

一年生草本。根纤细，具多数不定根。茎纤细，常呈匍匐状，自基部极多分枝，被稀疏柔毛。叶对生，椭圆形、长圆形或倒卵形，先端圆，基部偏斜，不对称，呈圆形或近心形，边缘有细锯齿，两面常被稀疏柔毛；托叶披针形或线形，易脱落。花序单生或数个簇生于叶腋，具短柄，被稀疏柔毛；总苞狭钟状至陀螺状，外部被稀疏的短柔毛，边缘5裂，裂片卵形；腺体4，被白色附属物。雄花少数，微伸出总苞边缘；雌花1枚，子房柄极短；子房被贴伏的短柔毛；花柱3，分离；柱头2裂。

蒴果，卵状三棱形，长约1.5mm，径长1.3～1.5mm。果实绿色，成熟时具红色斑点；表面被贴伏的短柔毛。顶部宿存苞片，丝状，中间具花柱脱落痕。成熟后分裂为3个分果爿，内果皮坚硬，棕褐色。3室，具种子3枚。花果期6—11月。

种子长圆柱形，长0.8～1.1mm。种子表面赭红色，常被橙红色生物胶状物质。顶部钝，中间位置常具1突起；基部截平，从基部至顶部有4条纵脊棱，密被细小颗粒；种脐位于底部中间位置，红褐色，点状。种皮较薄。种子横切方形，可见橙红色、油脂状胚及中部淡黄色胚根。种子纵切长圆柱形，可见沙黄色胚及近中部淡黄色胚根。

正常型种子。萌发条件为：35/20℃，1%琼脂糖培养基，12h光照/12h黑暗处理（郭永杰 等，2023）。

横切

种子群体

纵切

科　名　　大戟科
生　境　　路边草地
产　地　　永兴岛
别　名　　小果木

地构桐

Micrococca mercurialis (L.) Benth.

多年生亚灌木状草本。茎直立，丛生，被灰白色卷曲柔毛。叶互生，叶片披针形至椭圆状披针形，厚纸质，先端钝尖或渐尖，基部阔楔形或近圆形，先端全缘，下面 2/3 部分具稀大齿牙，两面被白色柔毛，下面并具腺体。总状花序顶生，密被短柔毛；花小，单性，同株；雄花位于花序的上端，具长卵状椭圆形或披针形的叶状苞 2 枚，苞片内通常具 1～3 朵花；萼片 5，稀 4 枚；花瓣 5，稀 4 枚，呈鳞片状；黄色腺体盆状，与花瓣互生；雄蕊 10～15；花序下部的花略大，中间 1 朵为雌花，两侧为雄花；苞 2 枚，雌花具较长的花梗；萼片 5～6；花瓣 6；子房上位，花柱 3 枚，均 2 裂。

蒴果，三棱状，直径 3～5 mm。果实基部果托宿存，成熟后开裂成 3 个分果爿，外果皮浅褐色到深褐色，内果皮坚硬，青褐色。每个分果爿具 1 枚种子。花果期 3—8 月。

种子近球形，直径 1.5～2 mm。种子紫褐色，表面具不规则凹凸，还黏附 1 层白霜，易脱落。种脐突起，圆形，基部平。腹部线从种脐至顶部明显，种背隆起，顶部钝尖。横切可见绿米色油脂状圆形胚乳，波浪状圆形种皮。纵切可见球形胚乳，近基部琥珀色胚芽。

横切

种子群体

纵切

种子实际大小

蓖麻
Ricinus communis L.

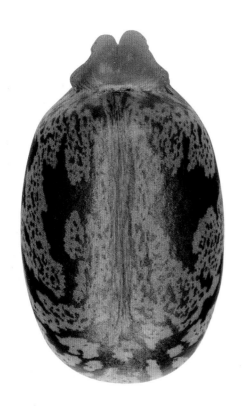

一年生粗壮草本或呈灌木状。小枝、叶和花序通常被白霜，茎多液汁。叶轮廓近圆形，掌状7～11裂，裂缺几达中部，裂片卵状长圆形或披针形，顶端急尖或渐尖，边缘具锯齿；掌状脉7～11条。网脉明显，顶端具2枚盘状腺体，基部具盘状腺体；托叶长三角形，早落。总状花序或圆锥花序，苞片阔三角形，膜质，早落；雄花花萼裂片卵状三角形，长7～10 mm；雄蕊束众多；雌花萼片卵状披针形，长5～8 mm，凋落；子房卵状，直径约5 mm，密生软刺或无刺，花柱红色，长约4 mm，顶部2裂，密生乳头状突起。

蒴果，三棱状，长约1.5 mm，直径约1.5 mm。果实基部宿存花萼，浅裂，顶部具花柱脱落痕。表面番红色或红棕色，被短柔毛。成熟后开裂成3个分果爿，内果皮质坚硬，灰褐色。3室，具种子3枚。花果期6—12月。

种子近圆状四棱，长约1 mm。种子表面亮橙色，每个棱面具多个纵棱槽，上面覆盖1层白色生物胶状物质。顶部钝平，底部钝尖，种脐位于靠近底部的腹缝线上。种脐周围橙红色，无种阜。

种子

蒴果

种阜

（17）
叶下珠科
Phyllanthaceae

叶下珠属一种
Phyllanthus L. sp.

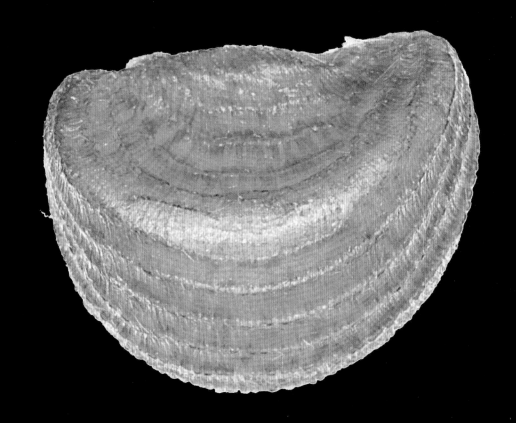

科　名　　叶下珠科
生　境　　荒坡、草地
产　地　　永兴岛、石岛
别　名　　无

叶下珠

Phyllanthus urinaria L.

一年生草本。茎通常直立，基部多分枝，枝倾卧而后上升；枝具翅状纵棱，上部被纵列疏短柔毛。叶片纸质，因叶柄扭转而呈羽状排列，长圆形或倒卵形，顶端圆、钝或急尖而有小尖头，下面灰绿色，近边缘或边缘有1～3列短粗毛；侧脉每边4～5条，明显；托叶卵状披针形。花雌雄同株，雄花2～4朵簇生于叶腋，通常仅上面1朵开花，下面的很小；基部有苞片1～2枚；萼片6，倒卵形，顶端钝；雄蕊3，花丝全部合生成柱状；花粉粒长球形，通常具5孔沟，内孔横长椭圆形；花盘腺体6，分离，与萼片互生；雌花单生于小枝中下部的叶腋内；萼片6，近相等，卵状披针形，边缘膜质，黄白色；花盘圆盘状，边全缘；子房卵状，有鳞片状凸起，花柱分离，顶端2裂，裂片弯卷。

蒴果，圆球状，径长1～2mm。果实灰白色至浅绿色，成熟后红色至棕褐色。果实表面具小凸刺，花柱和萼片宿存，开裂后轴柱宿存；具3个分果爿。分果内果皮质硬，内含1枚，花果期4—11月。

种子舟形，长约1.2mm。种子表面棕黄色。顶部钝圆，顶端具1凹刻；底部环状，腹缝线上具1条粗脊，两侧展开2个平面，平面具多条斜向细脊。种脐位于腹缝线上，近底部一端，暗褐色，点状。两侧平面与背面接触会形成2条粗脊；背面环状，具横向细脊。种皮较硬，厚约0.06mm。种子横切三棱形，可见颗粒状、棕米色胚乳。种子纵切半圆形，可见棕米色胚乳以及中间柱状、浅黄色胚。

横切

种子群体

纵切

中国西沙群岛
野生植物资源

科　名　　叶下珠科
生　境　　荒坡、草地
产　地　　中建岛
别　名　　无

种子实际大小

叶下珠属一种
Phyllanthus L. sp.

一年生草本，直立，高达 60 cm；茎基部具窄棱，或有时主茎不明显；枝条通常自茎基部发出，上部扁平而具棱；全株无毛。叶片近革质，线状披针形、长圆形或狭椭圆形，长 5～25 mm，宽 2～7 mm，顶端钝或急尖，有小尖头，基部圆而稍偏斜；几无叶柄；托叶膜质，卵状三角形，长约 1 mm，褐红色。通常 2～4 朵雄花和 1 朵雌花同簇生于叶腋；雄花：直径约 1 mm；花梗长约 2 mm；萼片 6，宽卵形或近圆形，长约 0.5 mm；雄花 3，花丝分离，花药近球形；花粉粒圆球形，直径为 23 μm，具多合沟孔；花盘腺体 6，长圆形；雌花：花梗长约 5 mm；花萼深 6 裂，裂片卵状长圆形，长约 1 mm，紫红色，外折，边缘稍膜质；花盘圆盘状，不分裂；子房圆球形，3 室，具鳞片状凸起，花柱分离，2 深裂几达基部，反卷。

蒴果扁球形，直径 2～3 mm，紫红色，有鳞片状凸起；果梗丝状，长 5～12 mm；萼片宿存。花期 4—5 月，果期 6—11 月。

种子舟形，小，长 1～1.5 mm，宽 0.8～1.2 mm。种子表面棕黄色，具多条由小颗粒状排成的纵条纹。两端钝，顶部稍圆，近腹面处具 1 凹刻；腹面中间稍膨胀，黄褐色，具 1 线状种脐；两侧各具 1 条弧状粗脊，两侧展开 2 个平面，平面具多条弧状较密的纵条纹；背面环状，具多条弧状稍疏的纵条纹。种皮稍硬，厚约 0.1 mm。种子横切三棱形，可见油脂状、棕米色胚乳。种子纵切半圆形，可见棕褐色胚乳以及中间柱状、浅黄色胚。

横切

种子群体

纵切

第 4 章
西沙群岛常见野生植物种质资源

183

科 名　叶下珠科
生 境　草地、荒地
产 地　永兴岛、赵述岛
别 名　红果草

艾堇
Sauropus bacciformis (L.) Airy Shaw

一年生草本。茎匍匐状或斜升，单生或自基部有多条斜生或平展的分枝；枝条具锐棱或具狭而膜质的枝翅；全株均无毛。叶片鲜时近肉质，干后变膜质，形状多变，顶端钝或急尖，

具小尖头，基部圆或钝，有时楔形，侧脉不明显；托叶狭三角形，顶端具芒尖。花雌雄同株；雄花数朵簇生于叶腋；萼片宽卵形或倒卵形，内面有腺槽，顶端具有不规则的圆齿；花盘腺体6，肉质，与萼片对生，黄绿色；雄蕊3，花丝合生；雌花单生于叶腋，萼片长圆状披针形，顶端渐尖，内面具腺槽，无花盘；子房3室，花柱3，分离，顶端2裂。

蒴果，卵状，径长4～4.5 mm，高约6 mm。幼时红色，成熟时褐色。表面光滑无毛，顶部具花柱脱落痕，稍内凹；基部萼片宿存。成熟时开裂为3个2裂的分果爿，内果皮坚硬。具种子3个。花果期4—9月。

种子三棱形，长约3.5 mm，宽约2 mm。种子顶部由3条纵棱交点，钝尖；底部金雀花黄色，凹凸。腹面内凹，沙黄色，具1条形棕黄色种脐；种脐两边具纵脊，近2/3处合并，至顶端与背面两侧的纵脊棱相交。两个侧面浅灰色，具疏凹凸。种皮质硬，厚约0.6 mm。种子横切矩形，可见珊瑚红色胚乳及中部梭形、浅黄色胚。种子纵切长圆形，可见绿米色胚及近种脐处沙黄色胚根。

横切　　　　　　　　种子群体　　　　　　　　纵切

（18）

使君子科
Combretaceae

榄李
Lumnitzera racemosa Willd.

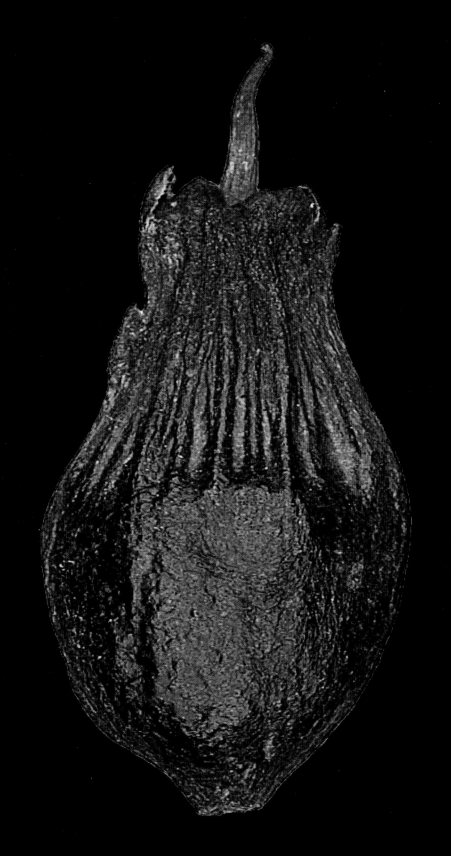

科　名　使君子科
生　境　海边红树林
产　地　琛航岛
别　名　滩疤树

榄李

Lumnitzera racemosa Willd.

　　常绿灌木或小乔木。枝红或灰黑色，具叶痕，初被柔毛，后无毛。叶常聚生枝顶，肉质，匙形或窄倒卵形，先端钝圆或微凹，基部渐尖，侧脉 3～4 对。总状花序腋生，长 2～6 cm，花序梗扁，有 6～12 花；小苞片鳞片状三角形，生于萼筒基部，宿存；萼筒延伸于子房之上，钟状或长圆筒状，裂齿三角形；花瓣白色，长椭圆形，与萼齿互生；雄蕊 10 或 5，生于萼筒，花丝顶端弯曲；子房纺锤形，胚珠 4，珠柄大部分合生而不等长。

　　核果，卵形至纺锤形，长 1.4～2 cm，径 5～8 mm。幼果嫩绿色，成熟时褐黑色，木质，坚硬。顶部具宿存的小苞片 6～12 枚，中间具宿存的花柱 1 枚，长约 3 mm。上部具纵向线纹，下部平滑，近基部 1 侧稍压扁，具 2 或 3 棱；基部常具宿存萼片，果实脱落后具脱落痕。内含种子 1 颗，花果 12 月至翌年 3 月。

　　核果横切椭圆形，可见木质化的果皮，木质化层内具点状孔洞，中间是种子。横切可见种子内蜜黄色的胚乳。核果纵切长圆柱形，可见基部 1 端狭长，具长条状种脐（种脐周围木质化软化成海绵状，利于种子萌发）；长条圆柱状的胚乳以及边缘棕色的种皮。

横切

果实群体

纵切

中国西沙群岛
野生植物资源

（19）

水芫花
Pemphis acidula J. R. Forst. et G. Forst.

千屈菜科
Lythraceae

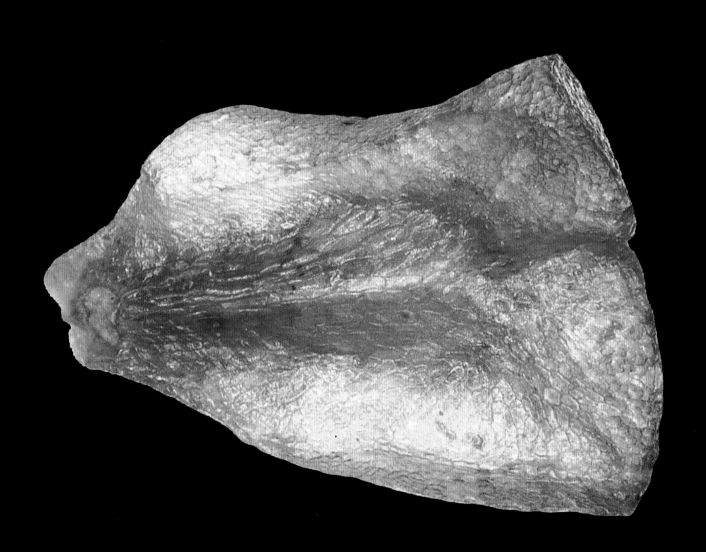

科　名　千屈菜科
生　境　海岸边沙地
产　地　东岛、晋卿岛、琛航岛、广金岛、金银岛、西沙
　　　　洲、赵述岛
别　名　海芙蓉、水金惊、海纸钱鲁

种子实际大小

水芫花

Pemphis acidula J. R. Forst. et G. Forst.

多分枝小灌木，有时成小乔木状。叶对生，肉质，椭圆形、倒卵状长圆形或线状披针形，无叶柄或叶柄长 2 mm。花腋生；花具二型，花萼有 12 棱，5 浅裂，裂片直立；花瓣 8，白或粉红色，倒卵形或近圆形；雄蕊 12，6 长 6 短，长短相间排列，在长花柱的花中，最长的雄蕊长不及萼筒，较短的雄蕊约与子房等长，花柱长约为子房 2 倍；在短花柱的花中，最长的雄蕊超出花萼裂片之外，较短的雄蕊与萼筒近等长，花柱与子房等长或较短；子房球形，1 室。

蒴果，倒卵形，长约 6 mm。果实革质，包被于宿存的合生萼片形成的萼管中，密被短硬毛；花被片形成果盖，成熟后盖裂，内含种子多数。花果期 6—10 月。

种子不规则，具棱角，长约 2 mm。种子表面赭黄色或红色，光亮，具不规则细纹络；顶部钝平，底部稍凸起；腹面平、蜜黄色，延伸至底部种脐。种脐椭圆形，白色。种子四周因有海绵质的扩展物而成厚翅。种子横切近扁圆形，可见中间卵圆形、粉彩黄色胚及大量白色至赭黄色扩展物。种子纵切三棱形，可见绿米色的胚及胚中间玉米黄色的胚根。种子内的海绵质扩展物可为种子海飘繁殖起到至关重要的作用。

横切　　　　　　　　种子群体　　　　　　　纵切

中国西沙群岛
野生植物资源

倒地铃
Cardiospermum halicacabum L.

无患子科
Sapindaceae

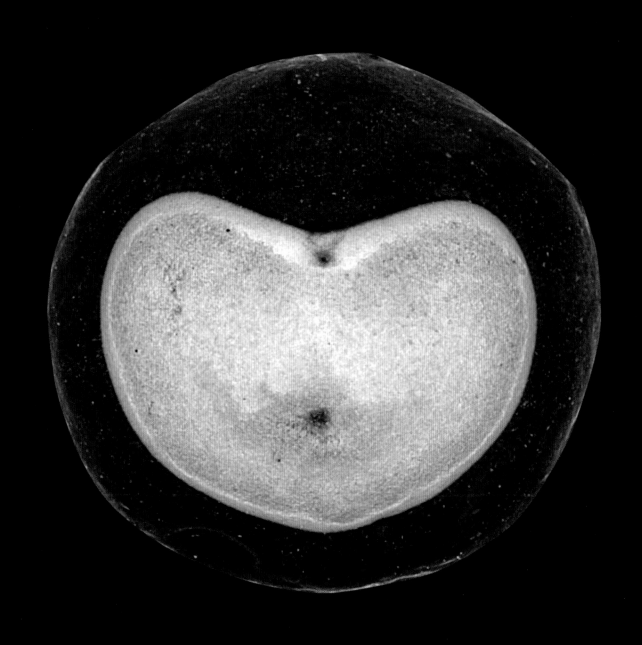

科　名　　无患子科
生　境　　荒地、草地
产　地　　永兴岛
别　名　　包袱草、野苦瓜、金丝苦楝藤、风船葛、鬼灯笼

种子实际大小

倒地铃
Cardiospermum halicacabum L.

　　草质攀缘藤本。茎、枝绿色，有 5 或 6 棱和同数的直槽，棱上被皱曲柔毛。二回三出复叶，轮廓为三角形；小叶薄纸质，顶生的斜披针形或近菱形，顶端渐尖，侧生的稍小，卵形或长椭圆形，边缘有疏锯齿或羽状分裂，腹面

近无毛或有稀疏微柔毛，背面中脉和侧脉上被疏柔毛。圆锥花序少花，与叶近等长或稍长，总花梗直，卷须螺旋状；萼片 4，被缘毛，外面 2 片圆卵形，内面 2 片长椭圆形；花瓣乳白色，倒卵形；花丝被疏而长的柔毛；子房（雌花）倒卵形或有时近球形，被短柔毛。

　　蒴果，梨形、陀螺状倒三角形或近长球形，高 1.5～3 cm，宽 2～4 cm。果实绿色，成熟后黄色至棕黄色、褐色，表面被短柔毛；果柄长约 0.6 cm，基部宿存花被片，顶部具尾尖。果皮膜质，成熟后在背缝线上极易开裂。内部 3 个气室，果柄连接在果实内部的维管束会发育种子及白色膜质物，每个气室上生长 2 枚种子，共计 6 枚种子。花果期 5—12 月。

　　种子圆球形，径长约 5 mm。果实幼时绿色，成熟时黑色，有光泽。表面密布细小点状白斑，常有小凹面。种脐心形，干时白色；心形中下部具不规则棕黄色斑块，斑块中有 1 黑色脐孔；在心形隘口处可见 1 黑色种孔。种皮较硬，厚约 0.6 mm。种子横切圆形，可见折叠状、乳白色胚。种子纵切圆形，可见螺旋状、乳白色胚，以及种脐处螺旋尾状胚根。

横切

种子群体

纵切

（21）

锦葵科
Malvaceae

心叶黄花稔
Sida cordifolia L.

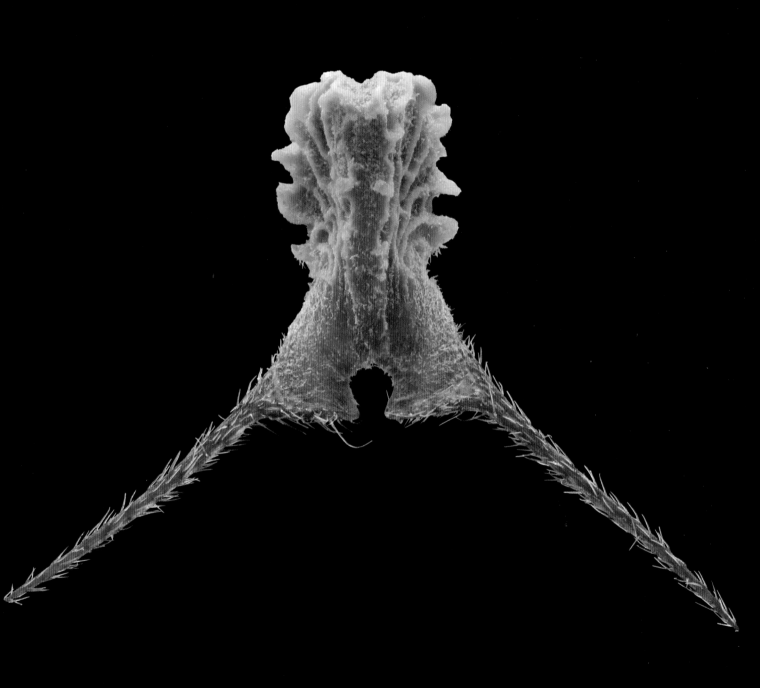

种子实际大小

磨盘草
Abutilon indicum (L.) Sweet.

一年生或多年生草本，多分枝。叶卵圆形或近圆形，先端尖或渐尖，基部心形，具不规则钝齿，两面被灰或灰白色星状柔毛；托叶钻形，长1～2mm，密被灰色柔毛，常外弯。花单生叶腋；花萼盘状，绿色，密被灰色柔毛；裂片5，宽卵形，先端尖；花冠黄色，花瓣5；雄蕊柱被星状硬毛，柱头头状。

蒴果，倒圆形，顶端平截，形似磨盘，由15～20个分果爿组成，黑褐色，先端具有1对叉开长芒刺，被星状长硬毛。花果期7—11月。

每个分果爿内含种子3枚，种子肾形或扁心形，（3～5）mm×（3～4）mm×（2～4）mm。种皮坚硬，厚约2mm，表面无毛，深红褐色，被黄白色颗粒。种脐位于腹面的内凹处。种脐两侧具篦齿状条纹，脐部常有种柄残存的部分连接在种脐上延伸成窄背。种子横切面椭圆形，可见2枚黄色的子叶及胚轴和胚乳；纵切面肾形，可见圆柱状的胚轴及胚根弯曲成半圆形。

正常型种子，可用浓硫酸浸泡1h后流水冲洗至少3次后清水洗净，放入培养皿中，保持湿润，3天后萌发（刘俊芳，2017）。

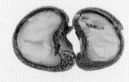
横切

种子

纵切

科　名　锦葵科
生　境　荒地、草地
产　地　永兴岛、石岛、琛航岛、金银岛、甘泉岛、
　　　　珊瑚岛
别　名　假黄麻、针筒草

甜麻
Corchorus aestuans L.

一年生草本。叶卵形，先端尖，基部圆，两面疏被长毛，边缘有锯齿，基出脉5～7条。花单生或数朵组成聚伞花序，生叶腋，萼片5，窄长圆形，长5 mm；花瓣5，与萼片等长，倒卵形，黄色；雄蕊多数，长3 mm，黄色；子房长圆柱形，花柱圆棒状，柱头喙状，5裂。

蒴果，圆筒状，长1.2～2.5 cm，宽约0.5 cm。果实绿色，成熟后褐色或红棕色。先端具3条向外延伸的角，2叉；基部果柄具萼片脱落痕，从基部至先端具6条纵棱，其中3～4条纵棱呈翅状突起。成熟时瓣裂，果瓣具浅横隔，种子多数。花果期6—10月。

种子矩形或四棱形，常不规则状，长0.8～1.2 mm。种子表面深褐色或棕褐色，无毛，密被多数小瘤。顶部钝尖，基部4棱，质硬；种脐位于棱角，隆起，圆形。种皮质硬，厚约0.3 mm。种子横切卵圆形，可见红褐色环形种皮，中间淡黄色、S形胚及大量米黄色、油脂状胚乳。种子纵切矩形，可见中部淡黄色、长圆柱状胚，以及近种脐处、红棕色棉质物，可为种子萌发吸取储存养分。

横切

种子群体

纵切

科　名　锦葵科
生　境　海边旷野
产　地　永兴岛、中建岛、琛航岛
别　名　美棉、墨西哥棉、美洲棉、大陆棉、高地棉

陆地棉
Gossypium hirsutum L.

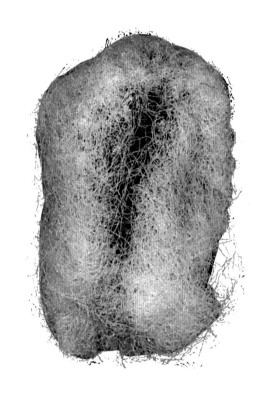

一年生草本，小枝疏被长柔毛。叶宽卵形，径5～12 cm，基部心形或平截，常3裂，稀5裂，先端尖，基部宽，上面近无毛，沿脉被粗毛，下面疏被长柔毛；托叶卵状镰形，长5～8 mm，早落。花单生叶腋；小苞片3，分离，基部心形，具1个腺体，具7～9齿，被长硬毛和纤毛；花萼杯状，5齿裂，裂片三角形，具缘毛；花冠白或淡黄色，后淡红或紫色；雄蕊柱长1～2 cm，花药排列疏散。

蒴果，卵圆形，直径3.5～5 cm。花被合生包被种子。果实成熟时表面土褐色，具喙，开裂，3～4室。花萼宿存，萼片三角形，具缘毛。种子3～8枚。花果期4—11月。

种子卵圆形，分离，(5～8) mm×(2～3) mm×(2～3) mm。种子表皮细胞突出成绒毛，形成白色长棉毛和灰白色不易剥离的短棉毛。种子黑褐色。种脐位于先端位置，周围具橙黄色短棉毛。种子横切倒卵形，可见折叠的胚，其间棕褐色斑点，以及中间圆形、灰米色胚根。种子纵切椭圆形，可见2枚乳白色子叶，棕褐色斑点，以及靠近种脐处圆柱形胚根。

横切

种子群体

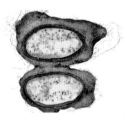

纵切

科　名　　锦葵科
生　境　　路边荒地、疏林
产　地　　永兴岛、石岛、金银岛、珊瑚岛
别　名　　无

种子实际大小

胀果苘

Herissantia crispa (L.) Brizicky

多年生草本，枝被白色长毛和星状柔毛。叶心形，长2～7cm，先端渐尖，具圆齿，两面均被星状长柔毛；叶柄被星状长柔毛，托叶线形，被柔毛。花梗丝状，被长柔毛，近顶端具节而膝曲；花萼杯状，长4～5mm，密被星状柔毛和长柔毛，裂片5，卵形，先端渐尖；花冠黄色，花瓣倒卵形，长0.6～1cm。

蒴果，圆球形或扁球形，径长9～13mm。果实膨胀呈灯笼状，疏被长柔毛；成熟时室背开裂，果瓣脱落。花托宿存，长约2mm。种子多数。花果期全年。

种子肾形，（3～4）mm×（1～1.5）mm×（1～1.5）mm。种子表面棕褐色，密被透明短粗毛。顶部钝圆，腹部凹入处具1隆起线形匙状残存的珠柄。种脐位于腹面凹陷处，周围具半环形篦齿状条纹。种子横切椭圆形，可见绿米色油脂状胚乳，种皮较薄，厚约0.2mm。种子纵切肾形，可见2枚金黄色子叶及少量灰米色胚乳。

横切

种子群体

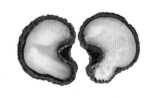

纵切

科　名　锦葵科
生　境　荒地、旷野
产　地　永兴岛
别　名　盐水面头果、万年春、海麻、桐花、右纳

黄槿
Talipariti tiliaceum (L.) Fryxell.

锦葵科常绿灌木或乔木，小枝无毛或疏被星状绒毛。叶革质，近圆形或广卵形，先端突尖，有时短渐尖，基部心形，全缘或具不明显细圆齿，上面绿色，嫩时被极细星状毛，逐渐变平滑无毛，下面密被灰白色星状柔毛，叶脉7或9条；托叶叶状，长圆形，先端圆，早落，被星状疏柔毛。花序顶生或腋生，常数花排列成聚散花序；基部有一对托叶状苞片；小苞片7～10，线状披针形，被绒毛；萼裂5，披针形，被绒毛；花冠钟形，花瓣黄色，内面基部暗紫色，倒卵形，外面密被黄色星状柔毛；雄蕊柱长约3 cm，平滑无毛；花柱枝5，被细腺毛。

蒴果，卵圆形，长约2 cm。果实表面被绒毛，成熟时褐色到深褐色。果萼宿存，果爿5，包被在宿存花被内，木质。种子5枚。花果期6—8月。

种子肾形，（4～6）mm×（3～4）mm×（3～4）mm；种子表面褐色，具棕褐色小疣点。种子顶部、下部钝圆，腹缝线明显；腹部种脐内凹，棕褐色，周围具半圈环形、象牙白色瘤状物，两侧具篦齿状条纹。种子横切卵圆形，可见折叠的黄色胚及油脂状胚乳。种子纵切肾形，可见圆柱状黄色胚轴和胚根。

横切

种子群体

纵切

科　名　　锦葵科
生　境　　荒地、草地
产　地　　永兴岛、琛航岛
别　名　　黄花地桃花、地膏药、黄花母、千斤坠

黄花棯

Sida acuta Burm. f.

直立亚灌木状草本，小枝被星状柔毛或近无毛。叶披针形，先端尖或渐尖，基部圆或钝，具锯齿，两面无毛或下面疏被星状柔毛；托叶线形，常宿存。花单朵或成对腋生；花梗疏被柔毛，较长者中部具节；花萼杯状，无毛；花冠黄色，花瓣5，倒卵形，被纤毛；雄蕊柱长约

4mm，疏被硬毛；花柱分枝4～9，柱头头状。

蒴果，近圆球形，长0.8～1cm。果实具宿存萼片包被，表面米红色或鲑鱼橙色。分果爿4～9，但通常为5～6，卵形，三棱状，长约3.5mm；顶端具2短芒，两侧有排齿，侧面具白色粉状物。背面具网状皱纹，近芒口处具短刚毛。每个分果爿具1枚种子。花果期7月至翌年2月。

种子卵形，（1～1.6）mm×（0.8～1.2）mm×（0.5～0.8）mm。种子表面泥褐色，密被细小颗粒。顶端截形；先端尖凸，具白色短柔毛。腹面具粗纵脊棱，背面半圆状。近底部具1矩形、黑褐色种脐，种脐两侧具篦齿状条纹，脐部常有种柄残存的部分连接在种脐上延伸成窄背。种皮稍硬，厚约0.2mm。种子横切三棱形，可见折叠状、灰米色胚及少量绿米色胚乳。种子纵切卵圆形，可见灰米色的胚及近种脐处沙黄色胚根。

正常型种子，可用浓硫酸浸泡1h后用流水冲洗至少3次，最后用清水洗净，放入培养皿中，保持湿润，4天后萌发（刘俊芳，2017）。

横切

种子群体

纵切

种子实际大小

小叶黄花稔

Sida alnifolia var. *microphylla* (Cav.) S.Y. Hu

小灌木。小枝被星状柔毛。叶较小，长圆形至卵圆形，长 5～20 mm，宽 3～15 mm，边缘具细齿；上面疏被星状柔毛或近无毛，下面被灰白色星状柔毛。叶柄长 2～3 mm。花单生叶腋；花梗密被星状柔毛，中部以上具节；花萼杯状，花冠黄色，花瓣 5，倒卵形；雄蕊柱被长硬毛。

蒴果，圆球形，径长约 4 mm。果实具宿存萼片包被，幼嫩时青绿色，成熟后棕褐色。分果爿 7～8，顶端具 2 小分叉芒，叉口处疏被长柔毛；背部具排粗齿；表面具多条脊，沿着背部的粗齿向两侧扩散；腹部开裂，果皮半开，内含种子 1 枚。花果期 9 月至翌年 3 月。

种子卵形，径长 1.4 mm。种子表面棕褐色，密被细小颗粒。顶部钝圆；先端尖凸，具少量黄棕色柔毛。腹面具粗纵脊棱，棱两侧形成两个面，内凹；背面半圆状。近底部具 1 圆形、棕黄色种脐，种脐外圈具篦齿状条纹，脐部常有种柄残存的部分连接在种脐上延伸成窄背。种皮较薄，厚约 0.05 mm。种子横切三棱形，可见折叠状、金黄色胚。种子纵切卵圆形，可见金黄色胚及稍弯曲、圆柱状胚根，以及浅黄色胚乳。

正常型种子，具有物理休眠（Molin et al., 1997）。萌发条件为：切破种皮，20 ℃，1% 琼脂糖培养基，12 h 光照 /12 h 黑暗处理（郭永杰 等，2023）。

横切

分果爿

纵切

科　名　锦葵科
生　境　荒地、旷野
产　地　永兴岛、石岛、东岛、晋卿岛、琛航岛、广金
　　　　岛、金银岛、甘泉岛、珊瑚岛、鸭公岛、赵述岛、
　　　　北岛、中沙洲、南沙洲
别　名　无

种子实际大小

圆叶黄花稔
Sida alnifolia var. *orbiculata* S.Y.Hu

小灌木。叶圆形，直径 5～13 mm，具圆齿，两面被星状长硬毛，叶柄长约 5 mm，密被星状疏柔毛；托叶钻形，长约 2 mm。花单生，花梗长约 3 cm，花萼被星状绒毛，裂片顶端被纤毛，雄蕊柱被长硬毛。

蒴果，圆球形，径长约 4 mm。果实包被于宿存萼片内，幼嫩时绿色，成熟后棕黄色。分果爿 7～8，表面平滑；顶端无芒，疏被短柔毛；具 2 小尖凸，背部隆起，2 条粗脊与背面相平。侧面稍膨胀；腹部闭合，稍内凹，内含种子 1 枚。花果期 11 月至翌年 3 月。

种子卵圆形，径长 1.2 mm。种子表面暗褐色，密被细小颗粒，常黏附白色丝状物。顶部钝圆；腹部具粗纵脊棱，棱两侧形成两个面，稍凹；背面半圆状。近底部具 1 圆形、棕黄色种脐，种脐外圈具篦齿状条纹，脐部常有种柄残存的部分连接在种脐上延伸成窄背。近种脐处具 1 圈黄褐色晕环。种子常皱缩成其他不规则形状。种皮稍硬，厚约 0.15 mm。种子横切三棱形，可见折叠状、金雀花黄色胚。种子纵切卵圆形，可见金雀花黄色胚及稍弯曲、圆柱状胚根，以及少量淡黄色的胚乳。

横切

分果爿

纵切

中华黄花稔

Sida chinensis Retz.

直立小灌木。分枝多，密被星状柔毛。叶倒卵形、长圆形或近圆形，先端圆，基部楔形或圆，具细圆齿，上面疏被星状柔毛或几无毛，下面被星状柔毛；叶柄被星状柔毛，托叶钻形。

花单生叶腋；花梗花后伸，中部具节，被星状柔毛；花萼钟形，5 齿裂，密被星状柔毛；花冠黄色，花瓣 5，倒卵形；雄蕊柱被长硬毛。

蒴果，圆球形，径长约 4 mm。果实具宿存萼片包被，表面棕褐色。分果爿 7～8，顶端无芒，具 2 小分叉，叉口处疏被柔毛；背部具排粗齿；表面具多条脊，沿着背部的粗齿向两侧扩散；腹部开裂，果皮半开，内含种子 1 枚。花果期 9 月至翌年 3 月。

种子卵形，径长 1.3 mm。种子表面红棕色，密被细小颗粒。顶部钝圆；先端尖凸，具少量浅灰色柔毛。腹面具粗纵脊棱，棱两侧形成两个面，稍凹；背面半圆状。近底部具 1 圆形、棕黄色种脐，种脐外圈具篦齿状条纹，脐部常有种柄残存的部分连接在种脐上延伸成窄背。种皮稍硬，厚约 0.15 mm。种子横切三棱形，可见折叠状、金雀花黄色胚。种子纵切卵圆形，可见金雀花黄色胚及稍弯曲、圆柱状胚根，以及少量透明的胚乳。

正常型种子，可用浓硫酸浸泡 1 h 后流水冲洗至少 3 次后清水洗净，放入培养皿中，保持湿润，4 天后萌发（刘俊芳，2017）。

横切

种子群体

纵切

科　名　　锦葵科
生　境　　路边草地
产　地　　永兴岛、金银岛、中建岛
别　名　　长柄黄花棯、痛肿草

分果爿实际大小

长梗黄花棯
Sida cordata (Burm. f.) Borss. Waalk.

披散状亚灌木。小枝纤细，被星状毛并混生长柔毛。叶心形，先端短渐尖，具钝齿或锯齿，上面疏被长柔毛，下面密被星状柔毛并混生长柔毛；叶柄被星状毛和长柔毛，托叶线形，疏被柔毛。花腋生，常单生或数朵成具叶的总状花序；花梗纤细，花后延长，中部以上具节，疏被星状毛和长柔毛；花萼杯状，长约5 mm，疏被长柔毛，5裂，裂片三角形，先端尖；花冠黄色，花瓣5，倒卵形，长4～6 mm：雄蕊柱疏被长硬毛；花柱分枝5。

蒴果，近球形，直径3～4 mm。果实宿存萼片包被分果爿，表面太阳黄色，具网纹，背部疏被星状毛；分果爿5，卵形，每个分果爿具1枚种子。花果期7月至翌年2月。

种子卵形，(1～1.6) mm×(0.8～1.2) mm×(0.7～1) mm。种皮薄，紧贴果皮；表面黑褐色，疏被柔毛，不具芒，先端截形，被1层金黄色生物胶状物质。种脐内凹，深棕色，无毛。种子横切扁球形，可见1枚折叠状、灰米色子叶及大量灰白色胚乳。种子纵切卵圆形，可见2枚灰米色子叶及靠近腹面蜜黄色胚。

横切

分果爿群

纵切

科　名	锦葵科
生　境	路旁草丛
产　地	永兴岛、中建岛、金银岛
别　名	无

分果爿实际大小

心叶黄花稔

Sida cordifolia L.

多年生亚灌木，小枝密被星状柔毛并混生长柔毛。叶卵形或近心形，先端钝或圆，基部微心形或圆，具钝齿或不规则锯齿，两面均密被星状柔毛；叶柄密被星状柔毛和混生长柔毛，托叶线形，长约5mm，密被星状柔毛。花单生或簇生叶腋或枝端，密被星状柔毛和混生长柔毛，近顶端具节；花萼杯状，5裂，裂片三角形，密被星状柔毛并混生长柔毛；花冠黄色，花瓣5，长约8mm；雄蕊柱长约6mm，被长硬毛。

分果扁球形，直径6～8mm。赭石棕色，果皮表面具网纹，背部密被短星状毛；顶部具2条长芒，芒长3mm，具倒生刚毛。果实具10个分果爿，每个分果爿内具1枚种子。花果期几全年。

种子肾形或长卵形，（1～1.6）mm×（0.8～1.2）mm×（7～1）mm。种皮薄，革质，约0.1mm，紧贴分果爿果皮；表面黑棕色，无毛，靠近种脐处具短毛。种脐位于腹部内凹处，圆形；沿着分果爿腹面隆起处，具1深棕色、椭圆形种阜。种子横切三棱形，端角钝圆，可见1块卵形、柠檬黄色子叶及大量灰米色胚乳。种子纵切心形，可见2枚柠檬黄色子叶，以及靠近腹面1条长椭圆形、柠檬黄色胚。

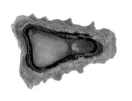

横切

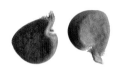

种子群体

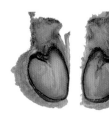

纵切

科　名　　锦葵科
生　境　　荒地、旷野
产　地　　永兴岛
别　名　　金盏花、黄花母、黄花雾、黄花猛

种子实际大小

白背黄花稔

Sida rhombifolia L.

　　直立亚灌木，小枝被星状柔毛。叶菱形或长圆状披针形，先端圆或具短尖头，基部宽楔形，具锯齿，上面疏被星状柔毛或近无毛，下面被灰白色星状柔毛；叶柄被星状柔毛，托叶刺毛状。花单生叶腋；花梗密被星状柔毛，中部以上具节；花萼杯状，5裂，裂片三角形，被星状绵柔毛；花冠黄色，花瓣5，倒卵形；雄蕊柱无毛，疏被腺状乳突，长约5mm；花柱分枝8～10。

　　蒴果，扁球形，径长6～7mm。果实具宿存萼片包被，深棕或棕褐色。分果爿8～10，表面棕黄色，密布点状白色斑点。顶端具2短芒，芒口处被星状柔毛；背部具粗脊，腹部开裂，果皮半开，内含种子1枚。花果期9—12月。

　　种子卵形，径长约1.6mm。种子表面泥褐色至棕褐色。顶部钝圆；先端凸起，锈色，具少量白色柔毛。腹面具粗纵棱脊，棱两侧形成两个面，稍凹；背面具1背缝线，沟槽状。近底部具1长条形、棕黄色种脐，脐部常残存种柄连接在种脐上形成窄背。种皮稍硬，厚约0.2mm。种子横切三棱形，可见折叠状、灰米色胚，及少量绿米色胚乳。种子纵切卵圆形，可见金雀花黄色的胚。

　　正常型种子，可用浓硫酸浸泡1h后流水冲洗至少3次后清水洗净，放入培养皿中，保持湿润，4天后萌发（刘俊芳，2017）。

横切

种子群体

纵切

第4章
西沙群岛常见野生植物种质资源
203

中国西沙群岛
野生植物资源

科　名　锦葵科
生　境　荒地、草地
产　地　永兴岛
别　名　无

种子实际大小

粗齿刺蒴麻
Triumfetta grandidens Hance

木质披散或匍匐草本，多分枝。嫩枝有简单柔毛。叶变异较大，下部的菱形，3～5裂，上部的长圆形，先端钝，基部楔形，两面无毛或下面脉上有毛，三出脉，边缘有粗齿；叶柄被毛。聚伞花序腋生，长10～20mm，花序柄长5～7mm；花柄长2～3mm；萼片线形，长6mm，外面被柔毛；花瓣阔卵形，有短柄，比萼片稍短；雄蕊8～10枚；子房2～3室，被毛。

蒴果，卵圆形或球形，径长约0.7cm。果实绿色，成熟后棕褐色或深褐色，干后不开裂。表面密被柔毛，具多数针刺，长2～4mm，先端具短钩。果柄长宿存，顶端具1花柱脱落痕。果4室，每室有种子1枚，其中常有2室种子不育，形成空室。花果期4—9月。

种子倒卵形，长约1mm。种子表面棕褐色，具大量红褐色胶质物质。顶部圆大；底部钝尖，稍突起，中间具1黑褐色、点状种脐。从基部至顶端具2条脊。种皮薄，厚约0.1mm。种子横切扇形，可见2瓣绿米色子叶及金雀花黄色、长圆柱状胚。种子纵切倒卵形，可见近种脐处浅黄色胚芽，以及金雀花黄色、长圆柱状胚。

种子横切

果实横切

种子纵切

科　名　　锦葵科
生　境　　海岸边沙地
产　地　　永兴岛、石岛、东岛、中建岛、晋卿岛、琛航岛、
　　　　　广金岛、羚羊礁、金银岛、甘泉岛、珊瑚岛、银
　　　　　屿、赵述岛、北岛、中岛、南岛、北沙洲、中沙
　　　　　洲、南沙洲
别　名　　无

铺地刺蒴麻
Triumfetta procumbens G. Forst.

木质草本。茎匍匐；嫩枝被黄褐色星状短茸毛。叶厚纸质，卵圆形，有时3浅裂，先端圆钝，基部心形，上面有星状短茸毛，下面被黄褐色厚茸毛，基出脉5～7条，边缘有钝齿。聚伞花序腋生，花序柄长约1cm；花瓣10，外面5，具丝状绒毛；内5，薄膜质。

蒴果，圆球形，径长约1.5cm。果实绿色，成熟后棕褐色或棕色，干后不开裂。表面密被柔毛。具多数针刺，长3～4mm，有时更长些，先端弯曲。果柄长宿存，顶端具1花柱脱落痕。果4室，每室有种子1～2颗，其中常有种子不育，形成空室。花果期11月至翌年4月。

种子倒卵形，长0.8～1.4mm。种子表面可分为两部分，近先端前半部分深褐色，具小瘤；近顶端后半部分棕红色，密被白色膜质物。顶部圆大；基部钝尖，中间具1黑褐色、点状种脐。种皮稍硬，厚约0.15mm。种子横切卵圆形，可见2瓣绿米色子叶及金雀花黄色、长圆柱状胚，以及种子边缘黏丝状的胚乳（已经干燥）。种子纵切倒卵形，可见近种脐处浅黄色胚芽，以及种脐处，弯月状、棕红色木栓结构物质。

横切

蒴果

纵切

科　名　　锦葵科
生　境　　草地、林边
产　地　　永兴岛、琛航岛、珊瑚岛
别　名　　和他草

蛇婆子
Waltheria indica L.

略直立或匍匐状半灌木，小枝密被柔毛。叶卵形或长椭圆状卵形，先端钝，基部圆或浅心形，边缘有小齿，两面密被柔毛。聚伞花序腋生，头状；小苞片窄披针形，花萼筒状，5裂，裂片三角形；花瓣5，淡黄色，匙形，先端平截；雄蕊5，花丝合生成筒状，包雌蕊；子房无柄，被柔毛，花柱偏生，柱头流苏状。

蒴果，倒卵形，小，长约3mm。果实绿色，成熟后褐色。表面被白色绒毛，具宿存萼片包被，二瓣裂，内有种子1个。花果期5—9月。

种子倒卵形，小，长0.8～1.3mm。种子表面褐色，无毛。顶部钝尖；底部稍钝，从底部至顶部具4～6条纵脊棱，间有沟槽。腹面具象牙色条形斑纹从腹缝线沿着两边辐射；近底部具1卵圆形、淡黄色种脐；近顶端具1棕褐色小突起。种皮质硬，厚约0.1mm。种子横切五棱形或近卵形，可见油菜花黄色的胚及大量银白色、颗粒状胚乳。种子纵切倒卵形，可见油菜花黄色的胚及近种脐处，油菜花黄色、圆柱形胚根。

横切

种子群体

纵切

（22）

白花菜科
Cleomaceae

黄花草
Arivela viscosa (L.) Raf.

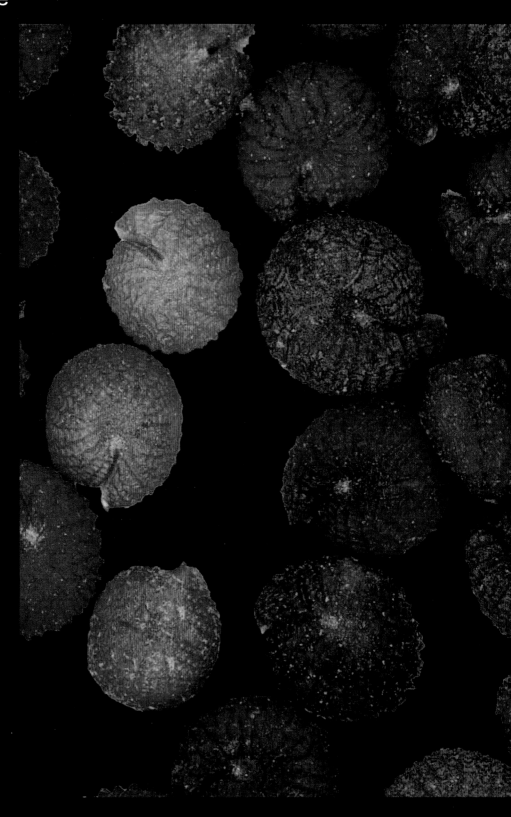

黄花草

中国西沙群岛
野生植物资源

科　名　白花菜科
生　境　荒地、草地
产　地　永兴岛、石岛、东岛、中建岛、晋卿岛、琛航岛、
　　　　广金岛、金银岛、甘泉岛、珊瑚岛、西沙岛、赵
　　　　述岛
别　名　臭矢菜、野油菜、黄花菜

种子实际大小

黄花草
Arivela viscosa (L.) Raf.

　　一年生直立草本。茎被粘质腺毛；掌状复叶，小叶3～7，薄草质，倒卵形或倒卵状长圆形，中间1片最大，侧生小叶渐小，侧脉3～7对，无托叶。总状花序顶生，具3裂的叶状苞片；花梗长1～2cm，被毛；萼片披针形，长4～7mm，背面具黏质腺毛；花瓣黄色，窄倒卵形或匙形；雄蕊10～30，着生花盘上；子房圆柱形，密被腺毛，着生花盘上，无雌蕊柄。

　　蒴果，圆柱形，径直或稍镰弯，密被腺毛；基部宽阔，顶端渐狭成喙，长6～9cm，中部直径约3mm。成熟后果瓣自顶端向下开裂，果瓣宿存；表面有多条呈同心弯曲纵向平行凸起的棱与凹陷的槽，两条胎座框特别凸起，宿存的花柱长约5mm。种子多数。花果期不明显。

　　种子扁球形，径长1～1.5mm。黑褐色、棕褐色或红棕色，表面具约30条横向平行的皱纹，无毛。种子呈螺纹状，在侧面靠近基部会有突起，突起正好与基部截平，这个截面就是种脐。种脐两侧明显隆凸，但一侧大，另一侧小。种子横切心形，可见1根圆柱形、沙黄色胚，以及大量鲑鱼橙色胚乳，子叶不明显。种子纵切梭形，可见粉彩橙色子叶，1金雀花黄色胚及大量油质状、粉彩橙色胚乳。

　　正常型种子，可用浓硫酸浸泡1h后流水冲洗至少3次后清水洗净，放入培养皿中，保持湿润，8天后萌发（刘俊芳，2017）。

横切

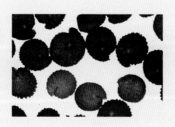
种子群体

纵切

科　名　　白花菜科
生　境　　旷野、村边
产　地　　永兴岛、石岛、金银岛
别　名　　黄花菜、羊角菜、白花草

种子实际大小

白花菜
Gynandropsis gynandra (L.) Briquet

一年生草本。幼枝稍被腺毛，老枝无毛。掌状复叶，小叶 3～7，倒卵形或倒卵状披针形，先端尖或钝圆，基部楔形，全缘或有小锯齿，中央小叶最大，长 1～5 cm，宽 0.8～1.6 cm，侧生小叶渐小，叶脉 4～6 对；叶柄长 2～7 cm；小叶柄长 2～4 mm，无托叶。总状花序顶生，长 15～30 cm，被腺毛，具 3 裂的叶状苞片。

荚果，柱形；斜举，长 3～8 cm，中部直径 3～4 mm。果柄长约 1.5 cm。果实表面具黏性，密被短绒毛；幼嫩时青绿色，成熟后棕黄色。果实两端变狭，顶端具圆形花托宿存，稍膨大。果皮质薄，成熟后纵向开裂，内含种子多数，花果期 7—10 月。

种子近扁球形，长 1.2～1.8 mm，宽 1.1～1.7 mm。种子表面黑褐色，背部具 20～30 条横向脊状皱纹，皱纹上有细乳状突起，突起自腹部沿背部开张，彼此不相联；腹面边缘有 1 条白色假种皮带。顶部钝圆，与底部螺旋贴合，假种皮带内具 1 白色、线状种脐。外种皮质脆，内种皮紧贴外种皮。种子横切椭圆形，可见金雀花黄色胚乳及近种脐处圆柱形、金黄色胚。种子纵切环半圆形，蜗状，可见环半圆形、金雀花黄色胚乳，以及环口处稍弯曲、棕黄色胚。

横切

种子群体

纵切

科　名　白花菜科
生　境　旷野、荒地
产　地　永兴岛、
别　名　平伏茎白花菜、成功白花菜

皱子白花菜
Cleome rutidosperma DC.

一年生草本。茎直立、开展或平卧，分枝疏散，无刺，茎、叶柄及叶背脉上疏被无腺疏长柔毛，有时近无毛。叶具3小叶，小叶椭圆状披针形，几无小叶柄，边缘有具纤毛的细齿，中央小叶最大，侧生小叶较小，两侧不对称。花单生于茎上部叶具短柄叶片较小的叶腋内，常2～3花连接着生在2～3节上形成开展有叶而间断的花序。

蒴果，线柱形，表面平坦或微呈念珠状，两端变狭，顶端有喙，长3.5～6cm，中部直径3.5～4.5mm；果瓣质薄，有纵向近平行脉，成熟后自两侧开裂。种子多数。花果期6—9月。

种子近圆形或扁球形，径长1.5～1.8mm。种子表面棕褐色，背部具20～30条横向脊状皱纹，皱纹上有细乳状突起，突起自腹部沿背部开张，彼此不相联；腹面边缘有一条白色假种皮带。顶部钝圆，与底部螺旋贴合，底部种脐具白色棉状物。外种皮质硬，厚约0.1mm，内种皮紧贴外种皮。种子横切半圆形，可见半圆形、绿米色胚。种子纵切环半圆形，可见环半圆形、绿米色胚。

横切

种子群体

纵切

（23）

青葙
Celosia argentea L.

苋科
Amaranthaceae

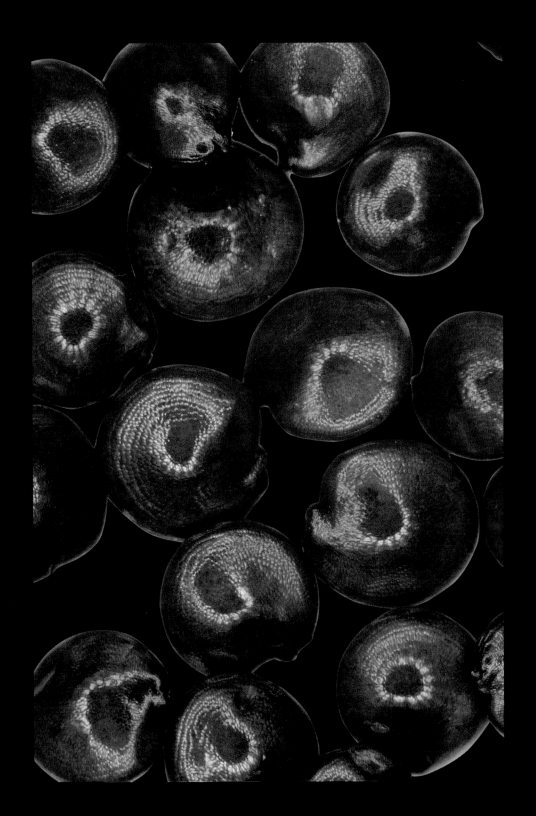

青葙

中国西沙群岛
野生植物资源

科　名　苋科
生　境　村边旷野
产　地　永兴岛、石岛、东岛、晋卿岛、琛航岛、广金岛、
　　　　金银岛、甘泉岛、珊瑚岛
别　名　倒梗草、倒钩草

种子实际大小

土牛膝

***Achyranthes aspera* L.**

多年生草本。茎四棱形，被柔毛，节部稍膨大，分枝对生。叶椭圆形或长圆形，长1.5～

7 cm，先端渐尖，基部楔形，全缘或波状，两面被柔毛，或近无毛；叶柄长0.5～1.5 cm，密被柔毛或近无毛。穗状花序顶生，直立，长10～30 cm，花在花后反折，花序梗密被白色柔毛；苞片披针形，长3～4 mm，小苞片2，刺状，基部两侧具膜质裂片；花被片披针形，长3.5～5 mm，花后硬化锐尖，具1脉；雄蕊长2.5～3.5 mm；退化雄蕊顶端平截，流苏状长缘毛。

胞果，卵形，长2.5～3 mm。穗状果序，具多个胞果。果实被披针形苞片包被，青绿色，成熟时灰褐色至暗褐色。每个胞果内含1枚种子。花果期6—10月。

种子短圆柱形，长约2 mm。种子表面鹿棕色，具纵向条纹，多褶皱；顶部钝尖，具宿存花柱，长约1.3 mm，无毛；底部钝平，具橄榄棕色突起的荸环。荸环中部具1点状种脐。种皮较薄，膜质。

正常型种子，具有生理休眠（Molin et al.，1997）。萌发条件为：20 ℃或25/15 ℃，1%琼脂糖培养基，12h光照/12 h黑暗处理（郭永杰等，2023）。

种子

种子群体

种子

种子实际大小

钝叶土牛膝
Achyranthes aspera var. *indica* L.

多年生草本。茎密生白色或黄色长柔毛。叶片倒卵形，顶端圆钝，常有凸尖，基部宽楔形，边缘波状，两面密生柔毛。

胞果，矩圆形，长2.5～3mm。穗状果序，具多个胞果。果实被披针形苞片包被，青绿色，成熟时黄褐色至深褐色。每个胞果内含1枚种子。花果期6—12月。

种子矩圆形，长约2mm。种子表面棕褐色，具纵向细纹；顶部圆形，常宿存花柱，且具1圈白色绒毛；底部钝平，具白色突起的种阜。种皮很薄，紧贴种胚。种子横切扁球形，可见沙黄色折叠状胚根，以及白色颗粒状胚乳。种子纵切矩圆形，可见半环形、米黄色胚根以及少量胚乳。

横切

种子群体

纵切

中国西沙群岛
野生植物资源

科　名	苋科
生　境	旷野、草地
产　地	永兴岛、东岛
别　名	牛磕膝、倒扣草、怀牛膝

种子实际大小

牛膝

Achyranthes bidentata Blume

多年生草本。茎有棱角或四方形，有分枝；叶片椭圆形或椭圆披针形，顶端尾尖，基部楔形或宽楔形；花被片 5，绿色；雄蕊 5，基部合生，退化雄蕊顶端平圆，具缺刻状细齿。

胞果，矩圆形，长 2.5～3 mm。穗状果序，具多个胞果。果实被披针形苞片包被，青绿色，成熟时黄褐色至深褐色。每个胞果内含 1 枚种子。花果期 6—10 月。

种子矩圆形，长约 2 mm。种子表面棕褐色，具纵向细纹；顶部圆形，常宿存花柱，且具 1 圈白色绒毛；底部钝平，具白色突起的种阜。种皮很薄，紧贴种胚。种子横切扁球形，可见金雀花黄色折叠状胚根，以及白色颗粒状胚乳。种子纵切矩圆形，可见半环形、金雀花黄色胚根以及少量胚乳。

正常型种子。萌发条件为：20 ℃或 25 / 15 ℃，1% 琼脂糖培养基，12 h 光照 / 12 h 黑暗处理（郭永杰 等，2023）。

横切

种子群体

纵切

科　名	苋科
生　境	荒地、草地
产　地	永兴岛
别　名	水牛膝、白花仔、虾钳菜

种子实际大小

莲子草

Alternanthera sessilis (L.) R. Br. ex DC.

多年生草本。叶条状披针形、长圆形、倒卵形、卵状长圆形，长 1～8 cm，先端尖或圆钝，基部渐窄，全缘或具不明显锯齿，两面无毛或疏被柔毛；叶柄长 1～4 mm。头状花序 1～4 个，腋生，无花序梗，初球形，果序圆柱形，径 3～6 mm；花序轴密被白色柔毛：苞片卵状披针形，长约 1 mm；花被片卵形，长 2～3 mm，无毛，具 1 脉；雄蕊 3，花丝长约 0.7 mm，基部连成杯状，花药长圆形；退化雄蕊三角状钻形；花柱极短。

胞果，倒心形，长 2～2.5 mm。多个果实聚生于叶腋处或顶部，白色。胞果深棕色，侧扁，翅状，包在宿存花被片内；花被片白色至淡黄色。胞果基部截平、圆形，沙黄色。每个胞果内含种子 1 枚。花果期 5—9 月。

种子卵球形，径长约 1.5 mm。种子亮黄色，间含棕黄色，具光泽，似凝胶；表面具不规则细小颗粒。顶部圆，两侧扁；基部具勾突，中间位置具 1 浅裂凹勾，可见圆点状、棕黄色种脐，上面宿存三角状、亮黄色种阜。

胞果

种子

种子群体

216

科　名　苋科
生　境　荒地、路旁
产　地　永兴岛
别　名　繁穗苋、西风谷

种子实际大小

绿穗苋
Amaranthus hybridus L.

一年生草本。茎分枝，上部近弯曲，被柔毛。叶卵形或菱状卵形，先端尖或微凹，具凸尖，基部楔形，叶缘波状或具不明显锯齿，微粗糙，上面近无毛，下面疏被柔毛。穗状圆锥花序顶生，细长，有分枝，中间花穗最长；苞片钻状披针形，长 3.5～4 mm，中脉绿色，伸出成尖芒；花被片长圆状披针形，长约 2 mm，先端锐尖，具凸尖，中脉绿色；雄蕊和花被片近等长或稍长；柱头 3。

胞果，卵形，长约 2 mm。圆锥状果序，绿色；中间果穗最长，苞片及小苞片钻状披针形；中脉向前伸出成芒尖；花被片 5，长圆状披针形；先端锐尖，有凸尖，中脉绿色。胞果成熟后环状横裂，超出宿存花被片。每个胞果内含 1 枚种子。花果期 7—11 月。

种子近球形，径长约 1 mm。种子表面黑色，有光泽，具不规则网状纹络。顶部钝圆，具脊状隆起；底部钝圆，两侧稍扁。种子近顶部凹陷，具红棕色、扁圆形种脐。种皮稍厚，厚约 0.03 mm。种子横切梭形，可见油脂状、透明胚，以及两边长圆形、深红色油脂。种子纵切近球形，可见中部乳白色胚，以及外环 1 圈米黄色胚乳。

横切

种子群体

纵切

科　名　苋科
生　境　荒地、路旁
产　地　永兴岛
别　名　勒苋菜、苈苋菜

刺苋

Amaranthus spinosus L.

一年生草本。茎直立，圆柱形或钝棱形，多分枝，有纵条纹，绿色或带紫色，无毛或稍有柔毛；叶片菱状卵形或卵状披针形，顶端圆钝，具微凸头，基部楔形，全缘，无毛或幼时沿叶脉稍有柔毛。叶柄旁有2刺，刺长5～10 mm。圆锥花序腋生及顶生，长3～25 cm，下部顶生花穗常全部为雄花；苞片在腋生花簇及顶生花穗的基部者变成尖锐直刺，小苞片狭披针形；花被片绿色，顶端急尖，具凸尖；在雄花者矩圆形，长2～2.5 mm，在雌花者矩圆状匙形，长1.5 mm；雄蕊花丝略和花被片等长或较短；柱头3，有时2。

胞果，矩圆形，长1～1.2 mm。圆锥状果序，绿色或浅红色，成熟时褐色。胞果小，包裹在狭披针形花被片内，在中部以下不规则横裂。每个胞果内含1枚种子。花果期7—11月。

种子近球形，径长约0.5～1 mm。种子表面黑色或棕黑色，有光泽，具不规则细纹。顶部钝，具钩突；底部钝圆，两侧扁。种子腹面近顶部凹陷，具棕色、椭圆形种脐。种皮较薄，宽约0.02 mm。种子横切矩圆形，可见中部颗粒状、透明胚，以及两边三棱形油脂。种子纵切梭形，可见近种脐处扁圆形、沙黄色胚根。

横切

种子群体

纵切

中国西沙群岛
野生植物资源

科　名　　苋科
生　境　　荒地、旷野
产　地　　永兴岛
别　名　　鸦谷、天雪米

老鸦谷
Amaranthus cruentus L.

一年生草本。茎直立、单一或分枝，具钝棱，近无毛；叶卵状长圆形或卵状披针形，长4～13 cm，先端尖或圆钝，具芒尖，基部楔形；花单性或杂性，穗状圆锥花序直立，后下垂；苞片和小苞片钻形，绿色或紫色，背部中脉突出顶端成长芒；花被片膜质，绿或紫色，顶端具短芒；雄蕊较花被片稍长。

胞果，近球形，直径 3 mm。圆锥状果序，顶端尖，绿色，成熟时棕褐色。胞果多数，具披针形苞片和小苞片。苞片边缘具疏齿，背面具 1 中脉，顶端具芒。每个胞果内含 1 枚种子。花果期 6—10 月。

种子近球形，径长约 1.2 mm。种子表面棕黑色或棕褐色，有光泽，具多条圆形细纹。顶部钝圆，具 2 突起，在腹缝线上具 1 凹陷，呈鱼嘴状。凹陷处具棕色、扁圆形种脐；底部钝圆，两侧扁平。种皮较薄，宽约 0.02 mm。种子横切椭圆形，可见中部颗粒状、透明胚，以及两边三棱形油脂。种子纵切扁圆形，可见近种脐处圆锥形、棕红色胚根。

横切

种子群体

纵切

科　名　苋科
生　境　荒地草丛
产　地　永兴岛
别　名　狗尾草、百日红、野鸡冠花、指天笔、海南青葙

种子实际大小

青葙

Celosia argentea L.

一年生直立草本。茎直立，有分枝。叶矩圆状披针形至披针形，长5～8 cm，宽1～

3 cm。穗状花序长3～10 cm；苞片、小苞片和花被片干膜质，光亮，淡红色；雄蕊花丝下部合生成杯状。

胞果卵形，长3～3.5 mm，宽约2.3 mm。果皮膜质，平滑，成熟后盖裂，上部呈帽状，易脱落；顶端花柱宿存。果实完全包被于花被内，中间有1绿色中脉，种子多数。花果期5—9月。

种子扁圆形或肾状圆形，直径约2.6 mm。种子表面平滑具强光泽，黑色，具多个嵌合种皮片，在直白光照射下可呈现不同的颜色。两侧隆凸，边缘无带状周边。种脐位于种子基部缺口处，靠近种脐腹线具锐脊。种皮质硬，厚约0.1 mm。种子横切椭圆形，可见1白铝色、扁圆形胚及周围白色的胚乳，具油性；还有2枚大面积灰白色子叶。靠近种脐一端可见月牙形、棕红色油脂。

正常型种子，可在30～50 ℃温水浸泡6 h，室温自然冷却，放入培养皿中，保持湿润，6天后萌发（刘俊芳，2017）。

横切

种子群体

纵切

220　　中国西沙群岛
野生植物资源

种子实际大小

银花苋

Gomphrena celosioides Mart.

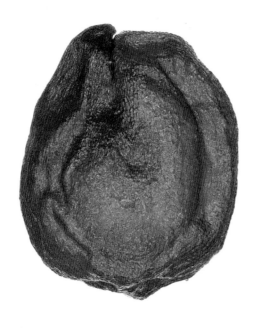

　　一年生直立草本。茎圆柱形，有贴生白色长柔毛。叶片椭圆形，肉质，正面绿色，背面密被白色长绒毛。花序银白色，头状；花被片花期后变硬。

　　胞果，梨形，长约 3 mm。头状果序，银白色，长圆形。苞片宽三角形，小苞片白色，脊棱极狭，后发育形成果皮。萼片外面被白色长柔毛，外侧 2 片脆革质，内侧薄革质。每个胞果内含 1 枚种子。花果期 2—6 月。

　　种子常卵圆形或水滴形，径长约 1.5 mm。种子表面黄橙色，具不规则密集的细小颗粒及少量凹凸。基部钝平，具钩突，中间位置具 1 浅裂缝隙，可见椭圆形、红棕色种脐，常伴有宿生长条状、透明种阜。底部具突起，两侧扁。从种脐位置沿着种子两侧各有 1 条环形沟槽。

果实

果实

种子

海马齿
Sesuvium portulacastrum (L.) L.

番杏科
Aizoaceae

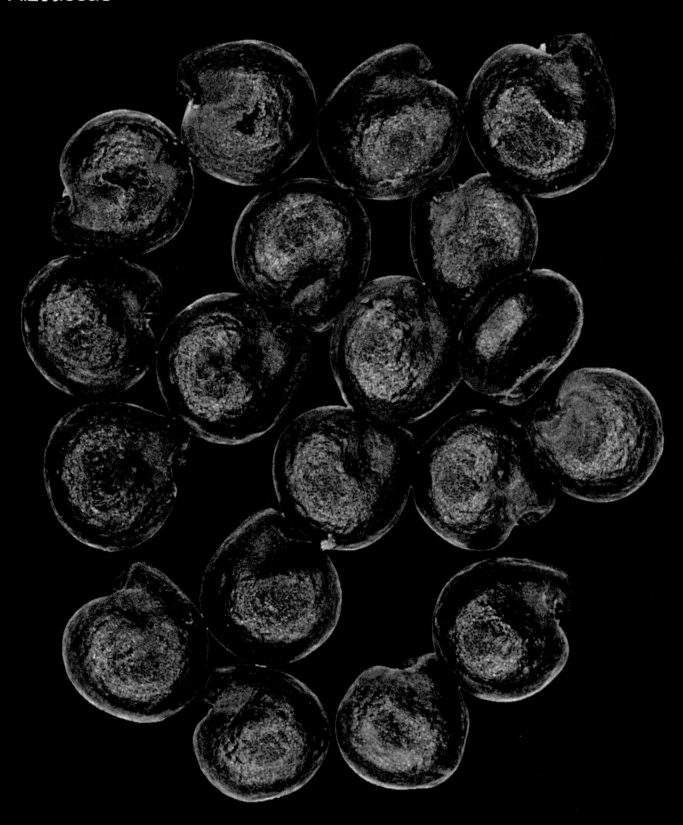

中国西沙群岛
野生植物资源

科　名　番杏科
生　境　近潮间带沙地或石上
产　地　永兴岛、石岛、东岛、中建岛、晋卿岛、琛航岛、
　　　　广金岛、羚羊礁、金银岛、甘泉岛、珊瑚岛、银
　　　　屿、石屿、赵述岛、南岛、中沙洲、南沙洲
别　名　滨水菜、海马齿苋、猪母菜

种子实际大小

海马齿
Sesuvium portulacastrum (L.) L.

多年生肉质草本。茎平卧或匍匐，长达
50 cm，绿或红色，被白色瘤点，多分枝，节上
生根。叶肉质，线状倒披针形或线形，长 1.5～
5 cm，宽 0.2～1 cm，先端钝，中部以下渐窄
成短柄状，基部宽，边缘膜质，抱茎。花单生
叶腋；花梗长 0.5～1.5 cm；花被长 6～8 mm，
筒长约 2 mm，裂片 5，卵状披针形，绿色，内
面红色，边缘膜质；雄蕊 15～40，花丝离生或
中部以下连合；花柱 3～5。

蒴果，卵形，长 6～8 mm。花被宿存，包
围果实，果实成熟后花被片打开、反折，果实
环裂，可见 1 圈黑色环痕。种子多数，花果期
4—10 月。

种子小，卵形，径长 1～1.5 mm，两侧
扁。种子表面亮黑色，两侧具不规则网纹，顶
部条纹状纵脊棱。种脐橙黄色，凹陷，向下发
散半圈白色环状脐冠，向上顶端凸起。

正常型种子，可在 30～50 ℃温水浸泡 6 h，
室温自然冷却，放入培养皿中，保持湿润，8 天
后萌发（刘俊芳，2017）。

种子

种子群体

种子

科　名　　番杏科
生　境　　荒地、草地
产　地　　永兴岛、中建岛、珊瑚岛
别　名　　沙漠似马齿苋

种子实际大小

假海马齿
Trianthema portulacastrum L.

　　一年生肉质草本。茎匍匐或直立，近圆柱形或稍具棱，无毛或被柔毛。叶薄肉质，无毛，卵形、倒卵形或倒心形，大叶长 1.5～5 cm，

小叶长 0.8～3 cm，先端钝，微凹、平截或微尖，基部楔形；叶柄基部肿大，具鞘，托叶长 2～2.5 mm。花无梗，单生叶腋；花被长 4～5 mm，5 裂，淡粉红，稀白色，花被筒和 1 或 2 个叶柄基部贴生，形成漏斗状囊，裂片稍钝，中肋顶端具短尖头；雄蕊 10～25，花丝白色，无毛；花柱长约 3 mm。

　　蒴果，漏斗囊状，长于分枝腋处或叶腋处，长约 5 mm。果实顶端截形，成熟后 2 瓣盖裂；上部肉质，不开裂；基部壁薄，白色膜质；内含种子 2～9 枚。花果期 4—10 月。

　　种子肾形，长 1.5～2.5 mm，两侧扁。种子表面暗黑色，具螺射状皱纹，纹络突起呈橙黄色。顶部钝平，底部钝圆；种脐位于腹面凹陷处，淡黄色隆起。外种皮较硬，内种皮紧贴外种皮。种子横切椭圆形，可见丰富的乳白色胚乳。种子纵切卵心形，可见种脐处棕褐色的胚，以及腹面少量棕红色的棉絮状物，其作用可为种子萌发吸收水分。

　　正常型种子，可用浓硫酸浸泡 1 h 后流水冲洗至少 3 次后清水洗净，放入培养皿中，保持湿润，8 天后萌发（刘俊芳，2017）。

横切

种子群体

纵切

（25）

抗风桐
Pisonia grandis R. Br.

紫茉莉科
Nyctaginaceae

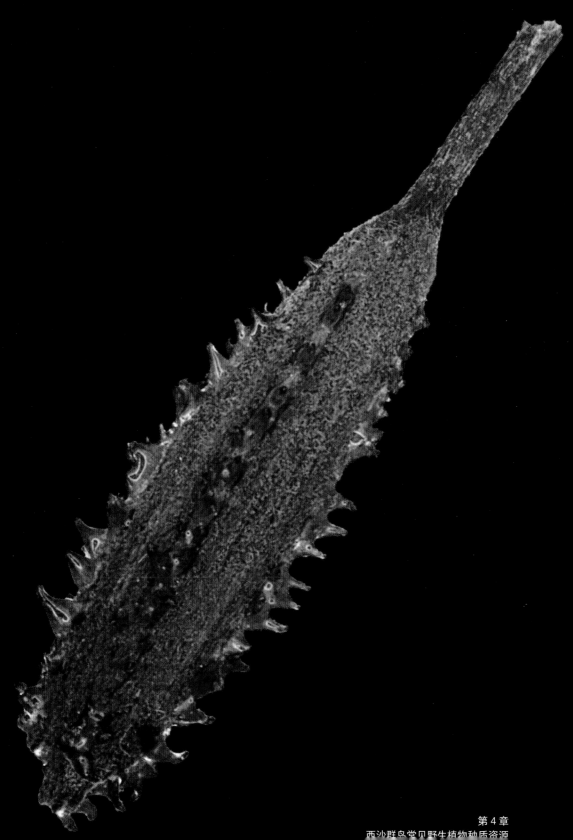

科　名　紫茉莉科
生　境　海岸边沙地
产　地　永兴岛、石岛、东岛、晋卿岛、琛航岛、广金岛、
　　　　金银岛、甘泉岛、珊瑚岛、赵述岛、北岛、南岛
别　名　沙参

黄细心
Boerhavia diffusa L.

多年生蔓性草本。根肉质，茎无毛或疏被短柔毛。叶卵形，长1～5cm，基部圆或楔形，叶缘微波状，两面疏被柔毛，下面灰黄色；叶柄长0.4～2cm。头状聚伞圆锥花序顶生；花序梗纤细，疏被柔毛；花梗短或近无梗；苞片披针形，被柔毛；花被淡红或紫色；花被筒上部钟形，微透明，疏被柔毛，具5肋，顶端皱褶，5浅裂，下部倒卵形，具5肋，疏被柔毛及黏腺；雄蕊1～5，花丝细长；花柱伸长，柱头浅帽状。

瘦果，棍棒状，长2.5～3.5mm。果实绿色，成熟后金黄色；果实具5棱，顶部粗大，底部小，从底部至顶部具多条小纵脊；表面有黏腺和疏柔毛。内含种子1枚。花果期5—9月。

种子五棱锥形，长约1.5mm。种子表面亮黄色，具不规则的细纹络；外层包被1层膜质物。顶部钝圆，底部稍钝，种脐位于底部稍凹处，卵圆形，具棕黄色脐褥。种皮较薄，约0.1mm。种子横切五边形，可见中间五边形、白色的子叶及近边缘1圆形、沙黄色胚根，外层环绕着1圈米黄色胚乳。种子纵切扁圆形，可见2瓣子叶及近种脐处1沙黄色胚根。

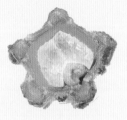

横切

果实群体

纵切

科　名　紫茉莉科
生　境　海岸边沙地或荒地
产　地　永兴岛、石岛、东岛、琛航岛、羚羊礁、金银岛、
　　　　甘泉岛、珊瑚岛、鸭公岛、北岛、北沙洲、中沙洲、
　　　　南沙洲
别　名　西沙黄细心

果实实际大小

直立黄细心
Boerhavia erecta L.

多年生直立草本。根肉质，茎直立或基部外倾，非蔓性；叶卵形，长1～5cm，基部圆或楔形，叶缘微波状，两面疏被柔毛。头状聚伞圆锥花序顶生，疏被柔毛；花被白色；雄蕊1～5，花丝细长；花柱伸长，柱头浅帽状。

瘦果，倒圆锥形，长约3mm。果实绿色，成熟后暗黑色或深褐色；果实具5棱，棱间的沟稍呈波状。顶部粗大，底部小，从底部至顶部具多条小纵脊；底部具木栓结构物质，可为种子萌发吸收水分。表面有黏腺和疏柔毛。内含种子1枚。花果期5—9月。

种子五棱圆形，长约1.5mm。种子表面亮黄色，密被点状白色膜质物，具多条纵向沟纹。顶部钝圆，底部钝尖，种脐位于底部稍凹处，椭圆形，具橙黄色脐褥。种皮薄，紧贴着胚，约0.1mm。种子横切卵圆形，可见中间V形、白色的子叶及近边缘1圆形、沙黄色胚根，外层环绕着1圈米黄色胚乳。种子纵切扁圆形，可见白色子叶及近种脐处1沙黄色胚根。

横切

果实群体

纵切

科　名　　紫茉莉科
生　境　　林地、草地或路边
产　地　　永兴岛、石岛、东岛、晋卿岛、琛航岛、广金岛、
　　　　　金银岛、甘泉岛、珊瑚岛、赵述岛
别　名　　麻枫桐、无刺藤、白避霜花

种子实际大小

抗风桐
Pisonia grandis R. Br.

常绿乔木。树皮灰白色，皮孔明显；叶对生，纸质或膜质，椭圆形、长圆形或卵形，长7～30 cm，被微毛或近无毛，先端尖或渐尖，基部圆或微心形，常偏斜，全缘，侧脉 8～10 对；叶柄长 1～8 cm。聚伞花序顶生或腋生，长 1～4 cm，花序梗长约 1.5 cm，被淡褐色毛。

果实棍棒状，长约 12 mm，宽约 2.5 mm。果实绿色，成熟后深褐色；果实具 5 棱，沿棱具 1 列有黏液的短皮刺，棱间有毛。顶部钝平，底部小，底部具木栓结构物质，可为种子萌发吸收水分。内含种子 1 枚。花果期 5—10 月。

种子长条形，长 9～10 mm，宽 1.5～2 mm。种子表面暗褐色，具纵向条纹。顶部宽，具 1 圆形木栓结构突起；底部钝尖，具 1 短圆柄状物，中空，内有种脐。种皮薄，紧贴着胚，约 0.15 mm。种子横切近圆形，可见层叠状、金雀花黄色的胚及大量油脂状、棕色的胚乳。种子纵切长圆柱形，可见堆叠的金雀花黄色胚及近种脐处金黄色、圆柱形的胚根。

正常型种子，可在 30～50 ℃温水浸泡 6 h，室温自然冷却，放入培养皿中，保持湿润，4 天后萌发（刘俊芳，2017）。

横切

果实

纵切

228

中国西沙群岛
野生植物资源

长梗星粟草
Glinus oppositifolius (L.) A. DC.

粟米草科
Molluginaceae

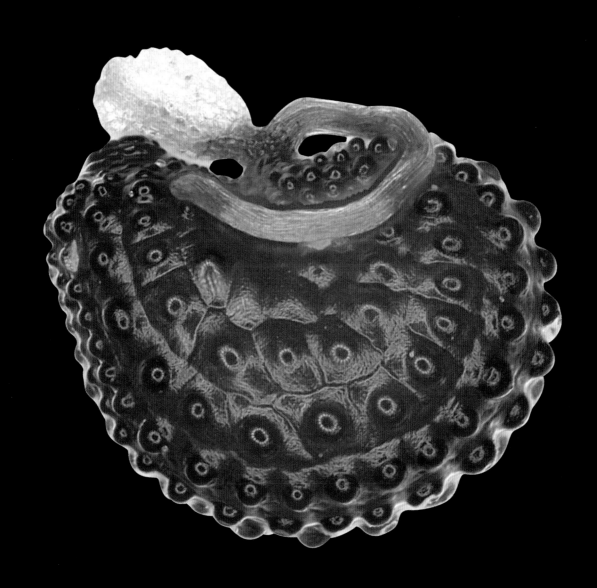

科　名　　粟米草科
生　境　　旷野、荒地
产　地　　永兴岛、石岛、琛航岛
别　名　　假繁缕、簇花粟米草

长梗星粟草
Glinus oppositifolius (L.) A. DC.

铺散一年生草本。分枝多，被微柔毛或近无毛。叶3～6片假轮生或对生，叶片匙状倒披针形或椭圆形，顶端钝或急尖，基部狭长，边缘中部以上有疏离小齿。花通常2～7朵簇生，绿白色、淡黄色或乳白色；花梗纤细，长5～14mm；花被片5，长圆形，长3～4mm，3脉，边缘膜质；雄蕊3～5，花丝线形；花柱3。

蒴果，椭圆形，长约6mm，稍短于宿存花被。成熟时褐色或红褐色，开裂，具多数种子。花果期几乎全年。

种子近肾形，长约1mm。种子表面栗褐色，具多数整齐排列颗粒状凸起；顶部钝，与底部相连成腹面。种阜线形，白色，位于腹面中间；假种皮宿存，黄褐色，长为种子的1/5～1/3，围绕种柄稍膨大呈棒状。

正常型种子，可在30～50℃温水浸泡6h，室温自然冷却，放入培养皿中，保持湿润，4天后萌发（刘俊芳，2017）。

横切

种子群体

纵切

科　名　　粟米草科
生　境　　水边、河边
产　地　　永兴岛、金银岛
别　名　　多棱粟米草、种棱粟米草

种子实际大小

种棱粟米草
Mollugo verticillata L.

一年生草本。基生叶莲座状，叶片倒卵形或倒卵状匙形；茎生叶 3～7 片假轮生或 2～3 片生于节的一侧，叶片倒披针形或线状倒披针形，顶端急尖或钝，基部狭楔形，全缘，干时两面呈黄绿色；叶柄短或几无柄。花淡白色或绿白色，3～5 朵簇生于节的一侧，有时近腋生；花被片 5，稀 4，长圆形或卵状长圆形，顶端尖，边缘膜质，覆瓦状排列；雄蕊 3，稀 2 或 4～5，花丝基部稍宽；子房 3 室，花柱 3。

蒴果，椭圆形或近球形，长 3～4 mm，宽约 2.5 mm。幼嫩时淡绿色或略带红色，成熟后淡黄色；果皮膜质，花被片宿存，包围一半以上，顶端有宿存花柱，3 瓣裂；内含种子多数，花果期 9 月至翌年 1 月。

种子卵圆形或肾形，径长约 1.2 mm。种子表面栗红色，平滑，有光泽；背面具 3～5 条弧形肋棱，棱间有细密横纹。两侧扁；基部缺，内凹，张中间具 1 突起，突起上具焦黄色泡沫状种阜。种脐位于种阜旁，点状。种皮质硬，厚约 0.2 mm。种子横切椭圆形，可见绿米色、胶质状胚乳，以及近种脐处块状、橙黄色胚。种子纵切圆卵形，可见绿米色胚乳和少量橙黄色胚。

横切

种子群体

纵切

科　名　粟米草科
生　境　水边、荒地
产　地　永兴岛
别　名　无茎粟米草

无茎粟草
Paramollugo nudicaulis (Lam.) Thulin

一年生草本。叶全部基生，叶片椭圆状匙形或倒卵状匙形，长1～5cm，宽8～15mm，顶端钝，基部渐狭；叶柄长，可达1cm。二歧聚伞花序自基生叶丛中长出，扩展，花序梗和花梗线状；花黄白色，花被片5，长圆形，长2～3mm；雄蕊3～5，花丝线形，基部不变宽；子房近圆球形，3室；花柱3，极短，外翻。

蒴果，近圆形或稍呈椭圆形，与宿存花被几等长；果实具光泽，顶部圆，侧面或具少数肋；基部稍内凹，花被片宿存，包被着果实。3室，具种子多数，花果期几乎全年。

种子近肾形，长约1mm。种子表面栗黑色，具多数整齐排列颗粒状凸起；腹面或背面常具环形凹面，顶部钝圆；基部稍平，具1柱状、棕黄色种阜。近种阜旁，于内凹处，具1点状、深褐色种脐。

正常型种子，可在30～50℃温水浸泡6h，室温自然冷却，放入培养皿中，保持湿润，3天后萌发（刘俊芳，2017）。

种子群体

种子

中国西沙群岛
野生植物资源

（27）

落葵
Basella alba L.

落葵科
Basellaceae

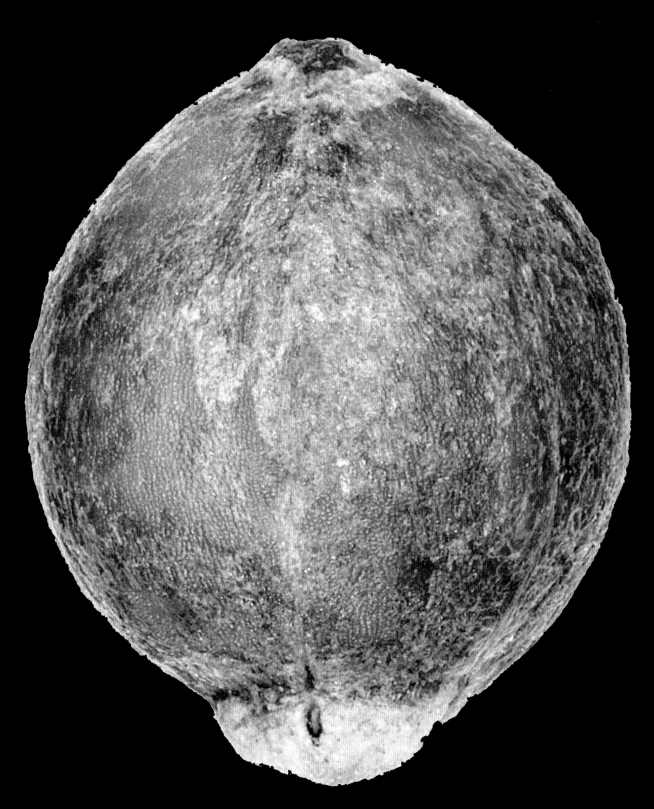

科　名　　落葵科
生　境　　荒地、草地
产　地　　永兴岛、中建岛、珊瑚岛
别　名　　蔏芭菜、胭脂菜、紫葵、豆腐菜、潺菜、木耳菜、
　　　　　臙脂豆、藤菜、蘩露、蒸葵

落葵
Basella alba L.

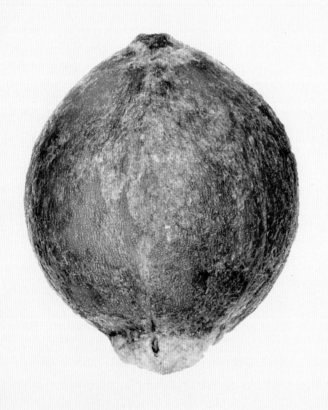

一年生缠绕草本。茎无毛，肉质，绿色或稍紫红色；叶卵形或近圆形，长3～9 cm，先端短尾尖，基部微心形或圆，全缘；叶柄长1～3 cm。穗状花序腋生，长3～20 cm；苞片极小，早落，小苞片2，萼状，长圆形，宿存；花被片淡红色或淡紫色，卵状长圆形，全缘，顶端内摺，下部白色，连合成筒，雄蕊着生花被筒口，花丝短，基部宽扁，白色，花药淡黄色柱头椭圆形。

浆果，扁球形，径长5～6 mm。果实绿色，成熟后红色至深红色或黑色，多汁液。果实顶部外包宿存小苞片及花被，呈四棱状。内含种子1枚。花果期5—10月。

种子近球形，径长约4 mm。种子饱满，表面呈赭黄色或浅棕色，具白色膜状物包被。顶部隆起，具1宿存的圆形、白色花柱，周围围列5瓣宿存的小苞片。底部稍突起，具1圆形、黄棕色种脐及周围白色膜状物。种皮质硬，厚约0.5 mm。种子横切圆形，可见2片米黄色子叶及中间淡黄色胚根。种子纵切椭圆形，可见大量乳白色的胚乳及顶部棕褐色物质。

横切

种子群体

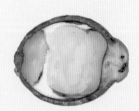

纵切

234

中国西沙群岛
野生植物资源

毛马齿苋
Portulaca pilosa L.

马齿苋科
Portulacaceae

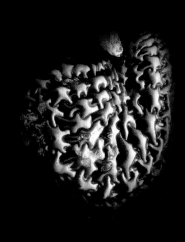

科　名　马齿苋科
生　境　沙地、草地
产　地　永兴岛、石岛、东岛、中建岛、琛航岛、广金岛、
　　　　金银岛、甘泉岛、珊瑚岛、银屿、石屿、赵述岛、
　　　　北岛、南岛
别　名　猪肥菜、瓜子苋、马耳菜、胖娃娃菜

种子实际大小

马齿苋
Portulaca oleracea L.

一多年生肉质草本。茎平卧或斜倚，铺散，多分枝，圆柱形，淡绿或带暗红色。叶互生或近对生，扁平肥厚，倒卵形，长1～3 cm，先端钝圆或平截，有时微凹，基部楔形，全缘，上面暗绿色，下面淡绿或带暗红色，中脉微隆

起。花无梗，常3～5簇生枝顶，午时盛开；叶状膜质苞片2～6，近轮生；萼片2，对生，绿色，盔形，长约4 mm，背部龙骨状凸起，基部连合；花瓣4或5，黄色，长3～5 mm，基部连合；雄蕊8或更多，长约1.2 cm，花药黄色，子房无毛，花柱较雄蕊稍长。

蒴果，卵球形，长约5 mm。基部花托宿存，肉质；顶部花被合生成盖，2裂，成熟后盖裂。种子细小，多数。花果期4—9月。

种子偏斜球形，径长不足1 mm，两侧稍扁。种子表面黑褐色，有光泽，具小疣状突起。顶部钝圆，与底部贴合，所形成的腹面稍内凹。种脐位于腹面内凹处，具白色种阜。种皮较薄，宽约0.1 mm。种子横切椭圆形，可见灰白色胚及顶部隆起的胚乳。种子纵切椭圆形，可见两边内空的气囊及中间乳白色或绿米色的胚，以及少量红褐色胚乳。

正常型种子，无休眠（Molin et al., 1997）。萌发条件为：20 ℃或25 ℃，1%琼脂糖培养基，12 h光照/12 h黑暗处理（郭永杰 等，2023）。或者在30～50℃温水浸泡6 h，室温自然冷却，放入培养皿中，保持湿润，4天后萌发（刘俊芳，2017）。

横切

种子群体

纵切

236

中国西沙群岛
野生植物资源

科　名　马齿苋科
生　境　沙地、草地
产　地　永兴岛、石岛、东岛、琛航岛、广金岛、羚羊礁、
　　　　金银岛、甘泉岛、珊瑚岛、南岛
别　名　多毛马齿苋

毛马齿苋
Portulaca pilosa L.

一年生或多年生肉质草本。茎密丛生，铺散，多分枝。叶互生，叶片近圆柱状线形或钻状狭披针形，长 1～2 cm，宽 1～4 mm，腋内有长疏柔毛，茎上部较密。花径约 2 cm，无梗，具 6～9 轮生叶状总苞片，密被长柔毛；萼片长圆形；花瓣 5，红紫色，宽倒卵形，先端钝或微凹，基部连合；雄蕊 20～30，花丝红色，分离；花柱短，柱头 3～6。

蒴果，卵球形，长约 4 mm。果实绿色，成熟时蜡黄色，有光泽，盖裂；基部合生成漏斗状，盖裂处具环形冠毛。种子细小，多数。花果期 5—8 月。

种子卵圆形，径长不足 1 mm，两侧稍扁。种子表面深褐黑色，有光泽，具不规则小瘤体，自腹面向背部开张。顶部钝圆，紧贴底部，形成内凹的腹面。种脐位于腹面中间，具 1 扁圆形、白色种阜。

正常型种子，可在 30～50℃温水浸泡 6 h，室温自然冷却，放入培养皿中，保持湿润，2 天后萌发（刘俊芳，2017）。

种子

种子群体

种子

科　名　马齿苋科
生　境　海滩草地、石上
产　地　石岛、东岛、琛航岛、南沙洲
别　名　海南马齿苋

沙生马齿苋
Portulaca psammotropha Hance

多年生铺散草本。茎肉质，直径 1～1.5 mm，基部分枝。叶互生，叶片扁平，稍肉质，倒卵形或线状匙形，长 5～10 mm，宽 2～4 mm，顶端钝，基部渐狭成一扁平、淡黄色的短柄，干时有白色小点，叶腋有长柔毛。花小，无梗，黄色或淡黄色，单个顶生，外围具 4～6 片叶轮生；萼片 2，卵状三角形，长约 2.5 mm，具纤细脉；花瓣椭圆形，与萼片等长；雄蕊 25～30；子房宽卵形，中部以上有一凸起环纹，花柱顶部扩大呈漏斗状，5 裂。

蒴果，宽卵形，扁压，长 3.5～4 mm，宽约 3 mm。基部花托合生成漏斗状，顶部花被合生成盖，成熟后棕褐色，盖裂。盖裂处具环形冠毛。种子细小，多数。花果期 5—10 月。

种子圆肾形，径长不足 1 mm。种子表面暗黑色，有光泽，具不规则小瘤体，小瘤体由顶部至尾部逐渐变大。顶部圆，与底部贴合，形成小腹面。种脐位于小腹面中间，具白色、三棱形种阜。

正常型种子，可在 30～50℃温水浸泡 6h，室温自然冷却，放入培养皿中，保持湿润，2 天后萌发（刘俊芳，2017）。

种子

种子群体

种子

29

仙人掌
Opuntia dillenii (Ker Gawl.) Haw.

仙人掌科
Cactaceae

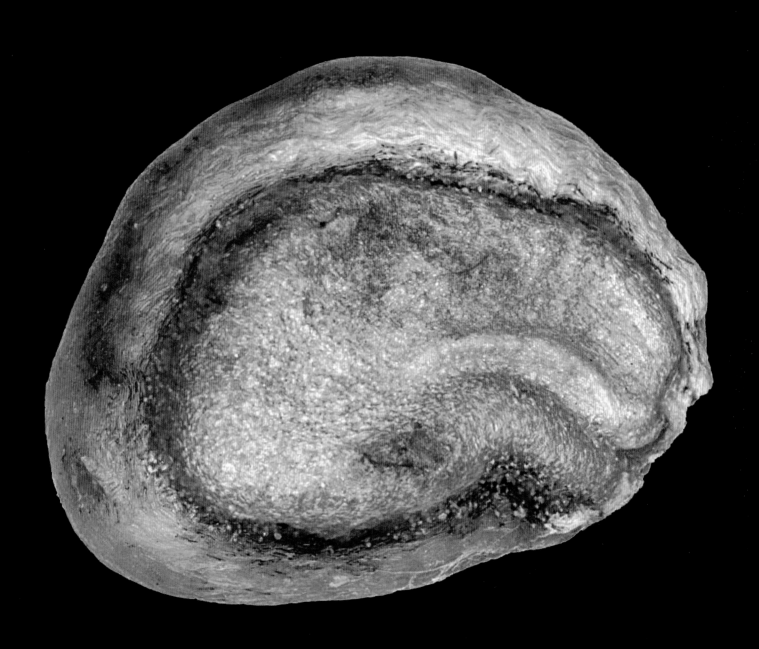

科　名　　仙人掌科
生　境　　坡地、海岸边沙地
产　地　　石岛、中建岛、琛航岛、金银岛、珊瑚岛、北岛
别　名　　仙巴掌、霸王树、火焰、火掌、牛舌头

种子实际大小

仙人掌
Opuntia dillenii (Ker Gawl.) Haw.

丛生肉质灌木。上部分枝宽倒卵形、倒卵状椭圆形或近圆形，先端圆，边缘常不规则波状，基部楔形或渐窄，绿色或蓝绿色，无毛；叶钻形，长4～6 mm，绿色，早落。花辐状，径5～6.5 cm；瓣状花被片倒卵形或匙状倒卵形，长2.5～3 cm，黄色；花丝淡黄色，长0.9～1.1 cm；柱头5，黄白色。

浆果，倒卵球形，长4～6 cm，直径2.5～4 cm。顶端凹陷，系花柱脱落痕；中上部肥大，基部多少狭缩成柄状。果实表面平滑无毛，绿色，成熟后紫红色；每侧具5～10个突起的小窠，小窠具短绵毛、倒刺刚毛和钻形刺。果肉丰富，内含种子多数。花果期6—12月。

种子扁圆形，(4～6) mm×(4～4.5) mm×2 mm。种子表面灰褐色或淡黄褐色，无毛。顶部圆，基部具几个突起，且延伸至顶部成脊。边缘稍不规则，中部与边缘存在1环形沟。种脐位于基部几个突起间，线形，浅灰色。种皮质硬，厚约0.5 mm。种子横切椭圆形，可见乳白色、颗粒状胚。种子纵切扁圆形，可见中间白色条状胚根。

横切

种子

纵切

240

中国西沙群岛
野生植物资源

30

伞房花耳草
Hedyotis corymbosa (L.) Lam.

茜草科
Rubiaceae

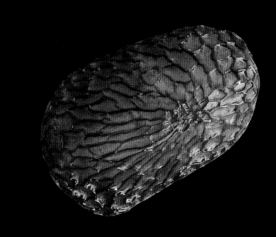

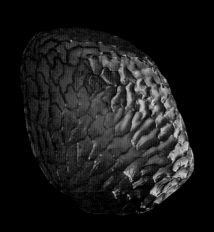

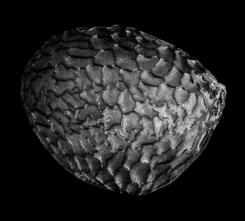

科　名　茜草科
生　境　路边草地
产　地　永兴岛
别　名　匍匐小牙草

种子实际大小

小牙草
Dentella repens (L.) J. R. Forst. G. Forst.

多枝，匍匐，矮小草本；茎和分枝稍肉质，节上生须状不定根。叶小，长圆状披针形、倒卵形至匙形，下面和边缘常被稀疏硬毛或有时近无毛；侧脉不明显；叶柄短或近无柄。花通常单生小枝分叉处，很少腋生；花梗短或近无梗；萼管密被多细胞透明长毛，檐部裂片长三角形；花冠白色。

蒴果，扁球状，长约3mm，宽3～5mm。果实幼嫩时青绿色，成熟后深绿色至黄褐色。果实生于茎节；表面密被多细胞透明长毛，顶部具5枚萼片宿存。果实成熟后不开裂，种子多数。果期11月至翌年6月。

种子小，近卵形，蜗牛状，径长0.4mm。种子暗褐色至黑褐色，背面膨胀；腹面稍隆起，具纵向网纹或斑点，表面黏附灰褐色刚毛状胶质物。顶部渐尖，具棱角；基部具1圆形、隆起的荤环，内具1暗褐色种脐。

种子

种子

科　名　茜草科
生　境　林地、灌丛
产　地　永兴岛、石岛、东岛、中建岛、晋卿岛、琛航岛、
　　　　广金岛、金银岛、甘泉岛、珊瑚岛、西沙洲、赵
　　　　述岛、北岛、中岛、南岛
别　名　榄仁舅

果实实际大小

海岸桐
Guettarda speciosa L.

常绿小乔木，小枝被茸毛后脱落；叶薄纸质，宽倒卵形或宽椭圆形，先端骤尖、纯或圆，基部近心形或圆，上面近无毛，下面疏被柔毛，侧脉7～11对；叶柄被毛；托叶早落，卵形或披针形，略被毛。聚伞花序腋生，分枝2叉状，密被茸毛；花序梗长5～7cm，近无毛。

聚伞果序，常生于已落叶的叶腋内。核果，扁球形。幼时被毛，绿色或浅紫色；成熟时淡黄色至褐色。果实直径2～3cm，具纤维质的中果皮，质轻，可使整个果实漂浮在水面上。核果具5室，室壁光滑，常有2～4个发育不全而形成空室，每个核果内有种子1～3个。花果期4—11月。

种子小，弯曲，条状，长约3mm。种子表面赭黄色，具纵向纹络。两端钝圆，种脐小，点状，淡黄色。种子横切圆形，可见米黄色胚乳；种子纵切椭圆形，可见米黄色胚乳及边缘赭黄色种皮。

横切

果实群体

纵切

第4章
西沙群岛常见野生植物种质资源

243

科 名　茜草科
生 境　荒野、田边
产 地　珊瑚岛
别 名　二花耳草、鹌鹑利、毒骨蛇

双花耳草
Leptopetalum biflorum (L.) Neupane et N. Wiktr.

一年生柔弱草本。叶对生，膜质，长圆形或椭圆状卵形，长1～4cm，宽0.3～1cm，先端短尖或渐尖，基部楔形，侧脉不明显；叶柄长2～5mm，托叶膜质，长2mm，基部合生，芒尖。花双生于叶腋处，花梗长2～7mm，纤细；花萼长约2mm，倒圆锥形，萼裂片小；花冠白色，筒状，长约2.5mm，裂片长圆形，比冠管长：雄蕊生于冠筒内，花药内藏。

蒴果，膜质，陀螺形，直径2.5～3mm。果实幼嫩时绿色，成熟后棕黄色。表面具2或4条凸起的纵棱；宿存萼檐裂片小而明显，被疏长毛，包被着果实；顶部闭合，稍膨胀，成熟时室背开裂；内含种子多数。花果期1—7月。

种子卵圆形或倒卵形，长1～1.2mm。种子干时黑褐色或深棕色，表面具不规则窝孔，或具大小不一的隆起。顶部圆，两侧稍扁；基部具1条浅裂凹沟，中间具1圆点状、深棕色种脐，上面着生海绵质、亮黄色种阜。

种子群体

种子

中国西沙群岛
野生植物资源

科　名　　茜草科
生　境　　旷野、草地
产　地　　永兴岛、石岛、东岛、琛航岛、金银岛、珊瑚岛
别　名　　水线草

种子实际大小

伞房花耳草

Hedyotis corymbosa (L.) Lam.

一年生柔弱披散草本；茎和枝方柱形，无毛或棱上疏被短柔毛，分枝多，直立或蔓生。

叶对生，近无柄，膜质，线形，顶端短尖，基部楔形，干时边缘背卷，两面略粗糙或上面的中脉上有极稀疏短柔毛；中脉下陷；托叶膜质，鞘状，顶端有数条短刺。花序腋生，伞房花序式排列，有花2～4朵；苞片微小，钻形；萼管球形，被极稀疏柔毛，基部稍狭，萼檐裂片狭三角形，具缘毛；花冠白色或粉红色，管形，喉部无毛，花冠裂片长圆形；雄蕊生于冠管内，花丝极短，花药内藏，长圆形，两端截平；花柱中部被疏毛，柱头2裂，裂片略阔，粗糙。

蒴果，球形，径长1.2～1.8mm。果实绿色，成熟时棕色；表面具数条不明显纵棱，顶部具芒，宿存萼檐裂片，长1～1.2mm，被极稀疏柔毛。基部中间稍凹，自基部至顶部具3条沟槽。果实成熟后顶部室背开裂；2室，每室具种子10枚以上。花、果期几乎全年。

种子卵球形，径长约1.5mm。种子亮黄色，间含棕黄色，具光泽，似凝胶；表面具不规则细纹路，网状，网眼内凹。顶部圆，两侧稍扁；基部具勾突，中间位置具1浅裂凹沟，可见圆点状、棕黄色种脐，上面宿存三角状、亮黄色种阜。

蒴果　　　　　　　　　　种子群体　　　　　　　　　　种子

科　名	茜草科
生　境	海边沼地
产　地	金银岛
别　名	蛇总管

种子实际大小

白花蛇舌草

Scleromitrion diffusum (Willd.) R. J. Wang

一年生无毛纤细披散草本；茎稍扁，从基部开始分枝。叶对生，无柄，膜质，线形，顶

端短尖，边缘干后常背卷，上面光滑，下面有时粗糙；中脉在上面下陷；托叶基部合生，顶部芒尖。花 4 数，单生或双生于叶腋；花梗略粗壮，罕无梗或偶有长达 10 mm 的花梗；萼管球形，萼檐裂片长圆状披针形，顶部渐尖，具缘毛；花冠白色，管形，喉部无毛，花冠裂片卵状长圆形，顶端钝；雄蕊生于冠管喉部，花药突出，长圆形；柱头 2 裂，裂片广展，有乳头状凸点。

蒴果，膜质，扁球形，径长 2～2.5 mm。果实绿色，成熟时棕色；表面具数条不明显纵棱，顶部具芒，宿存萼檐裂片长 1.5～2 mm。基部中部稍凹，至基部至顶部具 3 条沟槽。果实成熟时顶部室背开裂，2 室，种子每室约 10 粒。花果期 2—9 月。

种子球形，极小，长约 1 mm。种子具棱，干后深褐色，表面密布不规则、深而粗的窝孔；外常黏附橙黄色内果皮。顶部圆；基部钝，具 1 点状、灰白色种脐。

正常型种子。萌发条件为：25℃或35/20℃，1% 琼脂糖培养基，12 h 光照 / 12 h 黑暗处理（郭永杰 等，2023）。

种子

种子群体

种子

中国西沙群岛
野生植物资源

科　名　茜草科
生　境　山坡灌丛
产　地　永兴岛、石岛、东岛、中建岛、晋卿岛、琛航岛、
　　　　广金岛、金银岛、甘泉岛、珊瑚岛、赵述岛、北
　　　　岛、南岛
别　名　激树、橘叶巴戟、海巴戟、海巴戟天

分核实际大小

海滨木巴戟
Morinda citrifolia L.

　　茜草科灌木至小乔木。茎直，枝近四棱柱形。叶交互对生，长圆形、椭圆形或卵圆形，两端渐尖或急尖，通常具光泽，无毛，全缘；叶脉两面凸起，侧脉每侧5～7条，下面脉腋密被短束毛；托叶生叶柄间，每侧1枚，全缘，无毛。头状花序每隔一节一个，与叶对生；花多数，无梗；萼管彼此间多少黏合，萼檐近截平；花冠白色，漏斗形，喉部密被长柔毛，顶部5裂，裂片卵状披针形；雄蕊5，罕4或6，着生花冠喉部，花药内向，上半部露出冠口，线形，背面中部着生，2室，纵裂；花柱由下向上稍扩大，顶2裂，裂片线形，略叉开。

　　聚花核果，浆果状，卵形。幼时绿色，成熟时白色，直径2.5～8 cm。每核果具分核2～4个，分核倒卵形，长7～11 mm，稍内弯，质坚硬；表面棕褐色，具不规则纹路。具2室，上侧室大而空，下侧室狭，具1种子。花果期全年。

　　种子小，扁，长圆形，长约4 mm。种子表面红褐色，种皮膜质，顶部有翅。种脐小。种子纵切，可见直立胚，长圆形乳白色子叶以及丰富的脂状胚乳，质脆。

　　正常型种子，可在30～50℃温水浸泡6h，室温自然冷却，放入培养皿中，保持湿润，5天后萌发（刘俊芳，2017）。

果实

分果纵切

种子纵切

科　名　茜草科
生　境　灌丛、草地
产　地　永兴岛
别　名　鸡屎藤、解署藤、女青、牛皮冻

鸡矢藤

Paederia foetida L.

多年生草质藤本。其茎呈扁圆柱形，稍扭曲，无毛或近无毛，老黄牛茎灰棕色，栓皮常脱落，有纵皱纹及叶柄断痕；嫩茎黑褐色，质韧，不易折断。叶对生，多皱缩或破碎，完整者展平后呈宽卵形或披针形，先端尖，基部楔形，圆形或浅心形，全缘，绿褐色，两面无柔毛或近无毛。聚伞花序顶生或腋生，前者多带叶，后者疏散少花，花序轴及花均被疏柔毛，花萼钟形，萼檐裂片钝齿形，花淡紫色。

小坚果，阔椭圆形，径长 6～8 mm。果实幼时绿色，成熟时黄色至深棕色，具 1 阔翅；表面光亮无毛，顶部冠以圆锥形的花盘和微小宿存的萼檐裂片；基部果托稍膨大。2 室，内含种子 2 枚。花果期 5—10 月。

种子圆形，径长 4～5 mm。种子黑色，间杂白色米粒状斑纹；表面具不规则凹凸，沿着边缘具 1 条环形褐色脉络，背面也有 1 条褐色脉络。腹面中间内凹，凹面平，近基部具 1 棕褐色、点状种脐。种皮较厚，厚约 0.4 mm，质软。种子横切弦月形，可见中部银灰色胚及边缘暗灰色胚乳。种子纵切弦月形，可见近种脐处米黄色胚根。

横切

种子群体

纵切

科　名　茜草科
生　境　海边灌丛
产　地　永兴岛
别　名　无

种子实际大小

墨苜蓿
Richardia scabra L.

一年生匍匐或近直立草本。主根近白色。茎近圆柱形，被硬毛，节上无不定根，疏分枝。叶厚纸质，卵形、椭圆形或披针形，顶端通常短尖，钝头，基部渐狭，两面粗糙，边上有缘毛；托叶鞘状，顶部截平，边缘具刚毛。头状花序有花多朵，顶生，几无总梗，总梗顶端有1或2对叶状总苞，2对时，内侧1对较小，总苞片阔卵形；花6或5朵；萼管顶部缢缩，萼裂片披针形或狭披针形，被缘毛；花冠白色，漏斗状或高脚碟状，里面基部有一环白色长毛，裂片6；雄蕊6，子房通常有3心皮，柱头头状，3裂。分果，果瓣3～6个。种子多数。花期2—5月，果期10月至次年1月。

果实长圆形至倒卵形，长3～4.5 mm，背部密覆淡黄色小乳凸或小突起，易脱落；腹面具一条狭沟槽，灰白色；基部微凹。种子被果实紧密包被在内，倒卵形。种皮薄，厚约0.1 mm。种子横切肾形，可见油脂状、棕红色胚乳以及氧化红色、椭圆形胚。种子纵切长椭圆形，可见靠近腹面沟槽处的狭长状、深橙色种脐。

横切

种子

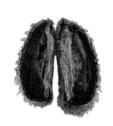

纵切

科　名　　茜草科
生　境　　海边灌丛
产　地　　永兴岛、金银岛
别　名　　鸭舌癀、铺地毡草

糙叶丰花草
Spermacoce hispida L.

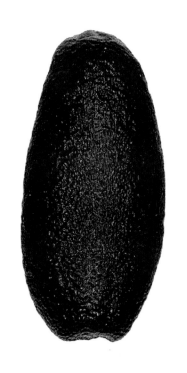

平卧草本，被粗毛；枝四棱柱形，棱上具粗毛，节间延长。叶革质，长圆形，倒卵形或匙形，顶端短尖，钝或圆形，基部楔形而下延，边缘粗糙或具缘毛，干时常背卷；侧脉每边约3条，不明显；托叶膜质，被粗毛，顶部有数条刺毛。花4～6朵聚生于托叶鞘内，无梗；小苞片线形，透明；萼管圆筒形，被粗毛，萼檐4裂，裂片线状披针形，外弯，顶端急尖；花冠淡红色或白色，漏斗形，里外均无毛，顶部4裂，裂片长圆形，背面近顶部处被极稀疏的粗毛，顶端钝；花药长圆形。

蒴果，椭圆形，长3～5mm，直径2～2.5mm，被粗毛，成熟时从顶部纵裂，隔膜不脱落。果实多数，聚合生长于茎节叶腋处。种子1枚，花果期5—8月。

种子近椭圆形，(2～3)mm×(1.5～2.5)mm×(1.6～2.2)mm。两端钝，表面具小颗粒，黑褐色，无光泽。腹面具1沟槽，种脐位于种子腹面沟槽内，黑褐色；种脐周围着生这一轮不规则的橙色小突起。种皮薄纸质。种子横切宽心形，可见红橙色肉质胚乳，以及中间位置象牙色、梭形胚。

横切

种子

中国西沙群岛
野生植物资源

科　名　茜草科
生　境　旷野、草地
产　地　永兴岛、东岛
别　名　波利亚草、长叶鸭舌癀

种子实际大小

丰花草

Spermacoce pusilla Wall.

直立、纤细草本。茎单生，少分枝，四棱柱形。叶近无柄，革质，线状长圆形，顶端渐尖，基部渐狭，两面粗糙，干时边缘背卷，鲜时深绿色；顶部有数条浅红色长于花序的刺毛。花多朵丛生成球状生于托叶鞘内，无梗；小苞片线形，透明；萼管基部无毛，上部被毛，萼檐 4 裂，裂片线状披针形，顶端急尖；花冠近漏斗形，白色，顶端略红，冠管极狭，柔弱，无毛，顶部 4 裂，裂片线状披针形，外面无毛，仅顶端有极疏短粗毛，里面被疏粗毛；花药长圆形，花柱纤细，柱头扁球形，粗糙。

蒴果，长圆形或近倒卵形，长 2 mm，径长 1～1.5 mm。果实绿色，成熟时棕色至深棕色。多个果实簇生成球状生于托叶鞘内；小苞片线形，长于萼片；萼筒长约 1 mm，萼裂片 4，线状披针形，近顶部被毛。成熟后从顶部纵裂，内含种子 1 枚。花果期 10—12 月。

种子窄长圆形，径长约 0.5 mm。种子酒红色，表面具不规则细小沟槽及大量点状斑纹。两端钝，腹面具 1 棕红色宽沟槽，沟槽中间纵向稍隆起，被稀疏绢毛；种脐位于沟槽近基部位置，上面附着氧化红色胶质物。种皮很薄，紧贴种胚生长。种子横切倒蘑菇状，可见沙黄色、网纹状种胚。种子纵切窄长圆形，可见沙黄色、网纹状种胚及中间白色长条状胚根。

横切

种子群体

纵切

（31）

长春花
Catharanthus roseus (L.) G. Don

夹竹桃科
Apocynaceae

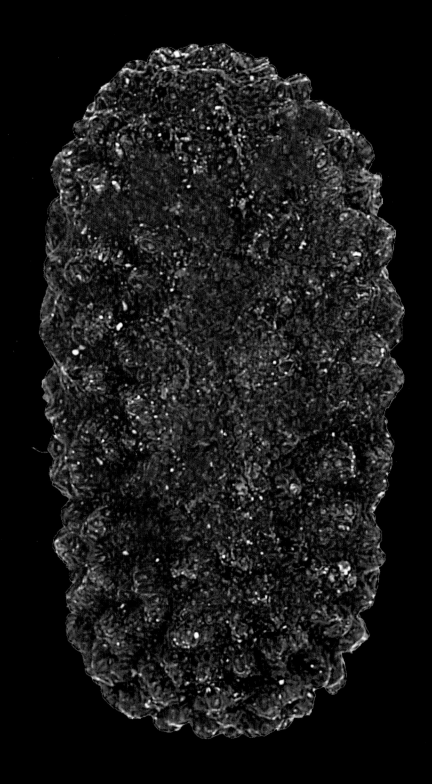

中国西沙群岛
野生植物资源

科　名　　夹竹桃科
生　境　　荒地、路旁
产　地　　永兴岛、石岛、东岛、中建岛、金银岛、珊瑚岛
别　名　　金盏花、日日春、日日新、三万花、四时春

长春花
Catharanthus roseus (L.) G. Don

半灌木。略有分枝，全株无毛或仅有微毛；茎近方形，有条纹，灰绿色。叶膜质，倒卵状长圆形，先端浑圆，有短尖头，基部广楔形至楔形，渐狭而成叶柄；叶脉在叶面扁平，在叶背略隆起，侧脉约 8 对。聚伞花序腋生或顶生，有花 2～3 朵；花萼 5 深裂，内面无腺体或腺体不明显，萼片披针形或钻状渐尖；花冠红色，高脚碟状，花冠筒圆筒状，内面具疏柔毛，喉部紧缩，具刚毛；花冠裂片宽倒卵形；雄蕊着生于花冠筒的上半部，但花药隐藏于花喉之内，与柱头离生；子房和花盘与属的特征相同。

菁葖果，双生，直立，平行或略叉开，长约 2.5 cm，直径约 3 mm。外果皮厚纸质，有条纹，被柔毛；内果皮白色，肉质。单枚菁葖果内含种子 6～18 粒。花果期几全年。

种子椭球形，长约 2.4 mm。种子表面黑褐色，密布锥形隆起，隆起顶端钝，周围形成不规则的沟壑。两端钝圆，基部稍隆起，具 1 线状种脐；自基部至顶端具 1 深黑色腹缝线，内凹。种子横切半月形，可见中间圆形、柠檬黄色胚，外围是银白色脂肪，具光泽。种子纵切椭圆形，腹面具缺口；可见中间长圆柱状、柠檬黄色胚轴及两侧银白色油脂。

横切

种子群体

纵切

（32）

大尾摇
Heliotropium indicum L.

紫草科
Boraginaceae

中国西沙群岛
野生植物资源

科　名　紫草科
生　境　海边灌丛、林地
产　地　永兴岛、石岛、东岛、晋卿岛、琛航岛、金银岛、
　　　　甘泉岛、珊瑚岛
别　名　红花破布木、仙枝花

种子实际大小

橙花破布木
Cordia subcordata Lam.

小乔木至乔木，小枝无毛。叶卵形或狭卵形，先端尖或急尖，基部钝或近圆形，稀心形，全缘或微波状，上面具明显或不明显的斑点，下面叶脉或脉腋间密生棉毛。聚伞花序与叶对生，花萼革质，圆筒状，具短小而不整齐的裂片；花冠橙红色，漏斗形，喉部直径约4 cm，具圆而平展的裂片。

坚果，卵球形或倒卵球形，长约2.5 cm。聚伞果序顶生，直径5～12 cm。果实幼时绿色，成熟时变黄至渐渐变灰褐色；表面无毛；具木栓质的中果皮，被增大的宿存花萼完全包围，质轻，类海绵，可使整个果实漂在水面上。内果皮与种核紧密结合，质硬，棕褐色。每个果实具4个种核，每个内具1枚种子，常有2枚种子败育。花果期6—11月。

种子水滴状，长约1 cm。种子表面具一层橙棕色种膜，无毛。两面薄，顶部钝圆；基部尖，呈三角状，自基部沿腹缝线具1线状种脐，灰白色。种子横切圆梭形，可见信号白色的胚乳和边缘乳白色种壁。种子纵切水滴形，可见信号白色的胚乳及近种脐处条状白色胚芽。

横切

果实群体

纵切

大尾摇

Heliotropium indicum L.

一年生草本。茎粗壮，被开展糙硬毛；叶宽卵形或卵状椭圆形，先端短尖，基部近圆下延至叶柄，叶缘微波状，两面被糙伏毛，疏生长硬毛，侧脉5～6对。镰状聚伞花序，单一，不分枝，无苞片；花密集，呈2列排列于花序轴的一侧；萼片披针形，被糙伏毛；花冠浅蓝色或蓝紫色，高脚碟状，裂片小，近圆形，皱波状；花药狭卵形，着生花冠筒基部以上1mm处；子房无毛，花柱上部变粗，柱头短，呈宽圆锥体状，被毛。

核果，近无毛，长约3.5mm。镰状聚伞果穗穗状，长10～15cm。果穗幼时绿色，成熟时棕褐色至深褐色，裂为4个分核。分核顶部钝尖，基部膨大，具几条隆起纵微棱至顶端至基部；腹面具2侧面，各有1卵圆形、深橙黄色贴面，间或少量白色海绵状物。每个分核各具1种子。花果期4—10月。

种子椭圆形，长约1.3mm。种子表面白色，紧贴内果皮生长。分核具2室，1个稍大，1个稍小，种子位于稍小的室中。其中，稍大的室会形成空室，加上果实自身的木栓物质，使得种子能够随水漂流，利于其传播。种皮较薄，紧贴着胚。种子横切卵圆形，可见绿米色胚及乳白色圆柱状胚根。种子纵切椭圆形，可见米绿色胚。

横切

种子群体

纵切

科　名　紫草科
生　境　海边灌丛、林地
产　地　永兴岛、石岛、东岛、中建岛、晋卿岛、琛航岛、
　　　　广金岛、羚羊礁、金银岛、甘泉岛、珊瑚岛、鸭
　　　　公岛、银屿、西沙洲、赵述岛、北岛、中岛、南
　　　　岛、北沙洲、中沙洲、南沙洲
别　名　白水草、白水木

种子实际大小

银毛树

Tournefortia argentea L. f.

小乔木或灌木。小枝粗壮，密生锈色或白色柔毛。叶倒披针形或倒卵形，生小枝顶端，先端钝或圆，上下两面密生丝状黄白色毛。镰状聚伞花序顶生，呈伞房状排列，密生锈色短柔毛；花萼肉质，5深裂，裂片长圆形，倒卵形或近圆形，外面密生锈色短柔毛，内面仅基部被毛或近无毛；花冠白色，筒状，裂片卵圆形，开展，比花筒长，外面仅中央具1列糙伏毛，其余无毛；雄蕊稍伸出，花药卵状长圆形，花丝极短，不明显；子房近球形，无毛，花柱不明显，柱头2裂，基部为膨大的肉质环状物围绕。

核果，近球形，径长约5 mm。镰状聚伞果序顶生，呈伞房状排列，直径5～10 cm。果实幼时绿色，成熟时黄色至棕褐色；肉质萼片宿存，表面无毛。基部果柄脱落具1白色脱落痕，具孔洞；顶部圆，顶部至基部具几条深橙色条纹。果实具2分核，分核腹面两边黄色，中间轴线深褐色；分核具大量浅黄色、颗粒状海绵物质。每个分核具1枚种子。花果期4—6月。

种子扁球形，径长2～3 mm。种子表面赭石棕色，具小颗粒，常黏附棕褐色、油脂状物质。种子两边圆肿，中间溢沟；顶部钝凸，基部具2齿状突起，端部白色。种皮不明显，紧贴种胚。种子横切卵圆形，可见种子中间具1缝隙，两侧具2室，内空，各有1皱缩的白色内种皮；种胚暗黄色。种子纵切三棱圆形，可见沙黄色种胚及光滑的室壁。这些构造，与分核海绵物质正好为种子的萌发起到至关重要的作用。

横切

果实群体

纵切

33

牵牛
Ipomoea nil (L.) Roth

旋花科
Convolvulaceae

中国西沙群岛
野生植物资源

科　名　旋花科
生　境　山坡、草丛
产　地　甘泉岛
别　名　烟油花、暴臭蛇、银花草、毛将军、过饥草、白
　　　　头妹、白毛将、白鸽草、毛辣花

种子实际大小

土丁桂

Evolvulus alsinoides (L.) L.

多年生草本，茎缠绕或平卧，细长，具贴生的柔毛。叶长圆形，椭圆形或匙形，先端钝及具小短尖，基部圆形或渐狭，两面或多或少被贴生疏柔毛，或有时上面少毛至无毛，中脉在下面明显，上面不显，侧脉两面均不显。总

花梗丝状，被贴生毛；花单 1 或数朵组成聚伞花序；苞片线状钻形至线状披针形，萼片披针形，锐尖或渐尖，被长柔毛；花冠辐状，蓝色或白色；雄蕊 5，内藏，花丝丝状，贴生于花冠管基部；花药长圆状卵形，先端渐尖，基部钝；子房无毛；花柱 2，每 1 花柱 2 尖裂，柱头圆柱形，先端稍棒状。

蒴果，球形，无毛，直径 1.5～2 mm。果柄较短，约 1 mm，果萼宿存，常单生于叶腋处。果实幼嫩时嫩绿色，成熟后棕色；顶部具花柱基形成的细尖，果实成熟后会开裂，4 瓣裂；种子 4 或较少，花果期 5—9 月。

种子椭圆状，长约 1.1 mm，宽约 0.8 mm。种子黑色，无毛，表面具不规则小颗粒。顶部具尖；背面环状，腹面稍平，或具浅凹面。基部钝圆，种脐位于与腹面结点位置，点状，浅黄色。种皮较硬，厚约 0.14 mm。种子横切矩形或半圆形，可见灰白色胚乳及金黄色胚。种子纵切卵圆形，可见浅灰色、颗粒状胚乳，以及近种脐处弯折的黄色胚。

正常型种子，可在 30～50 ℃温水浸泡 6 h，室温自然冷却，放入培养皿中，保持湿润，3 天后萌发（刘俊芳，2017）。

横切

种子群体

纵切

科　名　旋花科
生　境　山坡草丛
产　地　永兴岛
别　名　野薯藤、细样猪菜藤

种子实际大小

猪菜藤

Hewittia malabarica (L.) Suresh

缠绕或平卧草本；茎细长，具细棱，被短柔毛，有时节上生根。叶卵形、心形或戟形，顶端短尖或锐尖，基部心形、戟形或近截形，全缘或3裂，两面被伏疏柔毛或叶面毛较少，有时两面有黄色小腺点，侧脉5～7对，与中脉在叶面平坦，背面突起，网脉在叶面不显，背面微细，叶柄密被短柔毛。花序腋生，花序梗密被短柔毛；通常1朵花；苞片披针形，被短柔毛；花梗短，密被短柔毛；萼片5，不等大，在外2片宽卵形，顶端锐尖，两面被短柔毛，结果时增大；内萼片较短且狭得多，长圆状披针形，被短柔毛，结果时身长；花冠淡黄色或白色，喉部以下带紫色，钟状，外面有5条密被长柔毛的瓣中带，冠檐裂片三角形；雄蕊5，内藏，花丝基部稍扩大，具细锯齿状乳突，花药卵状三角形，基部箭形；子房被长柔毛，花柱丝状，柱头2裂，裂片卵状长圆形。

蒴果，近球形，径长8～10mm。果实幼嫩时白色，成熟后褐色或棕褐色。基部萼片宿存，具短尖；苞片较短且狭得多，长圆状披针形，表面密被短柔毛或长柔毛，内含种子2～4枚，成熟后开裂。花果期5—12月。

种子卵圆状三棱形，无毛，高4～6mm。种子内种皮红棕色，具纹路；表面黏附1层深棕褐色外种皮，易脱落。顶部圆；基部稍截平，具1圆形、黑褐色种脐。沿着背缝线具1块状种阜，腹面两侧具2条脊。内种皮较厚，约0.4mm。种子横切三棱形，可见氧化红色堆叠状胚乳。

横切

种子群体

纵切

科　名　旋花科
生　境　荒坡旷地
产　地　永兴岛
别　名　裂叶牵牛、勤娘子、大牵牛花、筋角拉子、喇叭
　　　　花、牵牛花、朝颜

牵牛

Ipomoea nil (L.) Roth

　　一年生缠绕草本，茎上被倒向的短柔毛及杂有倒向或开展的长硬毛。叶宽卵形或近圆形，深或浅的3裂，偶5裂，基部圆，心形，中裂片长圆形或卵圆形，渐尖或骤尖，侧裂片较短，三角形，裂口锐或圆，叶面或疏或密被微硬的柔毛；毛被同茎。花腋生，单一或通常2朵着生于花序梗顶；苞片线形或叶状，被开展的微硬毛；小苞片线形，萼片近等长，披针状线形，内面2片稍狭，外面被开展的刚毛，基部更密，有时也杂有短柔毛；花冠漏斗状，蓝紫色或紫红色，花冠管色淡；雄蕊及花柱内藏；雄蕊不等长；花丝基部被柔毛；子房无毛，柱头头状。

　　蒴果，近球形，径长0.8～1.3 cm。果实幼嫩时绿色，顶部带有红色，成熟后棕黄色。果柄带毛，长1～2.5 cm；萼片宿存，密被长毛，2层，每层5片，长条状；果实顶端具1花柱基形成的细尖。苞片无毛，成熟后3瓣裂，内含种子6枚。花果期6—11月。

　　种子卵状三棱形，长约6 mm。种子表面黑褐色或米黄色，被褐色短绒毛。顶部钝圆；腹缝线成粗脊，两侧扁平，与背部环面交汇处形成2条粗脊，自基部至顶部。基部内凹，具1圆形、灰褐色种脐。种皮较硬，厚约0.7 mm。种子横切扁三棱形，可见折叠状、红橙色胚乳。种子纵切长圆柱形，可见折叠状、红橙色胚乳，以及近种脐处沙黄色、圆柱形胚。

　　正常型种子，具有物理休眠（Molin et al., 1997）。萌发条件为：切除种皮，20 ℃，1%琼脂糖培养基，12 h光照/12 h黑暗处理（郭永杰 等，2023）。

横切　　　　　　　　　　　　种子群体　　　　　　　　　　　　纵切

科　名　　旋花科
生　境　　灌丛、草地
产　地　　永兴岛、东岛、琛航岛、金银岛、珊瑚岛
别　名　　紫心牵牛、小红薯

小心叶薯

Ipomoea obscura (L.) Ker Gawl.

　　缠绕草本，茎纤细，圆柱形，有细棱，被柔毛或绵毛或有时近无毛。叶心状圆形或心状卵形，顶端骤尖或锐尖，具小尖头，基部心形，全缘或微波状，两面被短毛并具缘毛，侧脉纤细，3对，基出掌状；叶柄细长，被开展的或疏或密的短柔毛。聚伞花序腋生，通常有1～3朵花，花序梗纤细，无毛或散生柔毛；苞片小，钻状；花梗结果时顶端膨大；萼片近等长，椭圆状卵形，顶端具小短尖头，无毛或外方2片外面被微柔毛，萼片于果熟时通常反折；花冠漏斗状，白色或淡黄色，具5条深色的瓣中带，花冠管基部深紫色；雄蕊及花柱内藏；花丝极不等长，基部被毛；子房无毛。

　　蒴果，圆锥状卵形或近于球形，径长6～8mm。果实幼时绿米色，基部或有紫色条纹；成熟时棕色至深棕色。顶端有锥尖状的花柱基，基部花被片宿存。萼片近等长，椭圆状卵形，长4～5mm，顶端具小短尖头，无毛或外方2片外面被微柔毛，萼片于果熟时通常反折。果实2室，4瓣裂，内含种子4枚。花果期7—12月。

　　种子卵圆形，长4～5mm。种子表面黑褐色，密被灰褐色短茸毛。顶部钝圆，基部稍平；腹缝线隆起成脊，两侧稍具弧面。背部弧形，近基部处具1圆形、黑褐色种脐，种脐周围密布灰白色茸毛。种皮质脆，厚约0.2mm。种子横切近扇形或扁圆形，可见折叠状、赭黄色胚。种子纵切卵圆形，可见种脐深入基部约0.8mm及弧形木栓结构物质。

横切

种子

纵切

科　名　旋花科
生　境　海边沙地
产　地　永兴岛、石岛、东岛、盘石屿、中建岛、晋卿岛、琛航岛、广金岛、金银岛、羚羊礁、甘泉岛、珊瑚岛、银屿、西沙洲、赵述岛、北岛、中岛、南岛、南沙洲
别　名　沙藤、白花藤、马六藤、走马风、海薯、鲎藤、马蹄草、马鞍藤、海牵牛

种子实际大小

厚藤

Ipomoea pes-caprae (L.) R. Br.

多年生藤本。茎平卧，有时缠绕。叶肉质，干后厚纸质，卵形、椭圆形、圆形、肾形或长圆形，顶端微缺或 2 裂，裂片圆，裂缺浅或深，有时具小凸尖，基部阔楔形、截平至浅心形；在背面近基部中脉两侧各有 1 枚腺体，侧脉 8～10 对。多歧聚伞花序，腋生，有时仅 1 朵发育；花序梗粗壮，苞片小，阔三角形，早落；萼片厚纸质，卵形，顶端圆形，具小凸尖，花冠紫色或深红色，漏斗状；雄蕊和花柱内藏。

蒴果，球形，高 1.1～1.7 cm。2 室，刚开始呈黄绿色，成熟时则转为棕褐色，无毛。果柄长 3～5cm，果萼宿存。熟后会开裂，果皮革质，种子 4 枚，种子之间具透明薄膜。花果期全年。

种子三棱状圆形，长 7～9 mm。顶端钝凸，底端圆，表面密被褐色绒毛。种脐位于顶端，淡褐色圆点。种脐周围的绒毛较长且密。种皮质硬，厚 1～2 mm。种子横切椭圆形，可见金雀花黄色、折叠的胚乳，以及中间象牙色、椭圆形胚。种子纵切扁圆形，可见内种皮灰米色，紧贴着种皮。内部具不规则空隙，金雀花黄色胚乳皱缩在内部。

正常型种子，可用浓硫酸浸泡 1 h 后流水冲洗至少 3 次后清水洗净，放入培养皿中，保持湿润，6 天后萌发（刘俊芳，2017）。

横切

种子

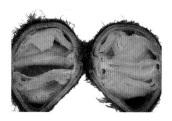

纵切

科　名　旋花科
生　境　海滩
产　地　永兴岛、珊瑚岛
别　名　虎脚牵牛、生毛藤、铜钱花草

种子实际大小

虎掌藤
Ipomoea pes-tigridis L.

一年生缠绕草本或有时平卧，茎具细棱，被开展的灰白色硬毛。叶片近圆形，具掌状3～9深裂，裂片椭圆形或长椭圆形，顶端钝圆，锐尖至渐尖，有小短尖头，基部收缢，两面被疏长微硬毛；毛被同茎。聚伞花序有数朵花，密集成头状，腋生；具明显的总苞，外层苞片长圆形，内层苞片较小，卵状披针形，两面均被疏长硬毛；萼片披针形，内萼片较短小，两面均被长硬毛，外面的更长；花冠白色，漏斗状，瓣中带散生毛；雄蕊花柱内藏，花丝无毛；子房无毛。

蒴果，卵球形，径长约7 mm。果实基部内外萼片宿存，均被长硬毛。聚伞花序总苞宿存，外层苞片长圆形，内层苞片较小，卵状披针形，两面均被疏长硬毛。果实具2室，每室2枚种子。花果期5—11月。

种子4枚，椭圆形，长5 mm。种子表面密布灰白色短绒毛，种皮深褐色。基部具1深橙色圆形种脐，种脐内凹。种皮质硬，厚约0.5 mm。种子横切椭圆形，可见金雀花黄色、折叠的胚乳，以及中部灰米色胚芽。种子纵切卵圆形，可见灰米色营养胚紧贴种皮。

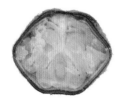

横切

种子群体

纵切

科　名　　旋花科
生　境　　荒地草丛
产　地　　永兴岛、石岛、东岛、金银岛、珊瑚岛
别　名　　小花假番薯、红花野牵牛

三裂叶薯

Ipomoea triloba L.

多年生草本，茎缠绕或有时平卧，无毛或散生毛，且主要在节上。叶宽卵形至圆形，全缘或有粗齿或深3裂，基部心形，两面无毛或散生疏柔毛；叶柄无毛或有时有小疣。花序腋生，花序梗无毛，明显有棱角，顶端具小疣，1

朵花或少花至数朵花成伞形状聚伞花序；苞片小，披针状长圆形；萼片近相等或稍不等，外萼片稍短或近等长，长圆形，钝或锐尖，具小短尖头，背部散生疏柔毛，边缘明显有缘毛，内萼片有时稍宽，椭圆状长圆形，锐尖，具小短尖头，无毛或散生毛；花冠漏斗状，无毛，淡红色或淡紫红色，冠檐裂片短而钝，有小短尖头；雄蕊内藏，花丝基部有毛；子房有毛。

蒴果，近球形，高6～9 mm。顶端具花柱基形成的细尖，2室，4瓣裂。刚开始呈绿色，成熟后转为棕色或褐色，被细刚毛。果柄较短，5～7 mm，果萼宿存，通常4～8个果实聚合生在1条果穗上。果实成熟后会开裂，果皮革质，种子4枚或较少。花果期几全年。

种子三棱状圆形或球形，直径6～8 mm。种子表面密被褐色短绒毛，种脐位于棱边下端，淡褐色，周围密被较长的绒毛。种皮质硬，厚1～1.8 mm。种子横切三棱圆形，可见1金雀花黄色、环形折叠的肉质胚乳，以及底部不规则、白色胚。种子纵切狭心形，可见2瓣锌黄色、油质状子叶，1金雀花黄色、折叠状胚乳。以及中间象牙色、凹扁的胚。

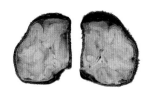

横切

种子群体

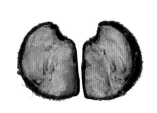

纵切

科　名　旋花科
生　境　海边灌丛、林地
产　地　永兴岛、东岛、盘石屿、中建岛、晋卿岛、琛航岛、
　　　　广金岛、金银岛、甘泉岛、珊瑚岛、鸭公岛、赵述岛、
　　　　北岛、中岛、南岛
别　名　长管牵牛

种子实际大小

管花薯

Ipomoea violacea L.

藤本，茎缠绕，木质化，圆柱形或具棱，干后淡黄色，有纵绉纹或有小瘤体。叶干后薄纸质，圆形或卵形，顶端短渐尖，具小短尖头，基部深心形，两面无毛，侧脉7～8对，第三次脉平行连结。聚伞花序腋生，有1至数朵花，花梗结果时增粗或棒状；萼片薄革质，近圆形，

顶端圆或微凹，具小短尖头，几等长或内萼片稍短，结果时增大，初时如杯状，而后反折；花冠高脚碟状，白色，具绿色的瓣中带，入夜开放；雄蕊和花柱内藏；花丝基部有毛，着生花冠管近基部；子房无毛。

蒴果，卵形，高2～2.5 cm。果实幼时绿色，老时浅黄色，成熟时棕褐色。基部花被片宿存，无毛，包被果实；外萼片薄革质，近圆形，顶端圆或微凹，具小短尖头，几等长或内萼片稍短，长1.5～2.5 cm。果实2室，4瓣裂，内含种子4枚。花果期6—12月。

种子卵圆形，长1～1.2 cm。种子表面黑色或黑褐色，密被短茸毛，沿棱具长达3 mm的绢毛。顶部钝圆，基部钝，腹缝线隆起成脊，两侧具2棱面，背部弧形；近基部沿腹缝线上具1圆形、密被绢毛的种脐。种皮较硬，厚约0.3 mm。种子横切近圆形，可见折叠状无规则、金雀花黄色胚及少量丝状、乳白色胚乳。种子纵切卵圆形，可见折叠状胚。

正常型种子，可用浓硫酸浸泡1h后流水冲洗至少3次后清水洗净，放入培养皿中，保持湿润，2天后萌发（刘俊芳，2017）。

横切

种子

纵切

34

龙葵
Solanum nigrum L.

茄科
Solanaceae

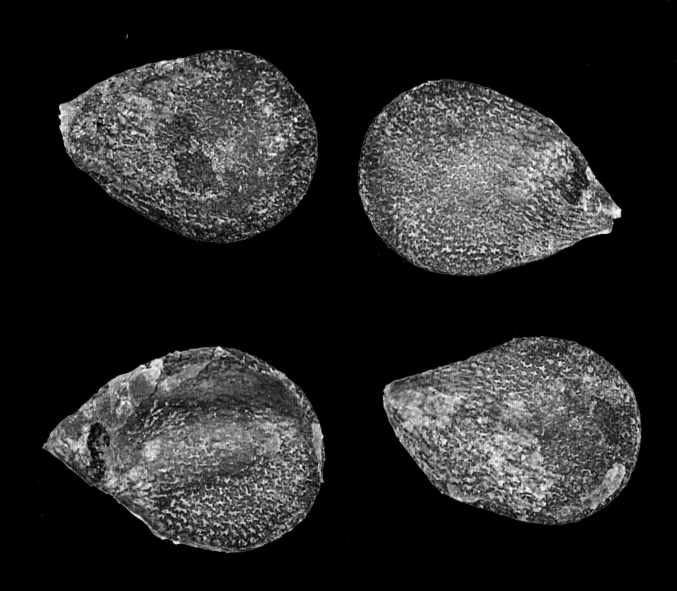

科　名　　茄科
生　境　　荒地、旷野、路边
产　地　　永兴岛、琛航岛、珊瑚岛
别　名　　枫茄花、闹羊花、喇叭花、风茄花、白花曼陀罗、
　　　　　　山茄子、颠茄、大颠茄

种子实际大小

洋金花

Datura metel L.

一年生直立草木而呈半灌木状，茎基部稍木质化。叶卵形或广卵形，顶端渐尖，基部不对称圆形、截形或楔形，边缘有不规则的短齿或浅裂，或者全缘而波状，侧脉每边4～6条。花单生于枝杈间或叶腋；花萼筒状，裂片狭三角形或披针形，果时宿存部分增大成浅盘状；花冠长漏斗状，筒中部之下较细，向上扩大呈喇叭状，裂片顶端有小尖头，白色、黄色或浅紫色；雄蕊5，子房疏生短刺毛，花柱长11～16 cm。

蒴果，近球状或扁球状，径长约3 cm。果柄粗壮，长1～2.2 cm。果实绿色，成熟后棕色；基部宿存肉质筒状果萼，有时稍开裂。表面密被疏生粗短刺，成熟后不规则4瓣裂，内含种子多数。花果期3—12月。

种子倒卵形，长约4 mm，宽约3 mm。种子表面太阳黄色，具细小颗粒。顶部钝圆，两侧扁，边缘成环脊，从外往中间隆起数条粗脊；中间内凹，整个呈耳廓形。在外脊上基部位置具1肉质长柄状种阜，新鲜时白色，后变深棕色，常宿存。种脐在种阜下，条状沙黄色。种皮质硬，厚约0.4 mm。种子横切近哑铃状，可见种皮两侧中间薄，以及中部近矩形、米黄色胚，中间乳白色胚根。种子纵切肾形，可见中间透明至乳白色胚及近种脐处沙黄色圆柱状胚根。

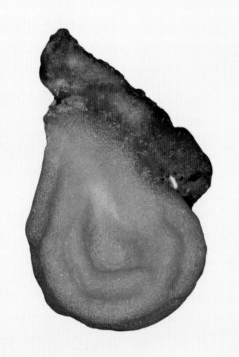

横切

种子

纵切

268

中国西沙群岛
野生植物资源

科　名　　茄科
生　境　　荒地、旷野
产　地　　永兴岛、东岛、琛航岛
别　名　　打额泡、天泡子、小酸酱

种子实际大小

小酸浆

Physalis minima L.

一年生草本，根细瘦；主轴短缩，顶端多二歧分枝，分枝披散而卧于地上或斜升，生短柔毛。叶片卵形或卵状披针形，顶端渐尖，基部歪斜楔形，全缘面波状或有少数粗齿，两面脉上有柔毛。花独生于叶腋处，具细弱的花梗，花梗生短柔毛；花萼钟状，外面生短柔毛，裂片三角形，顶端短渐尖，缘毛密；花冠黄色，花药黄白色。

浆果，球状，径长约 6 mm。果梗细瘦，长不及 1 cm，俯垂；果萼纸质，近球状或卵球状，径长 1～1.5 cm，包被果实，仅留下细小开口。果实幼时绿色，成熟时黄色。果皮薄，果肉丰富，内含种子多数。花果期 6—9 月。

种子卵形，径长约 1 mm。种子表面水仙黄色，密布弯折的细小沟棱，稍粗糙。顶部圆，两侧扁，边缘形成脊；基部截平，中间稍内凹，可见 1 条状、玉米黄色种脐；种脐周围辐射玉米黄色篦齿。种皮质较硬，厚约 0.02 mm。种子横切扁梭形，可见绿米色、油脂状胚。种子纵切纺锤形，可见绿米色、油脂状胚及近种脐处少量木栓结构与胚存在孔隙，这是种子萌发的气孔。

正常型种子，具有生理休眠（Molin et al.，1997）。萌发条件为：20℃，含 200 mg/L 赤霉素的琼脂糖培养基（1%），12 h 光照 /12 h 黑暗处理（郭永杰 等，2023）。或在 30～50℃温水浸泡 6 h，室温自然冷却，放入培养皿中，保持湿润，6 天后萌发（刘俊芳，2017）。

横切

种子

纵切

科　名　　茄科
生　境　　荒地、旷野
产　地　　永兴岛、东岛、晋卿岛、甘泉岛、珊瑚岛、赵述岛
别　名　　痣草、衣扣草、古钮子、打卜子、扣子草、古钮菜

种子实际大小

少花龙葵

Solanum americanum Mill.

　　纤弱草本，茎无毛或近于无毛。叶薄，卵形至卵状长圆形，先端渐尖，基部楔形下延至叶柄而成翅，叶缘近全缘，波状或有不规则的粗齿，两面均具疏柔毛，有时下面近于无毛；叶柄纤细，具疏柔毛。花序近伞形，腋外生，纤细，具微柔毛，着生1～6朵花，花小；萼绿色，5裂达中部，裂片卵形，先端钝，具缘毛；花冠白色，筒部隐于萼内，冠檐5裂，裂片卵状披针形；花丝极短，花药黄色，长圆形，顶孔向内；子房近圆形，花柱纤细，中部以下具白色绒毛，杜头小，头状。

　　浆果，球状，径长约5mm。果实幼时绿色，成熟后黑色。果柄纤细，具细小短茸毛；基部宿存萼片，5片。果皮较薄，果肉丰富，内含种子多数。花果期几全年。

　　种子近卵形，径长1～1.5mm。种子表面梓黄色，具不规则网纹，外黏附1层水仙黄色胶质物；顶部圆，先端钝尖，黏附篦齿状梓黄色木栓层；两侧压扁。边缘成脊，近先端脊上具1条状种脐。种皮质硬，厚约0.02mm。种子横切瓜子形，可见米黄色、油脂状胚。种子纵切扁梭形，可见米黄色、油脂状胚及种脐处玉米黄色胚根。

　　正常型种子，可在30～50℃温水浸泡6h，室温自然冷却，放入培养皿中，保持湿润，3天后萌发（刘俊芳，2017）。

横切

种子

纵切

中国西沙群岛
野生植物资源

科　名　茄科
生境　　村边、旷野
产地　　永兴岛、晋卿岛、珊瑚岛、赵述岛
别名　　黑天天、天茄菜、飞天龙、地泡子、假灯龙草、
　　　　白花菜、小果果、野茄秧、山辣椒、灯龙草

龙葵

Solanum nigrum L.

一年生直立草本。茎绿色或紫色，近无毛或被微柔毛。叶卵形，先端短尖，基部楔形至阔楔形而下延至叶柄，全缘或每边具不规则的

波状粗齿，光滑或两面均被稀疏短柔毛，叶脉每边 5～6 条。蝎尾状花序腋外生，由 3～10 花组成，花梗近无毛或具短柔毛；萼小，浅杯状，齿卵圆形，先端圆，基部两齿间连接处成角度；花冠白色，筒部隐于萼内，冠檐 5 深裂，裂片卵圆形；花丝短，花药黄色，顶孔向内；子房卵形，中部以下被白色绒毛，柱头小，头状。

浆果，球形，直径约 8 mm。幼嫩时绿色，熟时黑色。蝎尾状果序，常 5～10 个；总果梗长 1～2.5 cm，果梗长约 5 mm，近无毛或具短柔毛；果萼宿存，5 片。果皮膜质，较薄，内含种子多数。花果期几全年。

种子近卵形或倒卵形，直径 1.5～2 mm。种子表面朱红色，密布不规则颗粒，外黏附 1 层黄褐色胶质物；顶部圆；基部钝尖，具篦齿状氧化红色木栓层；两侧压扁。腹面边缘成脊，近基部脊上具 1 条状种脐。种皮质硬，厚约 0.02 mm。

正常型种子，具有生理休眠（Molin et al., 1997）。萌发条件为：25/15℃，1% 琼脂糖培养基，12 h 光照 /12 h 黑暗处理（郭永杰 等，2023）。

种子

种子群体

科　名　　茄科
生　境　　荒地、旷野
产　地　　永兴岛
别　名　　黄天茄、衫钮果、牛茄子、颠茄树、丁茄、菲岛茄

种子实际大小

野茄
Solanum undatum Lam.

直立草本至亚灌木。小枝，叶下面，密被灰褐色星状绒毛，小枝圆柱形，褐色，幼时密被星状毛及皮刺，皮刺土黄色，先端微弯，基部宽扁。上部叶常假双生，不相等；叶卵形至卵状椭圆，先端渐尖，急尖或钝，基部不等形，多少偏斜，圆形，截形或近心脏形，边缘浅波状圆裂，裂片通常5～7，上面尘土状灰绿色，密被4～9分枝的星状绒毛，以4～7分枝的较多，下面灰绿色，被7～9分枝的星状绒毛，毛的分枝较上面的长；中脉在下面凸出，在两面均具细直刺，侧脉每边3～4条，在两面均

具细直刺或无刺；叶柄密被星状绒毛及直刺，后来星状绒毛逐渐脱落。

蝎尾状花序超腋生，花梗有细直刺，花后下垂。不孕花蝎尾状，与能孕花并出，排列于花序的上端；能孕花较大，萼钟形，外面密被星状绒毛及细直刺，内面仅裂片先端被星状绒毛，萼片5，三角状披针形，先端渐尖，基部宽，花冠辐状，星形，紫蓝色；冠檐5裂，裂片宽三角形，以薄而无毛的花瓣间膜相连接，外面在裂片的中央部分被星状绒毛，内面仅上部被较稀疏的星状绒毛；花丝无毛，花药椭圆状，基部椭圆形到先端渐狭，顶孔向上；柱头头状。

浆果，球状，无毛，径长2～3 cm。果柄较长，约2.5 cm，俯垂；果萼成熟时浅黄色至棕褐色，5片，顶端膨大。果实幼嫩时绿色，成熟时黄色；果实表面光滑无毛，有时具斑纹。果肉丰富，内含种子多数，花果期5—12月。

种子卵形，径长约1 mm。种子表面水仙黄色，密布弯折的细小沟棱，稍粗糙。顶部圆，两侧扁，边缘形成脊；基部截平，中间稍内凹，可见1条状、玉米黄色种脐；种脐周围辐射玉米黄色篦齿。种皮质较硬，厚约0.02 mm。种子横切扁梭形，可见绿米色、油脂状胚。种子纵切纺锤形，可见绿米色、油脂状胚及近种脐处少量木栓结构与胚存在孔隙，这是种子萌发的气孔。

横切

种子

纵切

272　　中国西沙群岛
　　　　野生植物资源

（35）

假马鞭
Stachytarpheta jamaicensis (L.) Vahl

马鞭草科
Verbenaceae

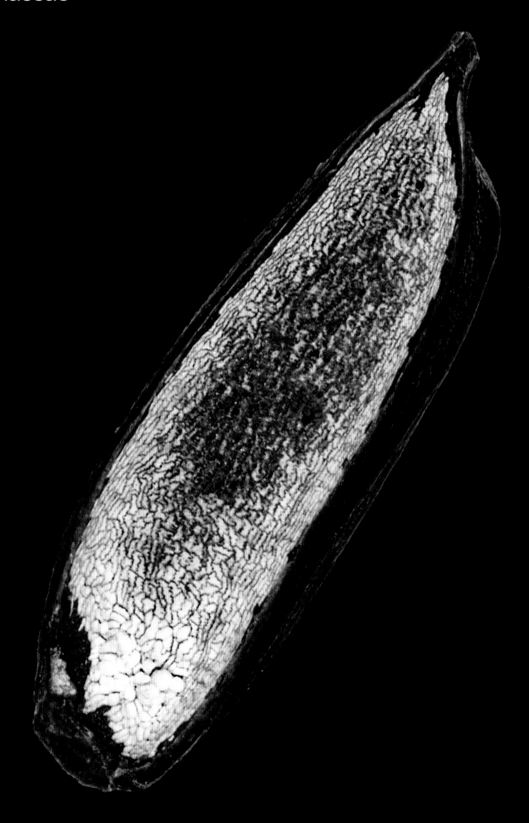

科　名　　马鞭草科
生　境　　荒地、灌丛
产　地　　永兴岛、东岛、晋卿岛、琛航岛、金银岛、
　　　　　甘泉岛、珊瑚岛
别　名　　七变花、如意草、臭草、五彩花、五色梅

核果实际大小

马缨丹
Lantana camara L.

直立或半藤状灌木，茎枝常被倒钩状皮刺。叶卵形或卵状长圆形，先端尖或渐尖，基部心形或楔形，具钝齿，上面具触纹及短柔毛，下面被硬毛，侧脉约5对；叶柄长约1cm。花序梗粗，长于叶柄；苞片披针形；花萼管状，具短齿；花冠黄或橙黄色，花后深红色。

核果，圆球形，常多个聚生成头状果序。直径约4mm，幼时绿色，成熟时紫黑色。外果皮膜质，具光泽；中果皮肉质；内果皮质硬，具纵向纹路，汇聚于基部，具珠孔。果实成熟后，中空，这利于马缨丹种子得以依靠水流传播而适应更广阔的生境。内果皮近顶部隆起，生成2个骨质分核，每个分核内含1枚种子。花果期全年。

种子小，纺锤状、扁平，长约1.2mm。基部钝尖，尾部膨胀。种子表面沙黄色，密被点状小突起，无毛。种脐线形，灰白色，于基部至顶部具1线形腹缝线。核果横切球形，可见分核种子绿米色胚乳。核果纵切梨形，可见分核中沙黄色的种皮。

横切

果实群体

纵切

中国西沙群岛
野生植物资源

科　名　马鞭草科
生　境　山坡、旷野或路旁
产　地　永兴岛、石岛、东岛、甘泉岛、珊瑚岛
别　名　过江龙、水黄芹、虾子草、大二郎箭、铜锤草、
　　　　鸭脚板、水马齿苋、苦舌草、蓬莱草

果实实际大小

过江藤
Phyla nodiflora (L.) Greene

多年生草本，有木质宿根，多分枝，全体有紧贴丁字状短毛。叶近无柄，匙形、倒卵形至倒披针形，顶端钝或近圆形，基部狭楔形，中部以上的边缘有锐锯齿。穗状花序腋生，卵形或圆柱形，花序梗长 1～7 cm；苞片宽倒卵形，花萼膜质，表面具透明柱状毛，宿存；花冠白色、粉红色至紫红色，内外无毛；花管筒宿存，长约 2 mm，具橙黄色冠毛。雄蕊短小，不伸出花冠外；子房无毛。

果实包被于花萼内，成熟后为 2 个小坚果。坚果半卵圆形，长约 1.5 mm，宽约 0.8 mm。果皮淡黄色，表面具不规则凹凸，2 小坚果腹部相互平贴，被果萼基部分泌的黄色胶状物所包裹；小坚果内含种子 1 枚。花果期 6—10 月。

种子扁卵圆形，紧贴果皮。种脐位于果梗处，被橙黄色冠毛。种皮膜质，内含少量淡黄色胚乳。

小坚果

果实群体

果实

科　名　马鞭草科
生　境　灌丛、荒地
产　地　永兴岛
别　名　蛇尾草、蓝草、大种马鞭草、玉龙鞭、倒团蛇、
　　　　假败酱、铁马鞭

种子实际大小

假马鞭
Stachytarpheta jamaicensis (L.) Vahl

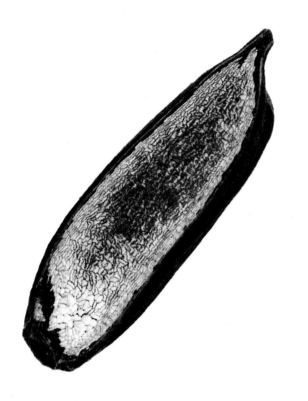

多年生粗壮草本或亚灌木；幼枝近四方形，疏生短毛。叶片厚纸质，椭圆形至卵状椭圆形，顶端短锐尖，基部楔形，边缘有粗锯齿，两面均散生短毛，侧脉3～5，在背面突起。穗状花序顶生，花单生于苞腋内，一半嵌生于花序轴的凹穴中，螺旋状着生；苞片边缘膜质，有纤毛，顶端有芒尖；花萼管状，膜质、透明、无毛；花冠深蓝紫色，内面上部有毛，顶端5裂，裂片平展；雄蕊2，花丝短，花药2裂；花柱伸出，柱头头状；子房无毛。

蒴果，线形或长圆形，长约5 mm；果柄短，果实多个，排列稀疏，包被于花萼内。成熟时裂成2瓣，中间常有成熟的果翅宿存；果实尾部具钝尖，截面长圆形，平坦，腹面被粉末状鳞片。果实背面红木棕色，光滑。花果期8—12月。

种子长圆形，(1.5～3) mm×(1～1.5) mm×(1～1.5) mm。种皮很薄，厚约0.01 mm，与果实内表皮紧贴。种子表面光滑无毛，绿米色。种子横切，可见绿米色、卵圆形胚，以及少量油质胚乳。

种子横切

种子纵切

中国西沙群岛
野生植物资源

山香
Mesosphaerum suaveolens (L.) Kuntze

唇形科
Lamiaceae

科　名　唇形科
生　境　旷野、荒地
产　地　永兴岛
别　名　白骨消、臭草、假藿香、药黄草、毛射香、
　　　　蛇百子、毛老虎、山薄荷

种子实际大小

山香
Mesosphaerum suaveolens (L.) Kuntze

一年生直立草本，分枝，被平展糙硬毛。叶卵形或宽卵形，基部圆或浅心形，稍偏斜，边缘不规则波状，具细齿，两面疏被柔毛。聚伞花序具（1）2～5花，组成总状或圆锥花序；

花萼具10条凸脉，被长柔毛及淡黄色腺点，喉部被簇生长柔毛，萼齿短三角形，先端长锥尖；花冠蓝色，外面除冠筒下部外被微柔毛，筒部上唇先端2圆裂，裂片外反，下唇侧裂片与上唇裂片相似，中裂片束状，稍短；雄蕊生于花冠喉部，花丝疏被柔毛，花药汇合；花盘宽杯状；子房无毛。

小坚果，由3～8个果实聚合成总状果序或圆锥果序于枝上。果柄长1.5～1.8 cm。果萼赭石棕色或鹿棕色，杯状，基部黏合成萼筒，顶部冠状开张，具长锥尖冠毛。果萼及果柄具短绒毛，果萼内部具种子2枚。花果期全年。

种子戟形，扁平无毛，暗褐色，（3.5～4）mm×（2.5～3）mm×（0.8～1）mm。种皮质硬，厚约0.3mm；表面凹凸不平，具不规则突起。种子基部钝尖，具2红棕色着生点，上面附着白色种阜，这2个着生点即为种脐。种子顶部钝圆，中间稍凹。从基部到顶部具1条宽约0.5 mm的沟槽。种子横切回旋镖形或长椭圆形，可见橙棕色内种皮及2象牙色子叶。种子纵切戟形，可见完整的象牙色子叶及1枚牡蛎白色、椭圆形胚。

横切

种子群体

纵切

278

中国西沙群岛
野生植物资源

科　名　唇形科
生　境　旷野、荒地
产　地　永兴岛
别　名　半夜花、蜂巢草、蜂窝草

绉面草

Leucas zeylanica (L.) R. Br.

直立草本，茎被硬毛及柔毛状硬毛。叶片长圆状披针形，先端渐尖，基部楔形而狭长，基部以上有远离的疏生圆齿状锯齿，纸质，上面绿色，疏生糙伏毛，下面淡绿色，沿脉上较密生、余部均疏生糙伏毛，密布淡黄色腺点，侧脉 3～4 对，上面微凹，下面稍突出；叶柄长密被刚毛。轮伞花序具少花，疏被糙硬毛；苞片线形，先端微刺尖；花萼管状钟形，下部无毛，上部有时疏被糙硬毛，内面疏被糙硬毛，10 脉不明显，萼口偏斜，萼齿 8～9，刺状；花冠白色，具紫斑，冠筒近喉部密被柔毛，内面具毛环，下唇较上唇长 1 倍，中裂片椭圆形，边缘波状，侧裂片卵形。

小坚果，多数，轮伞果序，腋生，着生于枝条的上端。长圆柱形，长约 5 mm。筒萼宿存，具中肋，疏生刚毛，边缘具刚毛，先端微刺尖。果实幼嫩时绿色，成熟后栗褐色，具 2 枚种子。花果期全年。

种子椭圆状近三棱形，长约 3.5 mm。种皮革质，表面红棕色至栗褐色。种子顶端钝圆，具金色颗粒状小点，有光泽；腹缝线隆起成脊，两侧扁平，背面成扇面；基部浅褐色，具膜状物质；从基部至顶部具纵向沟痕，浅。去除基部膜状物，可见 1 卵圆形、褐色种脐。种子横切扇形，可见银灰色胚乳。种子纵切椭圆形，可见银灰色胚乳及近种脐处条状灰白色胚。

横切

种子群体

纵切

科　名　　马鞭草科
生　境　　山坡、灌丛
产　地　　东岛、永兴岛
别　名　　钝叶臭黄荆

伞序臭黄荆
Premna serratifolia L.

攀缘状灌木或小乔木，老枝有圆形或椭圆形黄白色皮孔，嫩枝有短柔毛；叶片长圆状卵形、倒卵形至近圆形，顶端钝圆或短尖，但尖头钝，基部阔楔形或圆形，全缘，两面沿脉有短柔毛；叶柄有短柔毛，上面常有沟。叶纸质，长圆形或宽卵形；花序梗长1～2.5 cm，花萼下唇裂片近全缘或具不明显3齿。

核果，球形或倒卵形，径长2～4 cm。果实幼嫩时绿色，成熟后黑色；外果皮薄，具光泽；中果皮肉质，内果皮坚硬。果实表面疏被黄色腺点。顶部圆，具花冠脱落后的点状脱落痕；基部萼片常宿存。萼片长约2 mm，两面疏生黄色腺点，外面有细柔毛。每个果实具4室，内含种子1～4枚，常2枚，这使得整个果实内部具有空室，可令其水传播得更远。花果期7—9月。

种子扁圆形，长约1 cm。种子表面浅黄色，粗糙，具不规则颗粒；无毛。种子顶部钝，具脊；腹缝线成脊状，具海绵状种阜；种脐位于腹缝线中间；两侧稍膨胀。果实横切近圆形，可见种子内金雀花黄色胚乳。果实纵切倒卵形，可见种子内亮黄色胚乳，以及中轴上，近种脐处具1线状、硫黄色胚。

横切

果实

纵切

科　名　马鞭草科
生　境　海边沙地、草地
产　地　永兴岛、珊瑚岛
别　名　白背木耳、蔓荆子叶、白背五指柑

果实实际大小

单叶蔓荆
Vitex rotundifolia L. f.

落叶小灌木。茎匍匐，节处常生不定根。单叶对生，叶片倒卵形或近圆形，顶端通常钝圆或有短尖头，基部楔形，全缘。花序梗密被灰白色绒毛；花萼钟形，顶端5浅裂，外面有绒毛；花冠淡紫色或蓝紫色，外面及喉部有毛，花冠管内有较密的长柔毛，顶端5裂，二唇形，下唇中间裂片较大；雄蕊4，伸出花冠外；子房无毛，密生腺点；花柱无毛，柱头2裂。

核果，圆球形，径长约5mm。多个果实常聚生于顶部，形成总状果序。果实宿存花被片，幼时绿色，老时浅黄色，成熟后深褐色。果实表面密布腺点，成熟后呈白色点状；基部果柄脱落后，可见1圆形、稍内凹的深棕色脱落痕。每个核果内含具4室，常2室可育种子，2室形成空室。花果期7—10月。

种子三棱形，长约3mm，宽1mm。种子表面乌贼棕色，具小颗粒，粗糙；顶部锐尖，底部钝圆；背面半圆状，具棕褐色斑纹。腹缝线上具粗纵脊，种脐位于中间位置；种脐长条状，深棕色。纵脊两侧形成两个棱面，灰白色。种皮膜质，紧贴种胚。种子横切三棱圆形，可见少量金雀花黄色种胚。种子纵切舟形，可见棕黄色种胚及种脐处厚约0.3mm的木栓结构。

正常型种子，具有生理休眠或无休眠（Baskin C C and Baskin J M，2014）。萌发条件为：25/15℃，1%琼脂糖培养基，12h光照/12h黑暗处理（郭永杰 等，2023）。

横切

果实

纵切

科　名　马鞭草科
生　境　海边灌丛
产　地　永兴岛、甘泉岛、珊瑚岛
别　名　海常山、假茉利、许树、苦蓝盘、假茉莉

苦郎树
Volkameria inermis L.

攀缘状灌木，幼枝四棱，被短柔毛。叶卵形、椭圆形或椭圆状披针形，先端钝尖，基部楔形，全缘，下面无毛或沿脉疏被短柔毛，两面疏被黄色腺点，微反卷。聚伞花序，稀二歧分枝，具3（7～9）花，芳香；苞片线形，无毛；花萼钟状，被柔毛，具5微齿，果时近平截；花冠白色，5裂，裂片椭圆形，冠筒疏被腺点；雄蕊伸出，花丝紫红。

核果，倒卵形，直径7～10mm。幼果绿色，多汁液，成熟后黄灰色至深棕色；表面具细小颗粒，常具斑块；果柄长1～2cm，花萼宿存，有4条纵沟，内有4分核。果实顶部内凹，成熟后纵沟明显，易开裂。花果期3—12月。

分核舟形，长约0.8mm。腹面成脊状，两侧稍膨胀，背面环状，即外果皮。两端稍钝尖，近基部位置可见1小凹刻，即种脐。分核内含种子1枚。分核横切扇形，可见厚约0.7mm果皮，腹面具厚约0.3mm的木栓层，以及中间2瓣蜜黄色子叶，边缘膜质种皮。分核纵切扁梭形，可见中间沙黄色子叶，海绵质的木栓层可为种子的萌发吸取水分。

横切

果实

纵切

中国西沙群岛
野生植物资源

（37）

草海桐科
Goodeniaceae

草海桐
Scaevola taccada (Gaertn.) Roxb.

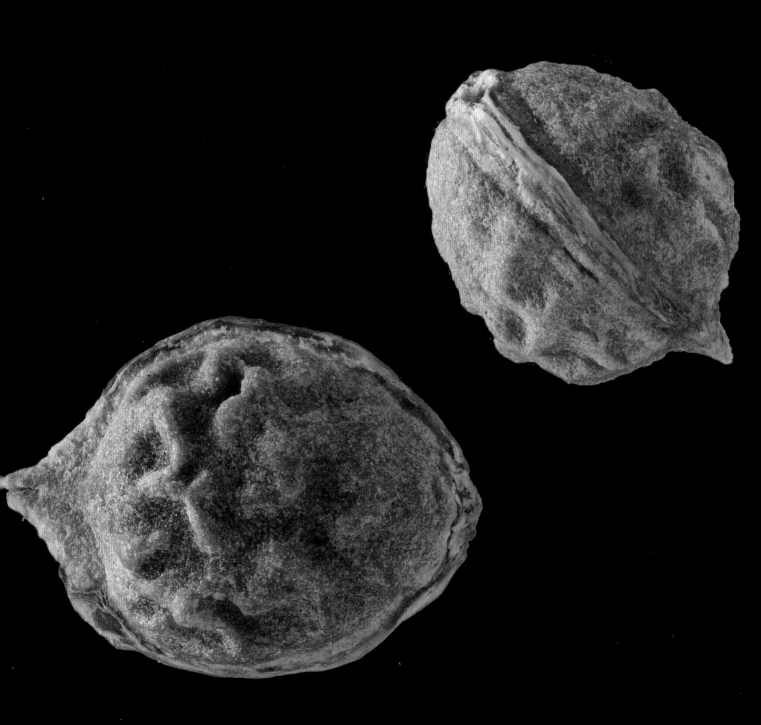

草海桐

科　名　草海桐科
生　境　海边灌丛
产　地　东岛
别　名　海南草海桐

核果实际大小

小草海桐

Scaevola hainanensis Hance

披散小灌木。枝中空，无毛。叶簇状排列，3～5，长匙形或吊坠形，基部楔形，稍弯曲；顶端圆钝，全缘，肉质。聚伞花序或单花腋生，苞片和小苞片小；花萼无毛，筒部倒卵状，裂片条状披针形；花冠白色，筒部细长，后方开裂，外革质。内而密被白色长毛，檐部开展，裂片中间厚，披针形，中部以上每边有宽而膜质的翅，翅常内叠，边缘疏生缘毛；花药在花蕾中围着花柱上部，和集粉杯下部黏成一管，花柱密被绒毛；花开放后分离，药隔超出药室，顶端成片状。

核果，椭圆形，长约8mm，径长2～3mm。果实绿色，成熟时白色；表面无毛。果实顶部冠以萼檐柱基宿存，三角状，尾尖。基部截平，有两条纵向沟槽，自底部至顶部将果分为两爿，每爿有4条棱。果实中果皮肉质，内果皮木栓化，海棉质，硬；具2室，每室各有1颗种子。花果期4—10月。

种子卵形，长2～3mm。种子表面棕黄色，膜质，光滑无毛。顶部钝尖，基部稍平；腹面平，背面稍具弧形。基部中间具1扁圆形、棕黄色种脐。种皮较薄，常紧贴内果皮。种子横切扁梭形，可见沙黄色胚。种子纵切宽卵形，可见沙黄色胚及近种脐处海绵物白色物。

横切

核果

纵切

284

中国西沙群岛
野生植物资源

科　名　草海桐科
生　境　海边灌丛
产　地　永兴岛、石岛、东岛、中建岛、晋卿岛、琛航岛、广金岛、羚羊礁、金银岛、甘泉岛、珊瑚岛、银屿、西沙洲、赵述岛、北岛、中岛、南岛、北沙洲、中沙洲、南沙洲
别　名　羊角树

核果实际大小

草海桐

Scaevola taccada (Gaertn.) Roxb.

直立或铺散灌木。枝中空通常无毛，但叶腋里密生一簇白色须毛。叶螺旋状排列，大部分集中于分枝顶端，匙形至倒卵形，基部楔形，顶端圆钝，平截或微凹，全缘，或边缘波状，无毛或背面有疏柔毛，稍稍肉质。聚伞花序腋生，苞片和小苞片小，腋间有一簇长须，具关节；花萼无毛，筒部倒卵状，裂片条状披针形；花冠白色或淡黄色，筒部细长，后方开裂至基部，外而于革. 内而密被白色长毛，檐部开展，裂片中间厚，披针形，中部以上每边有宽而膜质的翅，翅常内叠，边缘疏生缘毛；花药在花蕾中围着花柱上部，和集粉杯下部黏成一管，花开放后分离，药隔超出药室，顶端成片状。

核果，卵球状，径长 7～10 mm。果实绿色，成熟时白色；表面无毛或有短柔毛。果实顶部具萼檐宿存，片状，尾尖。基部具疏凹凸，有两条纵向沟槽，自底部至顶部将果分为两爿，每爿有 4 条棱。果实中果皮肉质，内果皮木栓化，海绵质，硬；具 2 室，每室各有 1 颗种子，常 1 枚种子败育而形成空室。花果期 4—12 月。

种子阔卵形，长 2～3 mm。种子表面浅黄色，薄膜质，光滑无毛。顶部钝尖，基部稍平；腹面平，背面稍具弧形。基部中间具 1 扁圆形、棕色种脐。种皮很薄，常紧贴内果皮。种子横切半圆形，可见绿米色胚。种子纵切宽卵形，可见绿米色胚。

萌发方式：可在 30～50 ℃温水浸泡 6 h，室温自然冷却，放入培养皿中，保持湿润，15 天后萌发（刘俊芳，2017）。

横切

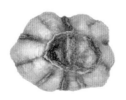

核果

纵切

菊科
Asteraceae

鳢肠
Eclipta prostrata (L.) L.

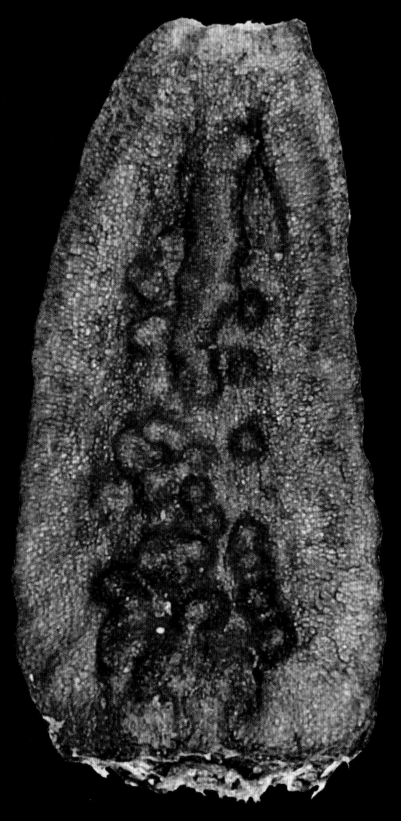

中国西沙群岛
野生植物资源

科　名　菊科
生　境　荒坡路旁
产　地　永兴岛、石岛、东岛、中建岛、琛航岛、金银岛、
　　　　珊瑚岛
别　名　缩盖斑鸠菊、染色草、伤寒草、消山虎、假咸虾
　　　　花、寄色草、小花夜香牛

瘦果实际大小

夜香牛
Vernonia cinerea (L.) Less.

一年生或多年生草本。茎上部分枝，被灰色贴生柔毛，具腺。下部和中部叶具柄，菱状卵形、菱状长圆形或卵形，基部窄楔状成具翅柄，疏生具小尖头锯齿或波状，侧脉 3～4 对，上面被疏毛，下面沿脉被灰白或淡黄色柔毛，两面均有腺点；上部叶窄长圆状披针形或线形。头状花序，具 19～23 花，多数在枝端成伞房状圆锥花序；花序梗细长，具线形小苞片或无苞片，被密柔毛；总苞钟状，总苞片 4 层，绿色或近紫色，背面被柔毛和腺，外层线形，中层线形，内层线状披针形，先端刺尖；花淡红紫色。

头状果序多数，或稀少数，径 6～8 mm，在茎枝端排列成伞房状或圆锥状。瘦果，圆柱形，长约 2 mm。顶端截形，基部缩小，被密短毛和腺点；冠毛白色，2 层，外层多数而短，内层近等长，糙毛状，长 4～5 mm。花期全年。

种子长圆柱形，长约 1.6 mm。种子表皮浅褐色，紧贴内果皮，膜质。两端截平，基部具 1 圆形、灰白色种脐；顶部具内凹圆形衣领状环。种子横切近圆形，可见绿米色油脂状胚乳。种子纵切长圆形，可见柠檬黄色油脂状胚乳，胚不明显。

正常型种子。萌发条件为：20 ℃或 25/25 ℃，1% 琼脂糖培养基，12 h 光照 /12 h 黑暗处理（郭永杰 等，2023）。

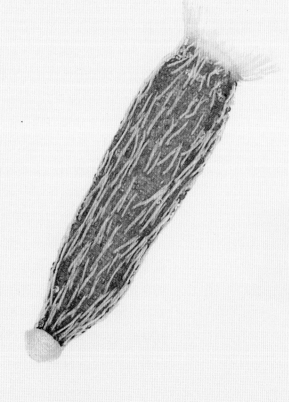

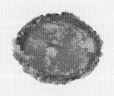
横切

瘦果

纵切

瘦果实际大小

咸虾花

Cyanthillium patulum (Aiton.) H. Rob.

一年生草本。根垂直，具多数纤维状根；茎直立，多分枝，枝圆柱形，开展，具明显条纹，被灰色短柔毛，具腺；基部和下部叶在花期常凋落，中部叶具柄，卵形，卵状椭圆形，稀近圆形，顶端钝或稍尖，基部宽楔状狭成叶柄，边缘具圆齿状具小尖的浅齿，波状，或近全缘，侧脉 4～5 对，弧状斜升，上面绿色，被疏短毛或近无毛，下面被灰色绢状柔毛，具腺点。头状花序，通常 2～3 个生于枝顶端，或排列成分枝宽圆锥状或伞房状，具 75～100 朵花；花序梗密被绢状长柔毛，无苞片；总苞扁球状，基部圆形，多少凹入；总苞片 4～5，被短柔毛。花瓣紫色，花柱分枝钝，有乳头状突起。

头状果序，通常 2～3 个生于枝顶端，或排列成分枝宽圆锥状或伞房状；径 8～10 mm，具 75～100 个瘦果。瘦果，圆柱状，长 1～1.5 mm。瘦果幼嫩时青褐色，成熟后棕黄色至深棕色。冠毛白色，1 层，糙毛状，近等长，长 2～3 mm，易脱落。基部宽五边形或矩形，中间具 1 圆形、深褐色珠孔；具 4～5 棱，无毛，侧面具颗粒状腺点。花果期 7 月至翌年 5 月。

每个瘦果内含种子 1 枚。种皮薄，与内果皮紧贴。种子表面沙黄色，顶部合尖，具 1 棕褐色花柱；基部钝圆，珠孔具 1 圆形、金黄色种脐。瘦果横切五边形或矩形，可见银灰色油脂状胚乳。瘦果纵切长圆柱形，可见柠檬黄色油脂状胚乳，以及种脐处短圆形、蜜黄色胚。

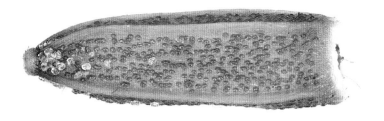

横切

瘦果

纵切

科　名　菊科
生　境　旷野湿地
产　地　永兴岛、东岛
别　名　凉粉草、墨汁草、墨旱莲、墨莱、旱莲草、野万
　　　　红、黑墨草

鳢肠

Eclipta prostrata (L.) L.

一年生草本。茎直立，斜升或平卧，通常自基部分枝，被贴生糙毛。叶长圆状披针形或披针形，端尖或渐尖，边缘有细锯齿或有时仅波状，两面被密硬糙毛。头状花序，总苞球状钟形，总苞片绿色，草质，5～6个排成2层，长圆形或长圆状披针形，外层较内层稍短，背面及边缘被白色短伏毛；外围的雌花2层，舌状，舌片短，顶端2浅裂或全缘，中央的两性花多数，花冠管状，白色，顶端4齿裂；花柱分枝钝，有乳头状突起；花托凸，有披针形或线形的托片，托片中部以上有微毛。

头状果序，径6～8mm，生长于茎枝端或叶腋处。瘦果，幼嫩时绿色，成熟后暗褐色，长约2.8mm。雌花的瘦果三棱形，两性花的瘦果扁四棱形。果实顶端截形，具1～3个细齿，常附着杂质膜状物；基部稍缩小，边缘具白色的肋，表面有小瘤状突起，无毛。花果期6—9月。

每个瘦果内含种子1枚。种皮与内果皮紧贴在一起。种子表面黑褐色，具纵向纹络；顶部椭圆，基部扁，稍尖，具1线状深褐色种脐。瘦果横切四棱形或三棱形，可见白灰色颗粒状胚乳。瘦果纵切长条状圆柱形，可见银灰色颗粒状胚乳，以及近种脐处黄褐色条状胚。

横切

瘦果

纵切

科　名　菊科
生　境　旷野荒地
产　地　永兴岛
别　名　紫背叶、红背果、片红青、叶下红、红头草、牛奶奶、花古帽、野木耳菜、羊蹄草、红背叶

瘦果实际大小

一点红
Emilia sonchifolia (L.) DC.

一年生草本。茎直立或斜升，稍弯，通常自基部分枝，灰绿色，无毛或被疏短毛。叶质较厚，下部叶密集，大头羽状分裂，顶生裂片大，宽卵状三角形，顶端钝或近圆形，具不规则的齿，侧生裂片通常1对，长圆形或长圆状披针形，顶端钝或尖，具波状齿，上面深绿色，下面常变紫色，两面被短卷毛；中部茎叶疏生，较小，卵状披针形或长圆状披针形，基部箭状抱茎，顶端急尖，全缘或有不规则细齿；上部叶少数，线形。头状花序，通常2～5，在枝端排列成疏伞房状；花序梗细，无苞片，总苞圆柱形，基部无小苞片；总苞片1层，8～9，长圆状线形或线形，黄绿色，顶端渐尖，边缘窄膜质，背面无毛。小花粉红色或紫色，管部细长，檐部渐扩大，具5深裂。

头状果序，长8mm，后伸长达14mm，花后直立，2～5个，在枝端排列成疏伞房状。1个果序具40～60个瘦果。瘦果，圆柱形，长3～4mm，具5棱，肋间被微毛；冠毛丰富，白色，细软。冠毛脱落后，顶部具1条花柱宿存。果实基部钝圆，具1圈圆形脱落痕。花果期7—10月。

每个瘦果内含种子1枚。种皮不明显，与果皮紧贴。种子表面金雀花黄色，具纵棱；顶部渐尖至黑色的花托，基部稍内凹，具1圆形、小、浅褐色种脐。瘦果横切近圆形，可见赭黄色、颗粒状胚乳。瘦果纵切长条形，可见赭黄色胚乳，胚不明显。

横切

瘦果群体

纵切

中国西沙群岛
野生植物资源

科　名　菊科
生　境　荒坡、草地
产　地　永兴岛
别　名　蓑衣草、野地黄菊、野塘蒿

瘦果实际大小

香丝草
Erigeron bonariensis L.

一年生或二年生草本，根纺锤状，常斜升，具纤维状根。茎直立或斜升，中部以上常分枝，常有斜上不育的侧枝，密被贴短毛，杂有开展的疏长毛。叶密集，基部叶花期常枯萎，下部叶倒披针形或长圆状披针形，顶端尖或稍

钝，基部渐狭成长柄，通常具粗齿或羽状浅裂；中部和上部叶具短柄或无柄，狭披针形或线形，中部叶具齿，上部叶全缘，两面均密被贴糙毛。头状花序多数，在茎端排列成总状或总状圆锥花序；总苞椭圆状卵形，总苞片2～3层，线形，顶端尖，背面密被灰白色短糙毛，外层稍短或短于内层之半，内层具干膜质边缘。花托稍平，有明显的蜂窝孔；雌花多层，白色，花冠细管状，无舌片或顶端仅有3～4个细齿；两性花淡黄色，花冠管状，管部上部被疏微毛，上端具5齿裂。

头状果序多数，径长8～10 mm，在茎端排列成总状或总状圆锥果序，每个果序具瘦果70～130个。瘦果线状披针形，长1.5 mm，扁压，被疏短毛。瘦果顶部着生冠毛1层，淡红褐色，长约4 mm，冠毛形成衣领状环，棕黄色。每个瘦果内含种子1枚。花果期5—10月。

种子长条状披针形，长约1.2 mm。种子表面棕黄色，具纵棱，细小。顶部钝圆，与瘦果衣领状环贴合处形成1圆形、灰褐色端面；基部渐尖，合生于端点形成1点状、金黄色种脐。种脐外围具1圈浅黄色荤轮。

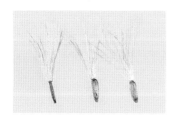
瘦果群

瘦果

科 名　菊科
生 境　海边旷地
产 地　永兴岛、石岛、琛航岛、金银岛、珊瑚岛
别 名　白背菜、鸡菜、菊三七、富贵菜、百子菜、白背
　　　　三七

白子菜

Gynura divaricata (L.) DC.

多年生草本。茎直立，或基部多少斜升，木质，干时具条棱，无毛或被短柔毛，稍带紫色。叶质厚，通常集中于下部；叶片卵形，椭圆形或倒披针形，顶端钝或急尖，基部楔状狭或下延成叶柄，近截形或微心形，边缘具粗齿，上面绿色，下面带紫色，侧脉3～5对，细脉常连结成近平行的长圆形细网，干时呈清晰的黑线，两面被短柔毛；叶柄基部有卵形或半月形具齿的耳。上部叶渐小，苞叶状，狭披针形或线形，羽状浅裂，无柄，略抱茎。头状花序，

花序梗密被短柔毛，具1～3线形苞片。总苞片被疏短毛或近无毛。小花橙黄色，有香气，略伸出总苞；花冠管部细，上部扩大，裂片长圆状卵形，顶端尖，红色。花药基部钝或微箭形；花柱分枝细，有锥形附器，被乳头状毛。

头状果序，径长1.5～2cm，通常2～5个在茎或枝端排成疏伞房状圆锥果序，常呈叉状分枝；果序梗长1～15cm，被密短柔毛，具1～3线形苞片。总苞钟状，长8～10mm，宽6～8mm，基部有数个线状或丝状小苞片；总苞片1层，11～14个，狭披针形，长8～10mm，宽1～2mm，顶端渐尖，呈长三角形，边缘干膜质，背面具3脉，被疏短毛或近无毛。每个果序内含瘦果约80个，花果期8—10月。

瘦果，圆柱形，长约5mm。果实表面褐色，具10条肋，被微毛；冠毛白色，绢毛状，长10～12mm。每个果实内含种子1枚。种子扁平，宽叶形，长约1mm。近基部棕褐色，往顶部逐渐呈蜜黄色；基部钝尖，具1点状种脐；顶部薄膜质，透明化。两侧扁平，中间具1线形棕褐色脊。种子横切扁圆形，可见油脂状、红橙色胚乳。种子纵切长条状，可见近种脐处粗大，具红橙色胚乳。

横切

果序

纵切

科　名　菊科
生　境　海岸边
产　地　永兴岛、琛航岛、珊瑚岛
别　名　蔓茎栓果菊

匍枝栓果菊

Launaea sarmentosa (Willd.) Merr. et Chun

多年生匍匐草本。根垂直直伸，圆柱状，木质，自根颈发出匍匐茎，匍茎上有稀疏的节，节上生不定根及莲座状叶，全部植株光滑无毛。

基生叶多数，莲座状，倒披针形，羽状浅裂或稍大头羽状浅裂、或边缘浅波状锯齿，侧裂片1～3对，对生或互生，顶端圆形或钝，顶裂片不规则菱形或三角形，顶端钝或圆形或急尖。头状花序约含14枚舌状小花，单生于基生叶的莲座状叶丛中与匍茎节上的莲座状叶丛中。总苞圆柱状，总苞片3～4层，外层及最外层最短，三角形或长椭圆形，顶端钝，内层及最内层长，披针形，顶端急尖或钝，边缘白色膜质。舌状小花黄色，舌片顶端5齿裂。

瘦果，钝圆柱状，长8～10 mm。头状果序，具总苞片，约13 mm，3～4层。果实具白色长且多的冠毛，纤细，长约6 mm。种子与冠毛连接处具棕褐色衣领状环。种子1枚。花果期6—12月。

种子长圆柱形，长3～4 mm。种子表面棕黄色，具4条大而钝的纵肋。基部具圆形、灰白色种脐；顶部具内凹圆形衣领状环。

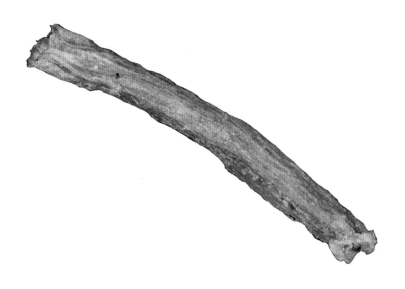

果实

种子

种子

科　名　菊科
生　境　海滩、草地
产　地　永兴岛、石岛、东岛、中建岛、晋卿岛、琛航岛、
　　　　广金岛、金银岛、甘泉岛、珊瑚岛
别　名　长柄菊、肺炎草、大衣扣、野雏菊

羽芒菊
Tridax procumbens L.

　　多年生铺地草本。茎被倒向糙毛或脱毛；中部叶披针形或卵状披针形，边缘有粗齿和细齿，基部渐窄或近楔形，上部叶卵状披针形或窄披针形，有粗齿或基部近浅裂。头状花序少数，单生茎、枝顶端；总苞钟形，总苞片 2～3 层，外层绿色，卵形或卵状长圆形，背面被密毛，内层长圆形，无毛，最内层线形，鳞片状；雌花 1 层，舌状，舌片长圆形，先端 2～3 浅裂；两性花多数，花冠管状，被柔毛。

　　头状果序，少数，直径 1～1.4 cm，单生茎、枝顶端，果梗长 10～30 cm，被白色疏毛；1 个果序具 30～50 个瘦果。瘦果，陀螺形或倒圆锥形，稀圆柱状。果实黑褐色，具纵脊，密被疏毛；冠毛长约 8 mm，上部污白色，下部黄褐色。冠毛中间具 1 圆形、深褐色花托。果实成熟后，瘦果基部具 1 圆点状、白色脱落痕。花果期 11 月至翌年 3 月。

　　每个瘦果内含种子 1 枚。种皮与果皮紧贴。种子表面黑褐色，具纵棱；顶部钝圆；基部渐尖，紫褐色，于端部具 1 点状、白色种脐。瘦果横切矩形或五边形，可见白灰色胚乳。瘦果纵切长条状，可见银白色胚乳，以及基部 1 短圆柱形、沙黄色胚。

　　正常型种子，可在 30～50℃温水浸泡 6 h，室温自然冷却，放入培养皿中，保持湿润，6 天后萌发（刘俊芳，2017）。

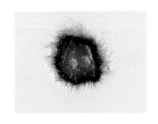

横切

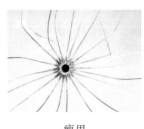

瘦果

纵切

中国西沙群岛
野生植物资源

科　名　菊科
生　境　村边旷野
产　地　永兴岛、石岛、东岛、琛航岛、广金岛、金银岛、
　　　　珊瑚岛
别　名　穿地龙、地锦花、南美蟛蜞菊、三裂叶蟛蜞菊

瘦果实际大小

南美蟛蜞菊
Sphagneticola trilobata (L.) Pruski

多年生草本。茎横卧地面，茎长可达2m以上；叶对生，椭圆形，叶上有3裂，因而也叫三裂叶蟛蜞菊。头状花序，多单生，外围雌花1层，舌状，顶端2～3齿裂，黄色，中央两性花，黄色，结实。

瘦果，倒卵形，长约4mm。果实表面具网状纹络，基部钝尖，4棱。基部至尾部，由梓黄色渐变成绿米色。基部表面黏附1层白色膜。顶部1圆形黄橙色脱痕，周围长满透明冠毛。种子1枚。花果期3—9月。

种子倒卵形，长约3mm。种子与果皮紧贴在一起。种皮深褐色。种脐圆形，平。顶部与果实顶部脱痕合生。种子横切，可见菱形乳白色胚乳，外围1圈白色营养胚。种子纵切，可见2瓣乳白色胚乳，种脐处1牡蛎白色胚芽。

横切

瘦果群体

纵切

参考文献

- ASHMAN T L, KWOK A, HUSBAND B C, 2013. Revisiting the dioecy—polyploidy association: alternate pathways and research opportunities [J]. *Cytogenetic & Genome Research*, 140(2-4):241-255.

- BASKIN C C, BASKIN J M. 2014. Seeds Ecology, Biogeography, and Evolution of Dormancy and Germination[M]. Oxfoed: Elsevier.

- CRUDEN R W, 1977. Pollen—ovule ratios: a conservative indicator of breeding systems in flowering plants [J]. *Evolution*: 32-46.

- HERBECK L S, Unger D, Krumme U, et al., 2011. Typhoon-induced precipitation impact on nutrient and suspended matter dynamics of a tropical estuary affected by human activities in Hainan, China[J].*Estuarine Coastal & Shelf Science*, 3(4):375-388.

- HEWITT N,1998. Seed size and shade—tolerance: a comparative analysis of North American temperate trees. *Oecologia* . (114): 432-440.

- LAMB J B, van de Water, Jeroen A J M, Bourne D G ,et al., 2017, Seagrass ecosystems reduce exposure to bacterial pathogens of humans, fishes, and invertebrates[J]. *Science*, 355(6326):731-733.

- LI S, TU T, LI S et al., 2024. Different mechanisms underlie similar species-area relationships in two tropical archipelagoes. *Plant Diversity*. 46(2024): 238-246.

- LI S, QIAN X, ZHENG Y et al., 1998. DNA barcoding the flowering plants from the tropical coral islands of Xisha (China). *Ecology and Evolution*. 8(21):10587-10593.

- LIU Y, LUO Z, WU X, et al., 2012. Functional dioecy in *Morinda parvifolia* (Rubiaceae), a species with stigma height dimorphism[J]. *Plant systematics and evolution*, 298(4): 775-785.

- MCMULLEN C K,1987. Breeding systems of selected Galapagos islands angiosperms [J]. *American Journal of Botany*, 74(11):1694-1705.

- MCMULLEN C K, 2007. Pollination biology of the Galapagos endemic, *Tournefortia rufo-sericea* (Boraginaceae) [J]. *Botanical Journal of the Linnean Society*, 153(1):21-31.

- MEUDT H M, ALBACH D C, TANENTZAP A J, et al., 2021. Polyploidy on islands: its emergence and importance for diversification[J]. *Frontiers in plant science*, 12:1-14.

- MOLIN W T, KHAN R A, BARINBAUM R B, et al. 1997. Green kyllinga (*Kyllinga brevifolia*): germination and herbicidal control [J]. Weed Sci, 45(4): 546-550.

- NAKAJIMA Y, Matsuki Y, Lian C, et al., 2012. Development of novel microsatellite markers in a tropical seagrass, Enhalus acoroides[J]. *Conservation Genetics Resources*, 4(2): p.515-517.

中国西沙群岛
野生植物资源

PHILIP O, MATHEW P M, 1978. Heterostyly and pollen dimorphism in *Morinda tinctoria* Roxb [J]. *New botanist*.

RAZAFIMANDIMBISON S G, MCDOWELL T D, Halford D A, et al., 2010. Origin of the pantropical and nutriceutical *Morinda citrifolia* L.(Rubiaceae): comments on its distribution range and circumscription[J]. *Journal of biogeography*, 37(3): 520–529.

REDDY N, BAHADUR B, 1978. Heterostyly in Morinda tomentosa Roxb. (Rubiaceae)[J]. *Acta botanica Indica*.

WAKI J, OKPUL T, KOMOLONG M K, 2008. Assessing the extent of diversity among noni *Morinda citrifolia* L. genotypes of Morobe Province, Papua New Guinea[J]. *The South Pacific Journal of Natural and Applied Sciences*, 26(1): 11–24.

WANG X P, WEN M H, WU M S, et al., 2020. Gynodioecy or leaky dioecy? The unusual sexual system of a coral dune-habitant *Tournefortia argentea* (Boraginaceae)[J]. *Plant Systematics and Evolution*, 306(70):1–11.

WANG X P, WEN M H, WU M S, et al., 2020. *Cordia subcordata* (Boraginaceae), a distylous species on oceanic coral islands, is self-compatible and pollinated by a passerine bird[J]. *Plant Ecology and Evolution*, 153 (3):361–372.

XU Y Q, LUO Z L, GAO S X, et al., 2018. Pollination niche availability facilitates colonization of *Guettarda speciosa* with heteromorphic self-incompatibility on oceanic islands[J]. *Scientific Reports*, 8:13765.

XU Y Q, LUO Z L, WANG J, et al., 2021. Secondary pollen presentation: More than to increase pollen transfer precision[J]. *Journal of Systematic and Evolution*, 00(0):1–10.

YANG Y, DAVID K F, LIU B, et al., 2022. Recent advances on phylogenomics of gymnosperms and a new classification[J]. *Plant Diversity*, (44):340–350.

ZHANG H, ZHANG C Q, SUN Z Z, et al., 2011. A major locus qS12, located in a duplicated segment of chromosome 12, causes spikelet sterility in an indica—japonica rice hybrid [J]. *Theoretical & Applied Genetics*, 123(7):1247.

蔡洪月，刘楠，温美红，等，2020. 西沙群岛银毛树 (*Tournefortia argentea*) 的生态生物学特性 [J]. 广西植物，40(3):375–383.

陈桂葵，陈桂珠，1998. 中国红树林植物区系分析 [J]. 生态科学，(2):21–25.

陈俊仁，1978. 我国南部西沙群岛地区第四纪地质初步探讨 [J]. 地质科学，(1):45–56,97.

陈连宝，陶全珍，詹兴伴，1995. 广东海岛气候 [M]. 广州：广东科技出版社．

陈史坚，1982. 南海赤道带和热带界线划分的探讨 [J]. 热带地理，(2):20–24.

陈树培，邓义，陈炳辉，等，1994. 广东海岛植被和林业 [M]. 广州：广东科技出版社．

陈玉凯，2014. "岛屿效应" 对植物多样性分布格局的影响 [D]. 海口：海南大学．

陈之端，应俊生，路安民，2012. 中国西南地区与台湾种子植物间断分布现象 [J]. 植物学报，47(6):551–570.

邓双文，王发国，刘俊芳，等，2017. 西沙群

岛植物的订正与增补 [J]. 生物多样性, 25
(11):1246-1250.

- 邓义, 1996. 从森林植被特点看广东海岛自然地
  带属性 [J]. 热带地理, (2):152-159.

- 段瑞军, 黄圣卓, 王军, 等, 2020. 永乐群岛
  维管植物资源调查与分析 [J]. 热带作物学报,
  41(8):1714-1722.

- 方发之, 陈素灵, 吴钟亲, 2019. 海南岛礁
  生态修复先锋植物筛选 [J]. 福建林业科技,
  46(3):23-28.

- 龚敏, 符文英, 周静, 2009. 诺丽鲜果与诺丽发
  酵汁的挥发性成分的对比研究 [J]. 食品科技,
  34(9):33-35.

- 龚子同, 刘良梧, 周瑞荣, 1996. 南海诸岛土壤
  的形成和年龄 [J]. 第四纪研究, 16:88-95.

- 龚子同, 张甘霖, 杨飞, 2013. 南海诸岛的土壤及
  其生态系统特征 [J]. 生态环境学报, 22(2):183-
  188.

- 郭永杰, 杨湘云, 李涟漪, 等, 2023. 浙江海岛
  常见野生植物种质资源 [M]. 北京: 科学出版社.

- 广东省植物研究所西沙群岛植物调查队, 1977.
  我国西沙群岛的植物和植被 [M]. 北京: 科学出
  版社.

- 海南省海洋厅调查领导小组, 1999. 海南省海岛
  土壤资源调查研究报告 [M]. 北京: 海洋出版社.

- 黄晖, 董志军, 练健生, 2008. 论西沙群岛珊
  瑚礁生态系统自然保护区的建立 [J]. 热带地
  理, 28(6):540-544.

- 黄圣卓, 段瑞军, 蔡彩虹, 等, 2020. 中国渚
  碧岛和永暑岛维管植物调查 [J]. 热带生物学
  报, 11(1):42-50.

- 黄威廉, 2010. 台湾亚高山寒温性针叶群系植

被地理 [J]. 贵州科学, 28(2):1-7.

- 黄威廉, 2003. 台湾植被类型分类系统 [J]. 贵州
  科学, (Z1):40-45,60.

- 黄威廉, 1984. 台湾植物区系特征 [J]. 台湾研究
  集刊, (1):103-113.

- 黄小平, 黄良民, 李颖虹, 等, 2006. 华南沿
  海主要海草床及其生境威胁 [J]. 科学通报,
  (S3):114-119.

- 黄小平, 江志坚, 范航清, 等, 2016. 中国海草
  的"藻"名更改 [J]. 海洋与湖沼, (1):5.

- 黄小平, 江志坚, 张景平, 等, 2010. 广东沿
  海新发现的海草床 [J]. 热带海洋学报, 29(01):
  132-135.

- 黄小平, 江志坚, 张景平, 等, 2018. 全球海草
  的中文命名 [J]. 海洋学报, 4(4):127-133.

- 贾瑞丰, 尹光天, 杨锦昌, 等, 2011. 红厚壳
  的研究进展及应用前景 [J]. 广东林业科技,
  27(2):85-90.

- 简曙光, 2020. 中国热带珊瑚岛植被 [J]. 广西
  植物, 40(3):443.

- 江志坚, 黄小平, 2010. 我国热带海岛开发利用
  存在的生态环境问题及其对策研究 [J]. 海洋环
  境科学, 29(3):432-435.

- 景汝勤, 1981. 栲胶和鞣料植物 [J]. 植物杂志,
  (1):24-25.

- 黎春红, 蔡岩, 2013. 西沙群岛海洋生物资源的
  旅游开发与利用 [J]. 热带生物学报, 4(2):177-
  180.

- 李伯平, 梁庆, 2017. 乐昌市饲用植物资源研究
  [J]. 现代农业科技, (6):251-252,258.

- 李贺敏, 李潮海, 2006. 白花蛇舌草的生育规律

研究 [J]. 时珍国医国药, (5):888–889.

- 李嘉琪, 白爱娟, 蔡亲波, 2018. 西沙群岛和涠洲岛气候变化特征及其与近岸陆地的对比 [J]. 热带地理, 38(1):72–81.

- 李盛春, 2019. 西沙群岛与万山群岛植物物种多样性分布格局及群落系统发育结构 [D]. 北京: 中国科学院大学.

- 李晓盈, 刘东明, 简曙光, 等, 2021. 海岸桐的抗旱生物学特性 [J]. 广西植物, 41(6):914–921.

- 李永泉, 罗中莱, 张奠湘, 2007. 叶下珠科花粉组织化学、花粉数和胚珠数及其与传粉者关系的研究 [J]. 生物多样性, (6):645–651.

- 李镇魁, 2001. 广东省珍稀濒危植物资源及其开发利用 [J]. 广东林业科技, (3):33–36.

- 廖文波, 张宏达, 1994. 广东种子植物区系与邻近地区的关系 [J]. 广西植物, (3):217–226.

- 林爱兰, 1997. 西沙群岛基本气候特征分析 [J]. 广东气象, (4):17–18.

- 刘俊芳, 2017. 西沙群岛植物染色体数目与倍性研究 [D]. 北京: 中国科学院大学.

- 刘南威, 2005. 现行南海诸岛地名中的渔民习用地名 [J]. 热带地理, (2):189–194.

- 刘松林, 江志坚, 吴云超, 等, 2015. 海草床育幼功能及其机理 [J]. 生态学报, 35(24):10.

- 刘松林, 江志坚, 吴云超, 等, 2017. 海草床沉积物储碳机制及其对富营养化的响应 [J]. 科学通报, 62(28):10.

- 刘晓东, 孙立广, 汪建君, 等, 2007. 过去 1300 年南海东岛生态环境对气候变化的响应 [J]. 中国科学技术大学学报, (8):1009–1016.

- 卢演俦, 杨学昌, 贾蓉芬, 1979. 我国西沙群岛第四纪生物沉积物及成岛时期的探讨 [J]. 地球化学, (2):93–102, 179–180.

- 彭静怡, 刘广超, 柴立辉, 等, 2021. 相思子毒素结构特征、毒作用机制、检测及其中毒防治研究进展 [J]. 中国药理学与毒理学杂志, 35(12):962–968.

- 邱广龙, 苏治南, 范航清, 等, 2020. 贝克喜盐草的生物学和生态学特征及其保护对策 [J]. 海洋环境科学, 39(01):121–126.

- 任海, 简曙光, 张倩媚, 等, 2017. 中国南海诸岛的植物和植被现状 [J]. 生态环境学报, 26(10):1639–1648.

- 任海, 2020. 热带海岛及海岸带植被景观 [M]. 北京: 中国林业出版社.

- 三沙市人民政府, 2022. 三沙概况 [EB/OL], http://www.sansha.gov.cn/.

- 沈宏毅, 陈祥, 肖尊琰, 1991. 黑荆树皮单宁组分研究 (□)——黑荆树皮多聚原花色素分子量及其分布研究 [J]. 林产化学与工业, (3):183–189.

- 沈鹏飞, 1993. 调查西沙群岛报告书 [M]. 广州: 中山大学农学院出版部.

- 宋光满, 刘楠, 简曙光, 等, 2018. 榄仁树的生理和生物学特性 [J]. 热带亚热带植物学报, 26(1):40–46.

- 苏文潘, 吕平, 韦丽君, 等, 2006. 海巴戟研究进展 [J]. 广西热带农业, (2):37–39.

- 孙立广, 刘晓东, 2014. 南海岛屿生态地质学 [M]. 上海: 上海科学技术出版社.

- 孙晓慧, 史建康, 李新武, 等, 2021. 西沙群岛精细植被分布的遥感制图及动态变化 [J]. 遥感学报, 25(7):1473–1488.

- 唐杉, 2009. 我国南海热带珊瑚礁岛屿生物多

样性研究 [D]. 合肥：中国科学技术大学 .

- 唐永銮，1983. 海南岛海岸带和生态平衡 [J]. 生态科学，(2):60-64.

- 童毅，简曙光，陈权，等，2013. 中国西沙群岛植物多样性 [J]. 生物多样性，21(3):364-374.

- 涂铁要，张奠湘，任海，2022. 中国热带海岛植被 [M]. 重庆：重庆大学出版社 .

- 王道儒，吴钟解，陈春华，等，2012. 海南岛海草资源分布现状及存在威胁 [J]. 海洋环境科学，31(01):34-38.

- 王清隆，汤欢，王祝年，等，2019. 西沙群岛维管植物资料增补 (□)[J]. 热带作物学报，40(6):1230-1236.

- 王清隆，汤欢，王祝年，2019. 西沙群岛植物资源多样性调查与评价 [J]. 热带农业科学，39(8):40-52.

- 王清隆，汤欢，虞道耿，等，2021. 西沙群岛维管植物资料增补（□）[J]. 热带作物学报，42(8):2430-2434.

- 王全杰，任方萍，高龙，等，2011. 新型植物皮革鞣剂的研究进展 [J]. 皮革科学与工程，21(4):38-40.

- 王瑞，2011. 西沙群岛土壤环境特征分析及质量评价 [D]. 海口：海南大学 .

- 王森浩，朱怡静，王玉芳，等，2019. 西沙群岛主要岛屿不同植被类型对土壤理化性质的影响 [J]. 热带亚热带植物学报，27(4): 383-390.

- 王馨慧，刘楠，任海，等，2017. 抗风桐 (Pisonia grandis) 的生态生物学特征 [J]. 广西植物,37(12):1489-1497.

- 王小兵，白洋，黄勃，2010. 热带海草海菖蒲不同组织中硝酸还原酶活力的研究 [J]. 热带生物学报，1(04):327-330.

- 王宇喆，邱隆伟，许红，等，2021. 七连屿海滩沙—沿岸沙丘—现代植物—砂岛成因模式 [J]. 海洋地质前沿，37(6):92-100.

- 温美红，2018. 西沙群岛植被优势种的繁殖生物学研究 [D]. 北京：中国科学院大学 .

- 吴德邻，邢福武，叶华谷，等，1996. 南海岛屿种子植物区系地理的研究（续）[J]. 热带亚热带植物学报，(2):1-11.

- 吴德邻，邢福武，叶华谷，等，1996. 南海岛屿种子植物区系地理的研究 [J]. 热带亚热带植物学报，(1):1-22.

- 吴礼彬，2018. 南海西沙群岛生态环境演化过程的碳氮同位素地球化学研究 [D]. 合肥：中国科学技术大学 .

- 吴征镒，1980. 中国植被 [M]. 北京：科学出版社 .

- 吴征镒，1965. 中国植物区系的热带亲缘 [J]. 科学通报，(1):25-33.

- 西沙群岛植物考察记，1975, [J]. 植物学杂志，(4):3-6.

- 谢彦军，2012. 广西北部湾海岸带维管植物区系地理与植物资源研究 [D]. 桂林：广西师范大学 .

- 邢福武，陈红峰，秦新生，等，2014. 中国热带雨林地区植物图鉴——海南植物（1）[M]. 武汉：华中科技大学出版社 .

- 邢福武，陈红峰，秦新生，等，2014. 中国热带雨林地区植物图鉴——海南植物（2）[M]. 武汉：华中科技大学出版社 .

- 邢福武，陈红峰，秦新生，等，2014. 中国热带雨林地区植物图鉴——海南植物（3）[M]. 武汉：华中科技大学出版社 .

- 邢福武,邓双文,2019.中国南海诸岛植物志[M].北京:中国林业出版社.

- 邢福武,李泽贤,叶华谷,等,1993.我国西沙群岛植物区系地理的研究[J].热带地理,(3):250-257.

- 邢福武,吴德邻,李泽贤,等,1993.西沙群岛植物资源调查[J].植物资源与环境,(3):1-6.

- 邢福武,吴德邻,李泽贤,等,1994.我国南沙群岛的植物与植被概况[J].广西植物,(2):151-156.

- 徐贝贝,刘楠,任海,等,2018.西沙群岛草海桐的抗逆生物学特性[J].广西植物,38(10):1277-1285.

- 徐祥浩,1981.广东植物生态及地理[M].广州:广东科技出版社.

- 徐苑卿,2016.南海岛屿(庙湾岛、永兴岛)被子植物的繁殖生物学研究[D].北京:中国科学院大学.

- 杨文鹤,2000.中国海岛[M].北京:海洋出版社.

- 杨宗岱,1979.中国海草植物地理学的研究[J].海洋湖沼通报,(02):41-46.

- 杨宗岱,李淑霞,1983海草系统分类的探讨[J].山东海洋学院学报,(04):78-87.

- 姚宝琪,2011.木麻黄海防林中混交种植肖槿、红厚壳、莲叶桐的初步研究[D].海口:海南师范大学.

- 姚小兰,凌少军,任明迅,2019.海南岛和台湾岛植物多样性"反差现象"的形成机制研究[J].环境生态学,1(5):38-42.

- 叶建飞,陈之端,刘冰,等,2012.中国西南与台湾地区维管植物的间断分布格局及形成机制[J].生物多样性,20(4):482-494.

- 于胜祥,陈瑞辉,2020.中国口岸外来入侵植物彩色图鉴[M].郑州:河南科学技术出版社.

- 于硕,陈旭阳,阮迎港,等,2022.中国海草植物图鉴[M].海洋出版社.

- 原永党,宋宗诚,郭长禄,等,2010.大叶藻形态特征与显微结构[J].海洋湖沼通报,(03):73-78.

- 张和岑,1977.多枝旋花和黄细心植物各部与生长季节及药效的关系[J].国外医学参考资料.药学分册(1):46.

- 张浪,刘振文,姜殿强,2011.西沙群岛植被生态调查[J].中国农学通报,27(14):181-186.

- 张世柯,黄耀,简曙光,等,2019.热带滨海植物红厚壳的抗逆生物学特性[J].热带亚热带植物学报,27(4):391-398.

- 赵锋,1958.中国科学院综合考察委员会1958年的工作[J].科学通报(4):124-125.

- 赵焕庭,王丽荣,袁家义,2017.南海诸岛的自然环境、资源与开发——纪念中国政府收复南海诸岛70周年(3)[J].热带地理,37(5):659-680.

- 赵焕庭,1996.西沙群岛考察史[J].地理研究,15(4):55-65.

- 赵良成,吴志毅,2008.川蔓藻属系统分类和演化评述[J].植物分类学报,(04):467-478.

- 赵三平,2006.南海西沙群岛海鸟生态环境演变[D].合肥:中国科学技术大学.

- 赵三平,2006.南海西沙群岛海鸟生态环境演变[D].合肥:中国科学技术大学.

- 赵莹莹,2021.海滨木巴戟枝叶中化学成分及其生物活性研究[D].福州:福建中医药大学.

- 郑凤英，邱广龙，范航清，等，2013. 中国海草的多样性、分布及保护 [J]. 生物多样性，21(05):517-526.

- 中国科学院南沙综合科学考察队，1996. 南沙群岛及其邻近岛屿植物志 [M]. 北京：海洋出版社.

- 中国科学院中国植物志编辑委员会，2004. 中国植物志 [M]. 北京：科学出版社.

- 中国科学院中国自然地理编辑委员会，1988. 中国自然地理——植物地理（上、下册）[M]. 北京：科学出版社.

- 中国地名委员会，1983. 中国地名委员会受权公布我国南海诸岛部分标准地名 [J]. 中华人民共和国国务院公报，(10):452-463.

- 中华人民共和国民政部，2020. 自然资源部 民政部关于公布我国南海部分岛礁和海底地理实体标准名称的公告 [EB/OL].https://www.mca.gov.cn/article/xw/tzgg/202004/20200400026957.shtml.

- 中华人民共和国生态环境部，2013. 中国生物多样性红色名录—高等植物卷 [EB/OL], https://www.mee.gov.cn/gkml/hbb/bgg/201309/W020130917614244055331.pdf.

- 中华人民共和国中央人民政府，2021. 国家重点保护野生植物名录 [EB/OL], http://www.gov.cn/zhengce/zhengceku/2021—09/09/5636409/files/12887ada7c174d199e7ecd8996d07340.pdf.

- 中华人民共和国自然资源部，2018.2017 年海岛统计调查公报 [EB/OL].https://www.cgs.gov.cn/tzgg/tzgg/201807/t20180730_464237.html.

- 钟超，廖亚琴，刘伟杰，等，2024. 广东沿海海草床的现状、面临的威胁与保护建议 [J/OL]. 生物多样性:1-26[2024-04-02]

- 钟义，1990. 海南省西沙群岛植物资源考察 [J]. 海南师范学院学报，3(1):48-65.

- 周毅，江志坚，邱广龙，等，2023. 中国海草资源分布现状、退化原因与保护对策 [J]. 海洋与湖沼，54(5):1248-1257. 周远瑞，1963. 广东省的植被分类系统 [J]. 植物生态学与地植物学丛刊,1(Z1):144-145.

- 朱国金,1987. 珠海海岛类型及其资源开发问题的探讨 [J]. 自然资源，(4):37-44.

- 朱华，2018. 中国热带生物地理北界的建议 [J]. 植物科学学报，36(6):893-898.

- 朱世清，梁永奕，黄应丰，等，1995. 广东海岛土壤 [M]. 广州：广东科技出版社.

附录

附录 1
西沙群岛维管植物名录

注：科号及科的排序，蕨类植物按照PPG I系统（2017），裸子植物按照2022裸子植物分类系统（Yang Y et al., 2022.），被子植物按照APG IV系统（2016）；

属种按拉丁学名字母排序；

▲ 为栽培种；

★ 为本书编者调查过程中发现的西沙群岛维管植物新记录。

P.5
松叶蕨科 Psilotaceae

松叶蕨 *Psilotum nudum* (L.) P. Beauv. 永兴岛。

P.13
海金沙科 Lygodiaceae

海金沙 *Lygodium japonicum* (Thunb.) Sw. 永兴岛、赵述岛。

P.18
凤尾蕨科 Pteridaceae

蜈蚣凤尾蕨 *Pteris vittata* L. 永兴岛。

P.31
碗蕨科 Dennstaedtiaceae

热带鳞盖蕨 *Microlepia speluncae* (L.) Moore 永兴岛。

P.42
金星蕨科 Thelypteridaceae

渐尖毛蕨 *Cyclosorus acuminatus* (Houtt.) Nakai 永兴岛。
华南毛蕨 *Cyclosorus parasiticus* (L.) Farwell. 永兴岛。

P.46
肾蕨科 Nephrolepidaceae

肾蕨 *Nephrolepis auriculata* (L.) Trimen 甘泉岛。
长叶肾蕨 *Nephrolepis biserrata* (Sw.) Schott 永兴岛。

P.51
水龙骨科 Polypodiaceae

瘤蕨 *Microsorum scolopendria* (Burm.) Copel. 永兴岛、东岛。

G.1
苏铁科 Cycadaceae

▲ **苏铁** *Cycas revoluta* Thunb. 永兴岛。

G.4
南洋杉科 Araucariaceae

▲ **异叶南洋杉** *Araucaria heterophylla* (Salisb.) Franco 永兴岛、琛航岛。

G.5
罗汉松科 Podocarpaceae

▲ **肉托竹柏** *Nageia wallichiana* (C. Presl) Kuntze 甘泉岛。
▲ **短叶罗汉松** *Podocarpus macrophyllus* var. *maki* Sieb. et Zucc. 永兴岛。

G.7
柏科 Cupressaceae

▲ **圆柏** *Juniperus chinensis* L. 永兴岛。
▲ **龙柏** *Juniperus chinensis* 'kaizuca' 永兴岛。
▲ **侧柏** *Platycladus orientalis* (L.) Franco 银屿。

11
胡椒科 Piperaceae

草胡椒 *Peperomia pellucida* (L.) Kunth 永兴岛。

18
番荔枝科 Annonaceae

▲ **刺果番荔枝** *Annona muricata* L. 永兴岛。
▲ **番荔枝** *Annona squamosa* L. 永兴岛、金银岛。

25
樟科 Lauraceae

无根藤 *Cassytha filiformis* L. 永兴岛、石岛、东岛、中建岛、晋卿岛、琛航岛、广金岛、金银岛、甘泉岛、珊瑚岛、赵述岛。
▲ **兰屿肉桂** *Cinnamomum kotoense* Kanehira et Sasaki 永兴岛。

潺槁木姜子 *Litsea glutinosa* (Lour.) C. B. Rob. 永兴岛。

28
天南星科 Araceae

▲ 海芋 *Alocasia odora* (Roxb.) K. Koch 永兴岛。
▲ 芋 *Colocasia esculenta* (L.) Schott 永兴岛。
▲ 黛粉芋 *Dieffenbachia seguine* Schott 永兴岛。
▲ 绿萝 *Epipremnum aureum* (Linden et André) G. S. Bunting 永兴岛。
麒麟叶 *Epipremnum pinnatum* (L.) Engl. 赵述岛。
▲ 仙羽蔓绿绒 *Philodendron xanadu* Croat, Mayo et Boos Schott ex Endl. 永兴岛。
▲ 白掌 *Spathiphyllum floribundum* 'levlandil' 永兴岛。
▲ 合果芋 *Syngonium podophyllum* Schott 永兴岛。
▲ 雪铁芋 *Zamioculcas zamiifolia* Engl. 晋卿岛。

32
水鳖科 Hydrocharitaceae

海菖蒲 *Enhalus acoroides* (L. f.) Royle 珊瑚岛。
喜盐草 *Halophila ovalis* (R. Br.) Hook. f. 银屿泻湖、永兴岛海草床
草茨藻 *Najas graminea* Delile 东岛。
泰来草 *Thalassia hemprichii* (Ehrenb.) Asch. 晋卿岛、永兴岛、西沙洲、赵述岛。

40
川蔓草科 Ruppiaceae

川蔓藻 *Ruppia maritima* L. 琛航岛。

41
丝粉草科 Cymodoceaceae

圆叶丝粉草 *Cymodocea rotundata* Asch. et Schweinf. 永兴岛、广金岛、珊瑚岛。
▲ 单脉二药草 *Halodule uninervis* (Forssk.) Boiss. 永兴岛海草床
▲ 针叶草 *Syringodium isoetifolium* (Asch.) Dandy 永兴岛海草床
全楔草 *Thalassodendron ciliatum* (Forssk.) Hartog 晋卿岛

45
薯蓣科 Dioscoreaceae

▲ 参薯 *Dioscorea alata* L. 永兴岛。

50
露兜树科 Pandanaceae

露兜树 *Pandanus tectorius* Parkinson 珊瑚岛、鸭公岛、西沙洲、赵述岛、北岛、南沙洲。
▲ 扇叶露兜树 *Pandanus utilis* Borg. 银屿、赵述岛、永兴岛、北岛。
▲ 威氏露兜树 *Pandanus veitchii* hort. 永兴岛、赵述岛。

61
兰科 Orchidaceae

▲ 黄兰 *Cephalantheropsis obcordata* (Lindl.) Ormerod 永兴岛。
美冠兰 *Eulophia graminea* Lindl. 永兴岛。

72
阿福花科 Asphodelaceae

▲ 芦荟 *Aloe vera* L. 永兴岛、金银岛。
▲ 花叶长果山菅 *Dianella tasmanica* 'Variegata' 永兴岛。

73
石蒜科 Amaryllidaceae

▲ 葱 *Allium fistulosum* L. 永兴岛、石岛、中建岛、珊瑚岛、赵述岛。
▲ 蒜 *Allium sativum* L. 永兴岛、中建岛、金银岛。
▲ 韭 *Allium tuberosum* Rottler ex Spreng. 永兴岛。
▲ 文殊兰 *Crinum asiaticum* var. *sinicum* (Roxb. ex Herb.) Baker 永兴岛。
▲ 花朱顶红 *Hippeastrum vittatum* (L'Her.) Herb. 永兴岛。
▲ 水鬼蕉（蜘蛛兰）*Hymenocallis littoralis* (Jacq.) Scalisb. 永兴岛、石岛。
▲ 葱莲（葱兰）*Zephyranthes candida* (Lindl.) Herb. 珊瑚岛。

74
天门冬科 Asparagaceae

▲ 金边龙舌兰 *Agave americana* 'Marginata' 永兴岛、金银岛、甘泉岛、珊瑚岛。
▲ 龙舌兰 *Agave americana* L. 甘泉岛、珊瑚岛。
▲ 剑麻 *Agave sisalana* Perrine ex Engelm. 永兴岛、金银岛、甘泉岛、珊瑚岛。
天门冬 *Asparagus cochinchinensis* (Lour.) Merr. 永兴岛。
▲ 酒瓶兰 *Beaucarnea recurvata* Lem. 永兴岛。
小花吊兰 *Chlorophytum laxum* R. Br. 晋卿岛。
▲ 朱蕉 *Cordyline fruticosa* (L.) A. Chev. 永兴岛。
▲ 亮叶朱蕉 *Cordyline fruticosa* 'Aichiaka' 永兴岛。
▲ 柬埔寨龙血树 *Dracaena cambodiana* Pierre ex Gagnep. 永兴岛。
▲ 香龙血树 *Dracaena fragrans* Ker Gawl. 永兴岛。
▲ 富贵竹 *Dracaena sanderiana* Hort. ex Sand. 永兴岛。
▲ 金边毛里求斯麻 *Furcraea foetida* 'Mediopicta' 晋卿岛、甘泉岛。
▲ 山麦冬 *Liriope spicata* (Thunb.) Lour. 永兴岛。
▲ 虎尾兰 *Sansevieria trifasciata* Prain 永兴岛。

76
棕榈科 Palmae

▲ 槟榔 *Areca catechu* L. 永兴岛。
▲ 三药槟榔 *Areca triandra* Roxb. 永兴岛。
▲ 山棕 *Arenga engleri* Beccari 永兴岛。
▲ 鱼尾葵 *Caryota maxima* Blume ex Mart. 永兴岛。

▲ 短穗鱼尾葵 *Caryota mitis* Lour. 永兴岛。
▲ 袖珍椰子 *Chamaedorea elegans* Mart. 永兴岛。
▲ 椰子 *Cocos nucifera* L. 永兴岛、石岛、东岛、中建岛、晋卿岛、琛航岛、广金岛、羚羊礁、金银岛、珊瑚岛、鸭公岛、西沙洲、赵述岛、北岛、南沙洲。
▲ 贝叶棕 *Corypha umbraculifera* L. 赵述岛。
▲ 散尾葵 *Dypsis lutescens* (H. Wendl.) Beentje et J. Dransf. 永兴岛。
▲ 酒瓶椰子 *Hyophorbe lagenicaulis* (L. H. Bailey) H. E. Moore 永兴岛。
▲ 酒瓶椰子 *Hyophorbe lagenicaulis* (L. H. Bailey) H. E. Moore 永兴岛。
▲ 蓝脉葵 *Latania loddigesii* Mart. 永兴岛、赵述岛。
▲ 蒲葵 *Livistona chinensis* (Jacq.) R. Br. ex Mart. 永兴岛。
▲ 加拿利海枣 *Phoenix canariensis* Chabaud 赵述岛。
▲ 海枣 *Phoenix dactylifera* L. 永兴岛。
▲ 江边刺葵 *Phoenix roebelenii* O'Brien 永兴岛。
▲ 林刺葵 *Phoenix sylvestris* Roxb. 永兴岛。
▲ 丝葵 *Washingtonia filifera* (Lind. ex Andre) H. Wendl 银屿。
▲ 狐尾椰子 *Wodyetia bifurcata* A. K. Irvine 永兴岛。

78
鸭跖草科 Commelinaceae

饭包草 *Commelina benghalensis* L. 永兴岛、石岛、珊瑚岛。
竹节菜 *Commelina diffusa* Burm. f. 永兴岛。
▲ 紫万年青 *Tradescantia spathacea* Swartz 永兴岛、东岛、琛航岛、金银岛、珊瑚岛。

80
雨久花科 Pontederiaceae

▲ 凤眼莲 *Eichhornia crassipes* (Mart.) Solms 永兴岛。

82
鹤望兰科 Strelitziaceae

▲ 旅人蕉 *Ravenala madagascariensis* Adans. 永兴岛。
▲ 鹤望兰 *Strelitzia reginae* Aiton 北岛。
▲ 黄鹦鹉蝎尾蕉 *Heliconia psittacorum* × *spathocircinata* 'Yellow Parrot' 永兴岛。
▲ 金嘴蝎尾蕉 *Heliconia rostrata* Ruiz et Pav. 赵述岛。
▲ 黄蝎尾蕉 *Heliconia subulata* Ruiz et Pav. 永兴岛。

85
芭蕉科 Musaceae

▲ 香蕉 *Musa acuminata* 'Dwarf Cavendish' 永兴岛、东岛、琛航岛、金银岛。
▲ 大蕉 *Musa* × *paradisiaca* L. 永兴岛。

86
美人蕉科 Cannaceae

▲ 大花美人蕉 *Canna* ×*generalis* L. H. Bailey et E. Z. Bailey 永兴岛。
▲ 美人蕉 *Canna indica* L. 永兴岛。

89
姜科 Zingiberaceae

▲ 艳山姜 *Alpinia zerumbet* (Pers.) Burtt. et Smith 赵述岛。
▲ 姜 *Zingiber officinale* Roscoe 永兴岛。

91
凤梨科 Bromeliaceae

▲ 凤梨 *Ananas comosus* (L.) Merr. 永兴岛。
▲ 金边凤梨 *Ananas comosus* var. *variegatus* (Nois.) Moldenke 永兴岛。

98
莎草科 Cyperaceae

扁穗莎草 *Cyperus compressus* L. 永兴岛、东岛、琛航岛、金银岛。
砖子苗 *Cyperus cyperoides* (L.) Kuntze 永兴岛。
疏穗莎草 *Cyperus distans* L. 永兴岛。
羽状穗砖子苗 *Cyperus javanicus* Houtt. 永兴岛、石岛、东岛、甘泉岛。
多穗扁莎 *Cyperus polystachyos* Rottboll 永兴岛。
香附子 *Cyperus rotundus* L. 永兴岛、石岛、东岛、中建岛、琛航岛、金银岛、甘泉岛、珊瑚岛。
粗根茎莎草 *Cyperus stoloniferus* Retz. 永兴岛。
佛焰苞飘拂草 *Fimbristylis cymosa* var. *spathacea* (Roth) T. Koyama 永兴岛、东岛、晋卿岛、琛航岛、广金岛、甘泉岛、中沙洲、南沙洲。
两歧飘拂草 *Fimbristylis dichotoma* (L.) Vahl 永兴岛。
知风飘拂草 *Fimbristylis eragrostis* (Nees) Hance 永兴岛。
锈鳞飘拂草 *Fimbristylis sieboldii* Miq. ex Franch. et Sav. 永兴岛、石岛、东岛、晋卿岛、琛航岛、广金岛、甘泉岛、珊瑚岛。
双穗飘拂草 *Fimbristylis subbispicata* Nees et Meyen 永兴岛。
黑莎草 *Gahnia tristis* Nees 琛航岛。
短叶水蜈蚣 *Kyllinga brevifolia* Rottb. 永兴岛。
三头水蜈蚣 *Kyllinga bulbosa* P. Beauv. 赵述岛。
红鳞扁莎 *Pycreus sanguinolentus* (Vahl) Nees 永兴岛。
▲ 海滨莎 *Remirea maritima* Aubl. 西沙洲。

103
禾本科 Poaceae

臭虫草 *Alloteropsis cimicina* (L.) Stapf. 永兴岛。
荩草 *Arthraxon hispidus* (Thunb.) Makino 金银岛。
泥竹 *Bambusa gibba* McClure 永兴岛。
▲ 凤尾竹 *Bambusa multiplex* f. *fernleaf* (R. A. Young) T. P. Yi 永兴岛。
▲ 黄竹仔 *Bambusa mutabilis* McClure 永兴岛。
▲ 大佛肚竹 *Bambusa vulgaris* Schrad. 永兴岛。
臭根子草 *Bothriochloa bladhii* (Retz.) S. T. Blake 永兴岛。
白羊草 *Bothriochloa ischaemum* (L.) Keng 永兴岛。
多枝臂形草 *Brachiaria ramosa* (L.) Stapf 永兴岛。
四生臂形草 *Brachiaria subquadripara* (Trin.) Hitchc. 永兴岛、东岛、中建岛、晋卿岛、珊瑚岛。

毛臂形草 *Brachiaria villosa* (Ham.) A. Camus 永兴岛。

蒺藜草 *Cenchrus echinatus* L. 永兴岛、东岛。

孟仁草 *Chloris barbata* Sw. 永兴岛。

台湾虎尾草 *Chloris formosana* (Honda) Keng ex B. S. Sun et Z. H. Hu 永兴岛、东岛、中建岛、金银岛、珊瑚岛。

▲ 竹节草 *Chrysopogon aciculatus* (Retz.) Trin. 永兴岛。

狗牙根 *Cynodon dactylon* (L.) Pers. 永兴岛、东岛、中建岛。

宽叶绊根草 *Cynodon radiatus* Roth ex Roem. et Schult. 永兴岛。

龙爪茅 *Dactyloctenium aegyptium* (L.) Beauv. 永兴岛、石岛、东岛、中建岛、金银岛、甘泉岛、珊瑚岛。

双花草 *Dichanthium annulatum* (Forssk.) Stapf 永兴岛。

异马唐 *Digitaria bicornis* (Lam.) Roem. et Schult. 晋卿岛。

升马唐 *Digitaria ciliaris* (Retz.) Koeler 永兴岛。

毛马唐 *Digitaria ciliaris* var. *chrysoblephara* (Fig. et De Not.) R. R. Stewart 永兴岛、中建岛、金银岛。

二型马唐 *Digitaria heterantha* (Hook. f.) Merr. 永兴岛、石岛、金银岛。

长花马唐 *Digitaria longiflora* (Retz.) Pers. 晋卿岛。

绒马唐 *Digitaria mollicoma* (Kunth) Henr. 晋卿岛。

红尾翎 *Digitaria radicosa* (J. Presl) Miq. 永兴岛、晋卿岛、琛航岛、广金岛。

马唐 *Digitaria sanguinalis* (L.) Scop. 永兴岛。

短颖马唐 *Digitaria setigera* Roth 永兴岛。

紫马唐 *Digitaria violascens* Link 永兴岛。

光头稗 *Echinochloa colona* (L.) Link 永兴岛。

牛筋草 *Eleusine indica* (L.) Gaertn. 永兴岛、石岛、东岛、中建岛、琛航岛、金银岛、珊瑚岛、赵述岛。

肠须草 *Enteropogon dolichostachyus* (Lag.) Keng 赵述岛。

长画眉草 *Eragrostis brownii* (Kunth) Nees 永兴岛。

纤毛画眉草 *Eragrostis ciliata* (Roxb.) Nees 永兴岛、石岛、东岛、琛航岛、甘泉岛、珊瑚岛。

画眉草 *Eragrostis pilosa* (L.) Beauv. 永兴岛。

鲫鱼草 *Eragrostis tenella* (L.) P. Beauv. ex Roem. et Schult. 永兴岛、东岛、晋卿岛、琛航岛、金银岛、珊瑚岛。

牛虱草 *Eragrostis unioloides* (Retzius) Nees ex Steudel 永兴岛。

假俭草 *Eremochloa ophiuroides* (Munro) Hack. 永兴岛、广金岛、晋卿岛。

高野黍 *Eriochloa procera* (Retz.) C. E. Hubb. 永兴岛、甘泉岛。

黄茅 *Heteropogon contortus* (L.) P. Beauv. ex Roem. et Schult. 永兴岛。

白茅 *Imperata cylindrica* (L.) P. Beauv. 永兴岛。

千金子 *Leptochloa chinensis* (L.) Nees 永兴岛。

虮子草 *Leptochloa panicea* (Retz.) Ohwi 赵述岛。

细穗草 *Lepturus repens* (G. Forst.) R. Br. 永兴岛、石岛、东岛、中建岛、晋卿岛、琛航岛、金银岛、珊瑚岛、银屿、西沙洲、赵述岛、北岛、南岛、北沙洲、中沙洲、南沙洲。

红毛草 *Melinis repens* (Willd.) Zizka 永兴岛。

芒 *Miscanthus sinensis* Andersson 永兴岛。

类芦 *Neyraudia reynaudiana* (Kunth.) Keng 晋卿岛。

蛇尾草 *Ophiuros exaltatus* (L.) Kuntze. 中岛。

▲ 稻 *Oryza sativa* L. 永兴岛。

露籽草 *Ottochloa nodosa* (Kunth) Dandy 永兴岛。

短叶黍 *Panicum brevifolium* L. 永兴岛。

大黍 *Panicum maximum* Jacq. 晋卿岛。

铺地黍 *Panicum repens* L. 永兴岛、东岛、琛航岛、广金岛、甘泉岛、珊瑚岛。

两耳草 *Paspalum conjugatum* Berg. 晋卿岛。

双穗雀稗 *Paspalum distichum* L. 永兴岛。

长叶雀稗 *Paspalum longifolium* Roxb. 永兴岛。

圆果雀稗 *Paspalum scrobiculatum* var. *orbiculare* (G. Forst.) Hack. 永兴岛。

海雀稗 *Paspalum vaginatum* Sw. 永兴岛。

茅根 *Perotis indica* (L.) Kuntze 永兴岛。

筒轴茅 *Rottboellia cochinchinensis* (Lour.) Clayton 永兴岛。

斑茅 *Saccharum arundinaceum* Retz. 永兴岛。

▲ 甘蔗 *Saccharum officinarum* L. 永兴岛、中建岛。

莠狗尾草 *Setaria geniculata* (Lam.) Beauv. 永兴岛。

▲ 高粱 *Sorghum bicolor* (L.) Moench 永兴岛。

鼠尾粟 *Sporobolus fertilis* (Steud.) Clayton 永兴岛、东岛。

盐地鼠尾粟 *Sporobolus virginicus* (L.) Kunth 永兴岛、琛航岛、甘泉岛。

钝叶草 *Stenotaphrum helferi* Munro ex J. D. Hooker 地点不详。

锥穗钝叶草 *Stenotaphrum micranthum* (Desv.) C. E. Hubb. 永兴岛、东岛、羚羊礁、甘泉岛。

侧钝叶草 *Stenotaphrum secundatum* (Walter) Kuntze 地点不详。

蒭雷草 *Thuarea involuta* (G. Forst.) R. Br. ex Roem. et Schult. 永兴岛、东岛、中建岛、晋卿岛、琛航岛、广金岛、金银岛、甘泉岛、珊瑚岛、银屿、南岛。

雀稗尾稃草 *Urochloa paspaloides* J. S. Presl ex Presl 晋卿岛、银屿。

光尾稃草 *Urochloa reptans* var. *glabra* S. L. Chen et Y. X. Jin 晋卿岛。

▲ 玉蜀黍 *Zea mays* L. 永兴岛。

沟叶结缕草 *Zoysia matrella* (L.) Merr. 永兴岛、东岛。

106
罂粟科 Papaveraceae

★ 蓟罂粟 *Argemone mexicana* L. 永兴岛、金银岛。

109
防己科 Menispermaceae

毛叶轮环藤 *Cyclea barbata* Miers 永兴岛。

粪箕笃 *Stephania longa* Lour. 永兴岛。

117
黄杨科 Buxaceae

▲ 黄杨 *Buxus sinica* (Rehder et E. H. Wilson) M. Cheng 永兴岛、珊瑚岛。

▲ 小叶黄杨 *Buxus sinica* var. *parvifolia* M. Cheng 永兴岛。

122
芍药科 Paeoniaceae

▲ 芍药 *Paeonia lactiflora* Pall. 永兴岛。

136
葡萄科 Vitaceae

▲ 仙素莲 *Cissus quadrangularis* L. 鸭公岛。
白粉藤 *Cissus repens* Lamk. Encycl. 永兴岛。
三叶崖爬藤 *Tetrastigma hemsleyanum* Diels et Gilg 永兴岛。
▲ 葡萄 *Vitis vinifera* L. 晋卿岛。

138
蒺藜科 Zygophyllaceae

大花蒺藜 *Tribulus cistoides* L. 永兴岛、石岛、金银岛、琛航岛、甘泉岛、珊瑚岛、赵述岛、南岛。
蒺藜 *Tribulus terrestris* L. 琛航岛、珊瑚岛。

140
豆科 Fabaceae

相思子 *Abrus precatorius* L. 永兴岛。
▲ 台湾相思 *Acacia confusa* Merr. 永兴岛、琛航岛。
▲ 马占相思 *Acacia mangium* Willd. 永兴岛。
链荚豆 *Alysicarpus vaginalis* (L.) DC. 永兴岛、石岛、东岛、琛航岛、珊瑚岛。
▲ 落花生 *Arachis hypogaea* L. 永兴岛。
鹰叶刺 *Guilandina borduc* L. 永兴岛、盘石屿、晋卿岛、琛航岛、金银岛、珊瑚岛、赵述岛。
南天藤 *Caesalpinia crista* L. 永兴岛。
蔓草虫豆 *Cajanus scarabaeoides* (L.) Thouars 永兴岛。
虫豆 *Cajanus volubilis* (Blanco) Blanco 永兴岛。
小刀豆 *Canavalia cathartica* Thou. 东岛。
海刀豆 *Canavalia rosea* (Sw.) DC. 永兴岛、东岛、琛航岛。
柄腺山扁豆 *Chamaecrista pumila* (Lam.) V. Singh 永兴岛。
铺地蝙蝠草 *Christia obcordata* (Poir.) Bahn. F. 赵述岛。
猪屎豆 *Crotalaria pallida* Aiton 永兴岛。
★ 吊裙草 *Crotalaria retusa* L. 永兴岛。
★ 农吉利 *Crotalaria sessiliflora* L. 永兴岛。
▲ 海南黄檀 *Dalbergia hainanensis* Merr. et Chun 永兴岛。
▲ 降香 *Dalbergia odorifera* T. C. Chen 永兴岛。
▲ 印度檀 *Dalbergia sissoo* Roxb. ex DC. 永兴岛。
▲ 凤凰木 *Delonix regia* (Bojer ex Hook.) Raf. 永兴岛。
榼藤 *Entada phaseoloides* (L.) Merr. 永兴岛、晋卿岛。
▲ 鸡冠刺桐 *Erythrina cristagalli* L. 永兴岛。
▲ 刺桐 *Erythrina variegata* L. 永兴岛、东岛。
异叶三点金 *Grona heterophylla* (Willd.) H. Ohashi et K. Ohashi 永兴岛。
三点金 *Grona triflora* (L.) 永兴岛、东岛。
喙荚云实 *Guilandina minax* (Hance) G. P. Lewis 永兴岛。
疏花木蓝 *Indigofera colutea* (Burm. f.) Merr. 永兴岛、石岛、琛航岛、珊瑚岛。
硬毛木蓝 *Indigofera hirsuta* L. 永兴岛。
九叶木蓝 *Indigofera linnaei* Ali 永兴岛。
刺荚木蓝 *Indigofera nummulariifolia* (L.) Livera ex Alston 永兴岛。
▲ 扁豆 *Lablab purpureus* (L.) Sweet 永兴岛。
小叶细蚂蟥 *Leptodesmia microphylla* Baker 晋卿岛。
▲ 银合欢 *Leucaena leucocephala* (Lam.) de Wit 永

兴岛、石岛、东岛、中建岛、琛航岛、珊瑚岛。
紫花大翼豆 *Macroptilium atropurpureum* (DC.) Urban 永兴岛。
无刺巴西含羞草 *Mimosa diplotricha* var. *inermis* (Adelb.) Veldkamp 永兴岛。
▲ 巴西含羞草 *Mimosa diplotricha* C.Wright 永兴岛、金银岛。
▲ 含羞草 *Mimosa pudica* L. 永兴岛。
琼油麻藤 *Mucuna hainanensis* Hayata 永兴岛。
▲ 豆薯 *Pachyrhizus erosus* (L.) Urb. 永兴岛。
▲ 紫檀 *Pterocarpus indicus* willd. 永兴岛。
小鹿藿 *Rhynchosia minima* (L.) DC. 永兴岛。
落地豆 *Rothia indica* (L.) Druce 永兴岛。
望江南 *Senna occidentalis* (L.) Link 永兴岛、东岛、琛航岛、金银岛、珊瑚岛。
▲ 黄槐决明 *Senna surattensis* (N. L. Burman) H. S. Irwin et Barneby 永兴岛。
决明 *Senna tora* (L.) Roxb. 永兴岛、东岛。
刺田菁 *Sesbania bispinosa* (Jacq.) W. Wight 永兴岛。
田菁 *Sesbania cannabina* (Retz.) Poir. 永兴岛、琛航岛。
▲ 油楠 *Sindora glabra* Merr. ex de Wit. 永兴岛。
海南槐（绒毛槐） *Sophora tomentosa* L. 永兴岛、东岛、金银岛。
▲ 酸豆 *Tamarindus indica* L. 甘泉岛。
西沙灰叶（西沙灰毛豆） *Tephrosia luzonensis* Vogel 永兴岛、石岛、珊瑚岛。
矮灰毛豆 *Tephrosia pumila* (Lam.) Pers. 永兴岛、珊瑚岛。
灰叶（灰毛豆） *Tephrosia purpurea* (L.) Pers. 永兴岛、东岛、琛航岛。
滨豇豆 *Vigna marina* (Burm.) Merr. 石岛、盘石屿、中建岛、琛航岛、广金岛、羚羊礁、金银岛、甘泉岛、银屿、北岛。
▲ 豇豆 *Vigna unguiculata* (L.) Walp. 永兴岛、东岛、琛航岛、金银岛、珊瑚岛。
▲ 眉豆 *Vigna unguiculata* subsp. *cylindrica* (L.) Verdc. 永兴岛。
▲ 长豇豆 *Vigna unguiculata* subsp. *sesquipedalis* (L.) Verdc. 永兴岛、东岛、金银岛。

141 海人树科 Surianaceae

海人树 *Suriana maritima* L. 永兴岛、石岛、东岛、中建岛、晋卿岛、琛航岛、广金岛、金银岛、银屿、西沙洲、赵述岛、北岛、南岛、中沙洲、南沙洲。

143
蔷薇科 Rosaceae

★ ▲ 毛樱桃（野樱桃） *Prunus tomentosa* (Thunb.) Wall. 永兴岛、晋卿岛。
▲ 月季花 *Rosa chinensis* Jacq. 永兴岛。

147
鼠李科 Rhamnaceae

蛇藤 *Colubrina asiatica* (L.) Brongn. 永兴岛。

149
大麻科 Cannabaceae

异色山黄麻 *Trema orientalis* (L.) Blume 永兴岛。
山黄麻 *Trema tomentosa* (Roxb.) H. Hara 永兴岛。

150

桑科 Moraceae

- ▲ 波罗蜜 *Artocarpus heterophyllus* Lam. 永兴岛。
- ▲ 高山榕 *Ficus altissima* Blume 永兴岛。
- ▲ 垂叶榕 *Ficus benjamina* L. 永兴岛、赵述岛。
- ▲ 印度榕 *Ficus elastica* Roxb. ex Hornem. 永兴岛。
  对叶榕 *Ficus hispida* L. f. 永兴岛。
- ▲ 人参榕 *Ficus microcarpa* 'Ginseng' 永兴岛。
- ▲ 黄金榕 *Ficus microcarpa* 'Golden Leaves' 永兴岛、晋卿岛、琛航岛、赵述岛。
- ▲ 榕树 *Ficus microcarpa* L. f. 永兴岛、石岛、东岛、中建岛、琛航岛。
- ▲ 厚叶榕 *Ficus microcarpa* var. *crassifolia* (W. C. Shieh) J. C. Liao 永兴岛。
- ▲ 笔管榕 *Ficus subpisocarpa* Gagnep. 永兴岛。
  斜叶榕 *Ficus tinctoria* subsp. *gibbosa* (Bl.) Corner 永兴岛。
- ▲ 黄葛树 *Ficus virens* Aiton 永兴岛。
  鹊肾树 *Streblus asper* Lour. 永兴岛。

151

荨麻科 Urticaceae

雾水葛 *Pouzolzia zeylanica* (L.) 晋卿岛。
多枝雾水葛 *Pouzolzia zeylanica* var. *microphylla* (Wedd.) W. T. Wang 永兴岛。

156

木麻黄科 Casuarinaceae

- ▲ 细枝木麻黄 *Casuarina cunninghamiana* Miq. 永兴岛、东岛。
- ▲ 木麻黄 *Casuarina equisetifolia* L. 永兴岛、石岛、东岛、中建岛、琛航岛、珊瑚岛、西沙洲、赵述岛、北岛。
- ▲ 粗枝木麻黄 *Casuarina glauca* Siebold ex Spreng 琛航岛。

163

葫芦科 Cucurbitaceae

- ▲ 冬瓜 *Benincasa hispida* (Thunb.) Cogn. 永兴岛、东岛、琛航岛、赵述岛。
- ▲ 西瓜 *Citrullus lanatus* (Thunb.) Matsum. et Nakai 永兴岛、琛航岛、金银岛、珊瑚岛。
- ▲ 红瓜 *Coccinia grandis* (L.) Voigt 永兴岛、金银岛。
- ▲ 甜瓜 *Cucumis melo* L. 赵述岛。
- ▲ 马瓟瓜 *Cucumis melo* var. *conomon* (Thunb.) Makino. 永兴岛。
- ▲ 黄瓜 *Cucumis sativus* L. 永兴岛、珊瑚岛。
- ▲ 南瓜 *Cucurbita moschata* (Duch. ex Lam.) Duch. ex Poiret 永兴岛、东岛、中建岛、金银岛、珊瑚岛、赵述岛。
- ▲ 西葫芦 *Cucurbita pepo* L. 赵述岛。
- ▲ 葫芦 *Lagenaria siceraria* (Molina) Standl. 永兴岛。
- ▲ 广东丝瓜 *Luffa acutangula* (L.) Roxb. 地点不详。
- ▲ 丝瓜 *Luffa cylindrica* M. Roem. 永兴岛、东岛、中建岛、羚羊礁、金银岛、珊瑚岛。
  番马瓟 *Melothria pendula* L. 永兴岛、晋卿岛。
- ▲ 苦瓜 *Momordica charantia* L. 永兴岛、石岛、琛航岛、金银岛。
- ★ ▲ 木鳖子 *Momordica cochinchinensis* (Lour.) Spreng.

永兴岛、晋卿岛、金银岛。
凤瓜 *Trichosanthes scabra* Loureiro 永兴岛。

166

秋海棠科 Begoniaceae

- ▲ 四季秋海棠 *Begonia cucullata* Willd. 永兴岛。
- ▲ 竹节秋海棠 *Begonia maculata* Raddi 永兴岛。

171

酢浆草科 Oxalidaceae

- ▲ 酢浆草 *Oxalis corniculata* L. 永兴岛、琛航岛。

183

藤黄科 Clusiaceae

红厚壳 *Calophyllum inophyllum* L. 永兴岛、东岛、中建岛、晋卿岛、琛航岛、金银岛、甘泉岛、珊瑚岛、南岛。
- ▲ 菲岛福木 *Garcinia subelliptica* Merr. 永兴岛。

192

金虎尾科 Malpighiaceae

- ▲ 光叶金虎尾 *Malpighia glabra* L. 永兴岛、赵述岛。

202

西番莲科 Passifloraceae

- ▲ 西番莲 *Passiflora caerulea* L. 永兴岛、赵述岛。
  龙珠果 *Passiflora foetida* L. 永兴岛、琛航岛、广金岛、金银岛、珊瑚岛。

204

杨柳科 Salicaceae

刺篱木 *Flacourtia indica* (Burm. f.) Merr. 晋卿岛。

207

大戟科 Euphorbiaceae

铁苋菜 *Acalypha australis* L. 永兴岛。
热带铁苋菜 *Acalypha indica* L. 永兴岛、中建岛、金银岛、珊瑚岛。
麻叶铁苋菜 *Acalypha lanceolata* Willd. 永兴岛、金银岛、珊瑚岛。
- ▲ 红桑 *Acalypha wilkesiana* Müll. Arg. 永兴岛、石岛。
- ▲ 变叶木 *Codiaeum variegatum* (L.) Rumph. ex A. Juss. 永兴岛、琛航岛、珊瑚岛。
- ▲ 火殃簕 *Euphorbia antiquorum* L. 永兴岛。
  海滨大戟 *Euphorbia atoto* G. Forst. 永兴岛、石岛、中建岛、晋卿岛、琛航岛、广金岛、羚羊礁、金银岛、甘泉岛、珊瑚岛、银屿、赵述岛、北岛、中岛、南岛、中沙洲、南沙洲。
- ▲ 猩猩草 *Euphorbia cyathophora* Murray 永兴岛、东岛、琛航岛、金银岛、珊瑚岛。

小叶大戟（小叶地锦） *Euphorbia heyneana* Spreng. 东岛。

飞扬草 *Euphorbia hirta* L. 永兴岛、石岛、东岛、中建岛、晋卿岛、琛航岛、广金岛、金银岛、甘泉岛、珊瑚岛。

通奶草 *Euphorbia hypericifolia* L. 永兴岛。

▲ 金刚纂 *Euphorbia neriifolia* L. 永兴岛。

匍匐大戟 *Euphorbia prostrata* Aiton 永兴岛、东岛、珊瑚岛。

▲ 一品红 *Euphorbia pulcherrima* Willd.ex Klotzch 永兴岛。

千根草 *Euphorbia thymifolia* L. 永兴岛、石岛、东岛、中建岛、琛航岛、金银岛、珊瑚岛、赵述岛。

▲ 光棍树 *Euphorbia tirucalli* L. 地点不详。

海漆 *Excoecaria agallocha* L. 晋卿岛。

▲ 变叶珊瑚花 *Jatropha pandurifolia* Andrews 永兴岛。

▲ 血桐 *Macaranga tanarius* var. *tomentosa* (Blume) Muller Argoviensis 西沙洲。

地构桐（小果木） *Micrococca mercurialis* (L.) Benth. 永兴岛。

地杨桃 *Microstachys chamaelea* (L.) Müll.Arg. 永兴岛。

▲ 红雀珊瑚 *Pedilanthus tithymaloides* (L.) Poit. 永兴岛、石岛、东岛、琛航岛、金银岛、珊瑚岛。

▲ 蓖麻 *Ricinus communis* L. 永兴岛、石岛、东岛、中建岛、晋卿岛、琛航岛、金银岛、甘泉岛、珊瑚岛、赵述岛。

211
叶下珠科 Phyllanthaceae

▲ 五月茶 *Antidesma bunius* (L.) Spreng 永兴岛。

▲ 秋枫 *Bischofia javanica* Blume 永兴岛、赵述岛。

▲ 重阳木 *Bischofia polycarpa* (Lévl.) Airy Shaw 永兴岛。

苦味叶下珠 *Phyllanthus amarus* Schumacher et Thonning 永兴岛、石岛、东岛、中建岛、晋卿岛、琛航岛、广金岛、金银岛、甘泉岛、珊瑚岛、中沙洲、南沙洲。

余甘子 *Phyllanthus emblica* L. 甘泉岛。

珠子草 *Phyllanthus niruri* L. 永兴岛、石岛、东岛、中建岛、晋卿岛、琛航岛、广金岛、金银岛、甘泉岛、珊瑚岛、中沙洲、南沙洲。

小果叶下珠 *Phyllanthus reticulatus* Poir. 永兴岛。

纤梗叶下珠 *Phyllanthus tenellus* Benth. 永兴岛。

叶下珠 *Phyllanthus urinaria* L. 永兴岛、石岛。

★ 叶下珠属一种 *Phyllanthus* L. sp. 赵述岛。

黄珠子草 *Phyllanthus virgatus* G. Forst. 赵述岛。

艾堇 *Sauropus bacciformis* (L.) Airy Shaw 永兴岛。

214
使君子科 Combretaceae

榄李 *Lumnitzera racemosa* Willd. 琛航岛。

▲ 小叶榄仁 *Terminalia boivinii* Tul. 永兴岛。

▲ 榄仁 *Terminalia catappa* L. 永兴岛、石岛、东岛、盘石屿、中建岛、晋卿岛、琛航岛、广金岛、金银岛、甘泉岛、珊瑚岛、银屿、西沙洲、赵述岛、南岛。

215
千屈菜科 Lythraceae

▲ 细叶萼距花 *Cuphea hyssopifolia* Kunth 永兴岛。

▲ 大花紫薇 *Lagerstroemia speciosa* (L.) Pers. 永兴岛。

▲ 散沫花 *Lawsonia inermis* L. 永兴岛。

水芫花 *Pemphis acidula* J. R. Forst. et G. Forst. 东岛、晋卿岛、琛航岛、广金岛、金银岛、西沙洲、赵述岛。

▲ 石榴 *Punica granatum* L. 永兴岛。

218
桃金娘科 Myrtaceae

▲ 桉 *Eucalyptus robusta* Sm. 永兴岛。

▲ 红果仔 *Eugenia uniflora* L. 赵述岛。

▲ 番石榴 *Psidium guajava* L. 永兴岛、金银岛、甘泉岛。

▲ 红鳞蒲桃 *Syzygium hancei* Merr. et Perry 永兴岛、赵述岛。

239
漆树科 Anacardiaceae

▲ 杧果 *Mangifera indica* L. 晋卿岛。

240
无患子科 Sapindaceae

倒地铃 *Cardiospermum halicacabum* L. 永兴岛。

▲ 龙眼 *Dimocarpus longan* Lour. 晋卿岛。

241
芸香科 Rutaceae

▲ 番柑 *Citrus* ×*microcarpa* Bunge 甘泉岛。

▲ 金柑 *Citrus japonica* Thunb. 赵述岛。

▲ 柚 *Citrus maxima* (Burm.) Merr. 永兴岛、赵述岛。

▲ 柑橘 *Citrus reticulata* Blanco 永兴岛、珊瑚岛。

▲ 黄皮 *Clausena lansium* (Lour.) Skeels 永兴岛、琛航岛、金银岛、赵述岛、银屿、鸭公岛、西沙洲、羚羊礁。

▲ 四季橘 *Fortunella margarita* (Lour.) Swingle 'Calamondin' 永兴岛、赵述岛。

▲ 翼叶九里香 *Murraya alata* Drake 琛航岛。

▲ 九里香 *Murraya exotica* L. 永兴岛、珊瑚岛。

242
苦木科 Simaroubaceae

▲ 鸦胆子 *Brucea javanica* (L.) Merr. 晋卿岛。

243
楝科 Meliaceae

▲ 米仔兰 *Aglaia odorata* Lour. 永兴岛。

▲ 小叶米仔兰 *Aglaia odorata* var. *microphyllina* C. DC. 永兴岛。

▲ 苦楝 *Melia azedarach* L. 永兴岛、琛航岛、金银岛、珊瑚岛。

锦葵科 Malvaceae

▲ 咖啡黄葵 *Abelmoschus esculentus* (L.) Moench 永兴岛。

▲ 黄蜀葵 *Abelmoschus manihot* (L.) Medicus 永兴岛、中建岛、银屿、甘泉岛。

磨盘草 *Abutilon indicum* (L.) Sweet 永兴岛、石岛、东岛、琛航岛、金银岛、珊瑚岛。

▲ 木棉 *Bombax ceiba* L. 永兴岛。

▲ 美丽异木棉 *Ceiba speciosa* (A. St. -Hil.) Ravenna 赵述岛。

甜麻 *Corchorus aestuans* L. 永兴岛、石岛、琛航岛、金银岛、甘泉岛、珊瑚岛。

▲ 长蒴黄麻 *Corchorus olitorius* L. 珊瑚岛。

▲ 陆地棉 *Gossypium hirsutum* L. 永兴岛、中建岛、琛航岛。

胖果苘 *Herissantia crispa* (L.) Brizicky 永兴岛、石岛、金银岛、珊瑚岛。

▲ 大麻槿 *Hibiscus cannabinus* L. 永兴岛。

▲ 朱槿 *Hibiscus rosa-sinensis* L. 永兴岛。

赛葵 *Malvastrum coromandelianum* (L.) Garcke 永兴岛、石岛、东岛、琛航岛、金银岛、甘泉岛、珊瑚岛。

马松子 *Melochia corchorifolia* L. 永兴岛。

▲ 瓜栗 *Pachira aquatica* Aublet 永兴岛。

黄花棯 *Sida acuta* Burm. f. 永兴岛、琛航岛。

小叶黄花棯 *Sida alnifolia* var. *microphylla* (Cav.) S. Y. Hu 东岛、琛航岛、珊瑚岛、赵述岛。

圆叶黄花棯 *Sida alnifolia* var. *orbiculata* S. Y. Hu 永兴岛、石岛、东岛、晋卿岛、琛航岛、广金岛、金银岛、甘泉岛、珊瑚岛、鸭公岛、赵述岛、北岛、中沙洲、南沙洲。

中华黄花棯 *Sida chinensis* Retz. 永兴岛、甘泉岛。

长梗黄花棯 *Sida cordata* (Burm. f.) Borss. Waalk. 永兴岛、金银岛。

心叶黄花棯 *Sida cordifolia* L. 永兴岛、中建岛、金银岛。

粘毛黄花棯 *Sida mysorensis* Wight et Arn. 永兴岛、中建岛、珊瑚岛。

白背黄花棯 *Sida rhombifolia* L. 永兴岛。

▲ 黄槿 *Talipariti tiliaceum* (L.) Fryxell 永兴岛。

桐棉 *Thespesia populnea* (L.) Sol. ex Corrêa 永兴岛。

粗齿刺蒴麻 *Triumfetta grandidens* Hance 永兴岛。

铺地刺蒴麻 *Triumfetta procumbens* G. Forst. 永兴岛、石岛、东岛、中建岛、晋卿岛、琛航岛、广金岛、羚羊礁、金银岛、甘泉岛、珊瑚岛、银屿、赵述岛、北岛、中岛、南岛、北沙洲、中沙洲、南沙洲。

刺蒴麻 *Triumfetta rhomboidea* Jacq. 永兴岛。

地桃花 *Urena lobata* L. 永兴岛。

蛇婆子 *Waltheria indica* L. 永兴岛、琛航岛、珊瑚岛。

瑞香科 Thymelaeaceae

▲ 土沉香 *Aquilaria sinensis* (Lour.) Spreng. 永兴岛。

番木瓜科 Caricaceae

▲ 番木瓜 *Carica papaya* L. 永兴岛、东岛、晋卿

岛、琛航岛、金银岛、珊瑚岛、赵述岛。

山柑科 Capparaceae

钝叶鱼木 *Crateva trifoliata* (Roxb.) B. S. Sun 北沙洲。

白花菜科 Cleomaceae

黄花草 *Arivela viscosa* (L.) Raf. 永兴岛、石岛、东岛、中建岛、晋卿岛、琛航岛、广金岛、金银岛、甘泉岛、珊瑚岛、西沙洲。

白花菜 *Gynandropsis gynandra* (L.) Briquet 永兴岛、石岛、金银岛。

皱籽白花菜 *Cleome rutidosperma* DC. 永兴岛。

十字花科 Brassicaceae

▲ 菜心 *Brassica campestris* subsp. *chinensis* (L.) Makino 银屿。

▲ 芥菜 *Brassica juncea* (L.) Czernajew 晋卿岛。

▲ 白花甘蓝 *Brassica oleracea* var. *albiflora* Kuntze 永兴岛。

▲ 擘蓝 *Brassica oleracea* var. *gongylodes* L. 永兴岛。

▲ 青菜 *Brassica rapa* var. *chinensis* (L.)Kitam 永兴岛、金银岛、晋卿岛。

▲ 白菜 *Brassica rapa* var. *glabra* Regel 永兴岛。

▲ 萝卜 *Raphanus sativus* L. 赵述岛。

▲ 长羽裂萝卜 *Raphanus sativus* var. *longipinnatus* L. H. Bailey 永兴岛。

石竹科 Caryophyllaceae

▲ 石竹 *Dianthus chinensis* L. 永兴岛。

荷莲豆草 *Drymaria cordata* (L.) Willdenow ex Schultes 永兴岛。

苋科 Amaranthaceae

土牛膝 *Achyranthes aspera* L. 永兴岛、石岛、东岛、晋卿岛、琛航岛、广金岛、金银岛、甘泉岛、珊瑚岛。

钝叶土牛膝 *Achyranthes aspera* var. *indica* L. 永兴岛、东岛、琛航岛。

牛膝 *Achyranthes bidentata* Blume 永兴岛、东岛。

▲ 锦绣苋 *Alternanthera bettzickiana* (Regel) Nichols. 永兴岛。

▲ 巴西莲子草 *Alternanthera brasiliana* (L.) Kuntze 永兴岛。

▲ 红龙草 *Alternanthera brasiliana* (L.)Kuntze 永兴岛。

喜旱莲子草 *Alternanthera philoxeroides* (Mart.) Griseb. 永兴岛、北岛。

莲子草 *Alternanthera sessilis* (L.) R. Br. ex DC. 永兴岛。

★ 凹头苋 *Amaranthus blitum* L. 永兴岛、赵述岛。

尾穗苋 *Amaranthus caudatus* L. 永兴岛、珊瑚岛。

老鸦谷 *Amaranthus cruentus* L. 永兴岛。

★ 绿穗苋 *Amaranthus hybridus* L. 永兴岛。
刺苋 *Amaranthus spinosus* L. 永兴岛。
▲ 苋 *Amaranthus tricolor* L. 永兴岛、石岛、东岛、中建岛、琛航岛、珊瑚岛。
皱果苋 *Amaranthus viridis* L. 永兴岛、石岛、中建岛、琛航岛、甘泉岛、珊瑚岛。
青葙 *Celosia argentea* L. 永兴岛。
狭叶尖头叶藜 *Chenopodium acuminatum* subsp. *virgatum* (Thunb.) Kitam. 永兴岛。
银花苋 *Gomphrena celosioides* Mart. 永兴岛、石岛。

303
针晶粟草科 Gisekiaceae

针晶粟草 *Gisekia pharnaceoides* L. 北岛。

304
番杏科 Aizoaceae

★ ▲ 心叶日中花 *Mesembryanthemum cordifolium* L. f. 永兴岛。
★ ▲ 冰叶日中花 *Mesembryanthemum crystallinum* L. 永兴岛。
海马齿 *Sesuvium portulacastrum* (L.) L. 永兴岛、石岛、东岛、中建岛、晋卿岛、琛航岛、广金岛、金银岛、甘泉岛、珊瑚岛、羚羊礁。
假海马齿 *Trianthema portulacastrum* L. 永兴岛、中建岛、珊瑚岛。

307
紫茉莉科 Nyctaginaceae

白花黄细心 *Boerhavia albiflora* Fosberg 永兴岛、东岛。
华黄细心 *Boerhavia chinensis* (L.) Aschers. et Schweinf. 永兴岛、琛航岛、广金岛、金银岛、甘泉岛、珊瑚岛、赵述岛、南岛。
红细心 *Boerhavia coccinea* Miller 广金岛、晋卿岛。
黄细心 *Boerhavia diffusa* L. 永兴岛、石岛、东岛、晋卿岛、琛航岛、广金岛、金银岛、甘泉岛、珊瑚岛、赵述岛、北岛、南岛。
西沙黄细心（直立黄细心）*Boerhavia erecta* L. 永兴岛、石岛、东岛、琛航岛、羚羊礁、金银岛、甘泉岛、珊瑚岛、鸭公岛、北岛、北沙洲、中沙洲、南沙洲。
匍匐黄细心 *Boerhavia repens* L. 珊瑚岛、晋卿岛、甘泉岛。
▲ 光叶子花 *Bougainvillea glabra* Choisy 永兴岛、石岛、琛航岛、金银岛。
抗风桐 *Pisonia grandis* R. Br. 永兴岛、石岛、东岛、晋卿岛、琛航岛、广金岛、金银岛、甘泉岛、珊瑚岛、赵述岛。

309
粟米草科 Molluginaceae

长梗星粟草 *Glinus oppositifolius* (L.) A. DC. 永兴岛、石岛、琛航岛。
毯粟草 *Mollugo verticillata* L. 永兴岛、金银岛。
无茎粟草 *Paramollugo nudicaulis* (Lam.) Thulin 永兴岛。

312
落葵科 Basellaceae

▲ 落葵 *Basella alba* L. 永兴岛、中建岛、珊瑚岛。

314
土人参科 Talinaceae

▲ 棱轴土人参 *Talinum fruticosum* (L.) Juss. 永兴岛。
▲ 土人参 *Talinum paniculatum* (Jacq.) Gaertn. 永兴岛。

315
马齿苋科 Portulacaceae

▲ 大花马齿苋 *Portulaca grandiflora* Hook. 永兴岛、石岛、东岛、琛航岛、金银岛、珊瑚岛。
马齿苋 *Portulaca oleracea* L. 永兴岛、石岛、东岛、中建岛、琛航岛、广金岛、金银岛、甘泉岛、珊瑚岛、银屿、石屿。
毛马齿苋 *Portulaca pilosa* L. 永兴岛、石岛、东岛、中建岛、琛航岛、广金岛、金银岛、甘泉岛、珊瑚岛、南岛。
▲ 松叶牡丹 *Portulaca pilosa* L. subsp. *grandiflora* (Hook.) R. Geesink 永兴岛、石岛、东岛、琛航岛、金银岛、珊瑚岛。
沙生马齿苋 *Portulaca psammotropha* Hance 石岛、东岛、琛航岛、南沙洲。
四瓣马齿苋 *Portulaca quadrifida* L. 永兴岛、石岛、琛航岛、广金岛、赵述岛、珊瑚岛。
★ ▲ 环翅马齿苋 *Portulaca umbraticola* Kunth 永兴岛。

317
仙人掌科 Cactaceae

▲ 牙买加天轮柱 *Cereus jamacaru* DC. 永兴岛。
▲ 金琥 *Echinocactus grusonii* Hildm. 永兴岛。
▲ 仙人球 *Echinopsis tubiflora* (Pfeiff.) Zucc. ex A. Dietr. 永兴岛。
▲ 昙花 *Epiphyllum oxypetalum* (DC.) Haw. 永兴岛。
▲ 量天尺 *Hylocereus undatus* (Haw.) Britt. et Rose 银屿。
▲ 仙人掌 *Opuntia dillenii* (Ker Gawl.) Haw. 石岛、中建岛、琛航岛、金银岛、珊瑚岛、北岛。
▲ 梨果仙人掌 *Opuntia ficus-indica* (L.) Mill. 永兴岛。
▲ 黄毛掌 *Opuntia microdasys* (Lehm.) Pfeiff. 鸭公岛。

333
山榄科 Sapotaceae

▲ 人心果 *Manilkara zapota* (L.) P. Royen 永兴岛。
▲ 香榄 *Mimusops elengi* L. 永兴岛。
▲ 蛋黄果 *Pouteria campechiana* (Kunth) Baehni 永兴岛。
▲ 神秘果 *Synsepalum dulcificum* (Schumach. et Thonn.) Daniell 永兴岛。

352
茜草科 Rubiaceae

小牙草 *Dentella repens* (L.) J. R. Frost. et G. Forst. 永兴岛。

▲ 白蟾 *Gardenia jasminoides* var. *fortuneana* (Lindl.) H. Hara 永兴岛。

海岸桐 *Guettarda speciosa* L. 永兴岛、石岛、东岛、中建岛、晋卿岛、琛航岛、广金岛、金银岛、甘泉岛、珊瑚岛、西沙洲、赵述岛、北岛、中岛、南岛。

▲ 长隔木 *Hamelia patens* Jacq. 赵述岛。

双花耳草 *Leptopetalum biflorum* (L.) Neupane et N. Wiktr. 珊瑚岛。

伞房花耳草 *Hedyotis corymbosa* (L.) Lam. 永兴岛、石岛、东岛、琛航岛、金银岛、珊瑚岛。

白花蛇舌草 *Scleromitrion diffusum* (Willd.) R. J. Wang 金银岛。

▲ 龙船花 *Ixora chinensis* Lam. 永兴岛。

▲ 小叶龙船花 *Ixora coccinea* 'Xiaoye' 永兴岛、赵述岛。

▲ 大叶龙船花 *Ixora grandifolia* Zoll. et Moritzi 永兴岛、赵述岛。

▲ 海南龙船花 *Ixora hainanensis* Merr. 永兴岛、晋卿岛、甘泉岛。

盖裂果 *Mitracarpus hirtus* (L.) Candolle 永兴岛。

海滨木巴戟（海巴戟天）*Morinda citrifolia* L. 永兴岛、石岛、东岛、中建岛、晋卿岛、琛航岛、广金岛、金银岛、甘泉岛、珊瑚岛、赵述岛、北岛、南岛。

鸡眼藤 *Morinda parvifolia* Bartl. et DC. 西沙洲。

鸡矢藤 *Paederia foetida* L. 永兴岛。

▲ 五星花 *Pentas lanceolata* (Forssk.) Deflers 永兴岛。

墨苜蓿 *Richardia scabra* L. 永兴岛。

糙叶丰花草 *Spermacoce hispida* L. 永兴岛、金银岛。

丰花草 *Spermacoce pusilla* Wall. 永兴岛、东岛。

光叶丰花草 *Spermacoce remota* Lamarck 永兴岛、东岛。

353

龙胆科 Gentianaceae

▲ 灰莉 *Fagraea ceilanica* Thunb. 永兴岛。

356

夹竹桃科 Apocynaceae

▲ 软枝黄蝉 *Allamanda cathartica* L. 永兴岛、赵述岛。

▲ 黄蝉 *Allamanda schottii* Pohl 永兴岛。

▲ 糖胶树 *Alstonia scholaris* (L.) R. Br. 赵述岛。

长春花 *Catharanthus roseus* (L.) G.Don 永兴岛、石岛、东岛、中建岛、金银岛、珊瑚岛。

白长春花 *Catharanthus roseus* 'Albus' G.Don 永兴岛、珊瑚岛、东岛。

海杧果 *Cerbera manghas* L. 永兴岛。

▲ 夹竹桃 *Nerium oleander* L. 永兴岛、石岛。

▲ 鸡蛋花 *Plumeria rubra* L. 'Acutifolia' 永兴岛。

▲ 黄花夹竹桃 *Thevetia peruviana* (Pers.) K. Schum. 永兴岛。

倒吊笔 *Wrightia pubescens* R. Br. 永兴岛。

357

紫草科 Boraginaceae

▲ 基及树 *Carmona microphylla* (Lam.) G. Don 永兴岛、赵述岛。

橙花破布木 *Cordia subcordata* Lam. 永兴岛、石岛、东岛、晋卿岛、琛航岛、金银岛、甘泉岛、珊瑚岛。

大尾摇 *Heliotropium indicum* L. 永兴岛。

银毛树 *Tournefortia argentea* L. f. 永兴岛、石岛、东岛、中建岛、晋卿岛、琛航岛、广金岛、羚羊礁、金银岛、甘泉岛、珊瑚岛、鸭公岛、银屿、西沙洲、赵述岛、北岛、中岛、南岛、北沙洲、中沙洲、南沙洲。

359

旋花科 Convolvulaceae

土丁桂 *Evolvulus alsinoides* (L.) L. 甘泉岛。

猪菜藤 *Hewittia malabarica* (L.) Suresh 永兴岛。

月光花 *Ipomoea alba* L. 东岛。

▲ 蕹菜 *Ipomoea aquatica* Forssk. 永兴岛、石岛、东岛、中建岛、金银岛、珊瑚岛、赵述岛。

▲ 番薯 *Ipomoea batatas* (L.) Lam. 永兴岛、石岛、中建岛、羚羊礁、金银岛、赵述岛。

变色牵牛 *Ipomoea indica* (Burm.) Merr. 东岛。

牵牛 *Ipomoea nil* (L.) Roth 永兴岛。

紫心牵牛（小心叶薯）*Ipomoea obscura* (L.) Ker Gawl. 永兴岛、东岛、琛航岛、金银岛、珊瑚岛。

厚藤 *Ipomoea pes-caprae* (L.) R. Br. 永兴岛、石岛、东岛、盘石屿、中建岛、晋卿岛、琛航岛、广金岛、羚羊礁、金银岛、甘泉岛、珊瑚岛、银屿、西沙洲、赵述岛、北岛、中岛、南岛、南沙洲。

虎脚牵牛（虎掌藤）*Ipomoea pes-tigridis* L. 永兴岛、珊瑚岛。

羽叶薯 *Ipomoea polymorpha* Roem. et Schult. 金银岛。

三裂叶薯 *Ipomoea triloba* L. 永兴岛。

长管牵牛（管花薯）*Ipomoea violacea* L. 永兴岛、东岛、盘石屿、中建岛、晋卿岛、琛航岛、广金岛、金银岛、甘泉岛、珊瑚岛、鸭公岛、赵述岛、北岛、中岛、南岛。

小牵牛 *Jacquemontia paniculata* (Burm. f.) Hall. f. 永兴岛。

地旋花 *Xenostegia tridentata* (L.) D. F. Austin et Staples 永兴岛、北岛。

360

茄科 Solanaceae

▲ 辣椒 *Capsicum annuum* L. 永兴岛、东岛、中建岛、晋卿岛、琛航岛、金银岛、珊瑚岛。

▲ 朝天椒 *Capsicum annuum* L. var. *conoides* (Mill.) Irish 永兴岛。

▲ 菜椒 *Capsicum annuum* L. var. *grossum* (L.) Sendtn. 永兴岛。

▲ 夜香树 *Cestrum nocturnum* L. 永兴岛。

洋金花 *Datura metel* L. 永兴岛、琛航岛、珊瑚岛。

▲ 烟草 *Nicotiana tabacum* L. 永兴岛。

苦蘵 *Physalis angulata* L. 甘泉岛。

小酸浆 *Physalis minima* L. 永兴岛、东岛、琛航岛。

少花龙葵 *Solanum americanum* Mill. 永兴岛、东岛、晋卿岛、甘泉岛、珊瑚岛、赵述岛。

▲ 番茄 *Solanum lycopersicum* L. 永兴岛、东岛、琛航岛。

▲ 茄 *Solanum melongena* L. 永兴岛、东岛、中建岛、金银岛、珊瑚岛。

光枝木龙葵 *Solanum merillianum* Liou 东岛。

龙葵 *Solanum nigrum* L. 永兴岛。

海南茄 *Solanum procumbens* Lour. 永兴岛。

▲ 珊瑚樱 *Solanum pseudocapsicum* L. 永兴岛。

▲ 马铃薯 *Solanum tuberosum* L. 永兴岛。
野茄 *Solanum undatum* Lam. 永兴岛。

363
木樨科 Oleaceae

▲ 茉莉花 *Jasminum sambac* (L.) Aiton 永兴岛。
▲ 木樨 *Osmanthus fragrans* (Thunb.) Lour. 永兴岛。

370
车前科 Plantaginaceae

假马齿苋 *Bacopa monnieri* (L.) Wettst. 永兴岛。
野甘草 *Scoparia dulcis* L. 赵述岛。

371
玄参科 Scrophulariaceae

苦槛蓝 *Pentacoelium bontioides* Sieb. et Zucc. 永兴岛。

373
母草科 Linderniaceae

长蒴母草 *Lindernia anagallis* (Burm. F.) Pennell 永兴岛。
母草 *Lindernia crustacea* (L.) F. Muell 永兴岛、北岛。

377
爵床科 Acanthaceae

▲ 穿心莲 *Andrographis paniculata* (Burm. f.) Wall.ex Nees 永兴岛。
宽叶十万错 *Asystasia gangetica* subsp. *micrantha* (Nees) Ensermu 永兴岛。
★ 九头狮子草 *Peristrophe japonica* (Thunb.) Bremek. 甘泉岛。
▲ 金叶拟美花 *Pseuderanthemum reticulatum* var. *ovarifolium* Radlk. 永兴岛。
▲ 蓝花草 *Ruellia simplex* C. Wright 永兴岛。
▲ 直立山牵牛 *Thunbergia erecta* (Benth.) T. Anders 永兴岛。

378
紫葳科 Bignoniaceae

▲ 吊瓜树 *Kigelia africana* (Lam.) Benth. 永兴岛。
▲ 炮仗藤 *Pyrostegia venusta* (Ker-Gawl.) Miers 永兴岛。
▲ 海南菜豆树 *Radermachera hainanensis* Merr. 永兴岛。

382
马鞭草科 Verbenaceae

▲ 假连翘 *Duranta erecta* L. 永兴岛。
▲ 马缨丹 *Lantana camara* L. 永兴岛、东岛、晋卿岛、琛航岛、金银岛、甘泉岛、珊瑚岛。
过江藤 *Phyla nodiflora* (L.) Greene 永兴岛、石

岛、东岛、甘泉岛、珊瑚岛。
假马鞭 *Stachytarpheta jamaicensis* (L.) Vahl 永兴岛、石岛、东岛、中建岛、晋卿岛、琛航岛、广金岛、金银岛、甘泉岛、珊瑚岛。

383
唇形科 Lamiaceae

大青 *Clerodendrum cyrtophyllum* Turcz. 永兴岛。
▲ 龙吐珠 *Clerodendrum thomsonae* Balf. 永兴岛。
山香 *Mesosphaerum suaveolens*(L.) Kuntze 永兴岛。
益母草 *Leonurus japonicus* Houttuyn 永兴岛。
蜂巢草 *Leucas aspera* (Willd.) Link 永兴岛、东岛。
疏毛白绒草 *Leucas mollissima* var. *chinensis* Benth. 晋卿岛。
绉面草 *Leucas zeylanica* (L.) R. Br. 永兴岛。
▲ 罗勒 *Ocimum basilicum* L. 永兴岛。
▲ 疏柔毛罗勒 *Ocimum basilicum* var. *pilosum*(Willd.) Benth. 永兴岛。
圣罗勒 *Ocimum tenuiflorum* Burm. f. 永兴岛。
伞序臭黄荆 *Premna serratifolia* L. 东岛。
单叶蔓荆 *Vitex rotundifolia* L. f. 永兴岛、珊瑚岛。
苦郎树 *Volkameria inermis* L. 永兴岛、甘泉岛、珊瑚岛。

387
列当科 Orobanchaceae

独脚金 *Striga asiatica* (L.) O. Kuntze 赵述岛。

401
草海桐科 Goodeniaceae

小草海桐 *Scaevola hainanensis* Hance 东岛。
草海桐 *Scaevola taccada* (Gaertn.) Roxb. 永兴岛、石岛、东岛、中建岛、晋卿岛、琛航岛、广金岛、羚羊礁、金银岛、甘泉岛、珊瑚岛、银屿、西沙洲、赵述岛、北岛、中岛、南岛、北沙洲、中沙洲、南沙洲。

403
菊科 Asteraceae

藿香蓟 *Ageratum conyzoides* L. 永兴岛、赵述岛、北岛。
鬼针草 *Bidens pilosa* L. 东岛。
柔毛艾纳香 *Blumea axillaris* (Lamarck) Candolle 永兴岛。
石胡荽 *Centipeda minima* (L.) A. Br. et Aschers. 永兴岛。
▲ 飞机草 *Chromolaena odorata* (L.) R. M. King et H.Rob. 永兴岛、石岛、东岛、琛航岛、金银岛、珊瑚岛。
▲ 栽培菊苣 *Cichorium endivia* L. 永兴岛。
野茼蒿 *Crassocephalum crepidioides* (Benth.) S. Moore 永兴岛。
咸虾花 *Cyanthillium patulum* (Aiton) H. Rob. 东岛。
鳢肠 *Eclipta prostrata* (L.) L. 永兴岛、东岛。
离药菊 *Eleutheranthera ruderalis* (Swartz) Schultz Bipontinus 赵述岛。

一点红 *Emilia sonchifolia* (L.) DC. 永兴岛。

败酱叶菊芹 *Erechtites valerianifolius* (Link ex Spreng.) Candolle 永兴岛。

香丝草 *Erigeron bonariensis* L. 永兴岛。

小蓬草 *Erigeron canadensis* L. 永兴岛。

▲ 匙叶合冠鼠曲 *Gamochaeta pensylvanica* (Willldenow) Cabrera 晋卿岛。

▲ 白子菜 *Gynura divaricata* (L.) DC. 永兴岛、石岛、琛航岛、金银岛、珊瑚岛。

▲ 平卧菊三七 *Gynura procumbens* (Lour.) Merr. 永兴岛。

▲ 向日葵 *Helianthus annuus* L. 永兴岛。

▲ 莴苣 *Lactuca sativa* L. 永兴岛。

▲ 生菜 *Lactuca sativa* var. *ramosa* Hort. 永兴岛、赵述岛。

匐枝栓果菊 *Launaea sarmentosa* (Willd.) Merr. et Chun 永兴岛、琛航岛、珊瑚岛。

银胶菊 *Parthenium hysterophorus* L. 永兴岛。

★ 阔苞菊 *Pluchea indica* (L.) Less. 中建岛。

苦苣菜 *Sonchus oleraceus* L. 永兴岛。

苣荬菜 *Sonchus wightianus* DC. 永兴岛。

▲ 南美蟛蜞菊 *Sphagneticola trilobata* (L.) Pruski 永兴岛、石岛、东岛、琛航岛、广金岛、金银岛、珊瑚岛。

钻叶紫菀 *Symphyotrichum subulatum* (Michx.) G.L.Nesom 永兴岛、赵述岛。

金腰箭 *Synedrella nodiflora* (L.) Gaertn. 晋卿岛。

羽芒菊 *Tridax procumbens* L. 永兴岛、石岛、东岛、中建岛、晋卿岛、琛航岛、广金岛、金银岛、甘泉岛、珊瑚岛。

夜香牛 *Vernonia cinerea* (L.) Less. 永兴岛、石岛、东岛、中建岛、琛航岛、金银岛、珊瑚岛。

孪花菊 *Wollastonia biflora* (L.) Candolle 永兴岛、石岛、东岛、中建岛、晋卿岛、琛航岛、金银岛、甘泉岛、珊瑚岛、西沙洲、赵述岛、北岛、中岛、南岛、南沙洲。

黄鹌菜 *Youngia japonica* (L.) DC. 永兴岛。

409

忍冬科 Caprifoliaceae

▲ 华南忍冬 *Lonicera confusa* (Sweet) DC. 永兴岛。

414

五加科 Araliaceae

▲ 鹅掌藤 *Heptapleurum arboricola* Hayata 永兴岛、赵述岛。

▲ 鹅掌柴 *Heptapleurum heptaphyllum* (L.) Y. F. Deng 赵述岛。

▲ 线叶南洋参 *Polyscias cumingiana* (C.Presl) Fern.-Vill. 永兴岛。

▲ 南洋参 *Polyscias fruticosa* (L.) Harms 永兴岛。

▲ 澳洲鸭脚木 *Schefflera macrostachya* (Benth.) Harms 永兴岛。

416

伞形科 Apiaceae

▲ 旱芹 *Apium graveolens* L. 永兴岛、金银岛。

积雪草 *Centella asiatica* (L.) Urban 永兴岛。

▲ 芫荽 *Coriandrum sativum* L. 永兴岛、赵述岛。

▲ 胡萝卜 *Daucus carota* var. *sativa* Hoffm. 赵述岛。

附录 2
中文索引

A

矮灰毛豆	150
艾堇	184
桉	25

B

巴西含羞草	140
白背黄花棯	203
白菜	17
白花黄细心	20
白花蛇舌草	246
白茅	109
白羊草	93
白子菜	292
笔管榕	61
蓖麻	24, 180
扁穗莎草	80
变色牵牛	38
滨豇豆	19, 151

C

糙叶丰花草	250
草海桐	21, 285
长春花	29, 253
长梗黄花棯	201
长梗星粟草	230
长叶雀稗	116
长叶肾蕨	63
橙花破布木	27, 255
蒭雷草	4
刺荚木蓝	138
刺蒴麻	28
刺田菁	146
刺苋	17, 218
粗齿刺蒴麻	4, 205
粗根茎莎草	85
酢浆草	164

D

大花蒺藜	26, 123
大蕉	28
大麻槿	28
大尾摇	256
单叶蔓荆	21, 281
倒地铃	190
地构桐	179
吊裙草	133
冬瓜	17
短叶水蜈蚣	91
对叶榕	18
钝叶土牛膝	214
钝叶鱼木	20
多枝臂形草	94

E

二型马唐	103

F

番荔枝	18
番石榴	26
饭包草	20, 77

飞扬草	21, 175		黄茅	108
粪箕笃	47		黄细心	20, 226
丰花草	251		灰毛豆	149
凤凰木	30			
佛焰苞飘拂草	86		**J**	
匍枝栓果菊	293			
			鸡矢藤	248
G			蒺藜	20, 124
			蒺藜草	39, 96
沟叶结缕草	37, 121		鲫鱼草	107
狗牙根	99		夹竹桃	29
管花薯	19, 266		假海马齿	46, 224
光头稗	104		假马鞭	276
鬼针草	61		剑麻	28
过江藤	20, 274		金边龙舌兰	28
			九里香	25
H			决明	144
海岸桐	27, 243		**K**	
海滨大戟	37, 173			
海滨木巴戟	18, 247		抗风桐	5, 228
海刀豆	19, 130		槫藤	46
海马齿	8, 223		苦郎树	46, 282
海南马唐	61			
海人树	153		**L**	
含羞草	141			
红瓜	18, 161		榄李	186
红厚壳	24, 166		榄仁	24
红毛草	112		老鸦谷	219
厚藤	19, 263		鳢肠	289
虎尾兰	28		莲子草	216
虎掌藤	264		链荚豆	127
华南云实	128		两歧飘拂草	87
黄鹌菜	19		瘤蕨	37
黄花草	209		龙葵	17, 271
黄花稔	41, 197		龙舌兰	28
黄槐决明	145		龙眼	18
黄槿	196		龙爪茅	37, 100

中国西沙群岛
野生植物资源

龙珠果	18, 168		**P**	
陆地棉	28, 194			
露兜树	28	泡果苘	195	
萝卜	17	匍匐大戟	177	
落葵	234	铺地刺蒴麻	28, 206	
绿穗苋	217	铺地黍	114	

	M		**Q**	
麻叶铁苋菜	172	千根草	46, 178	
马齿苋	17, 236	千金子	110	
马唐	19	牵牛	261	
马缨丹	274	青葙	21, 220	
蔓草虫豆	129	琼油麻藤	46	
芒	113			
杧果	18		**R**	
毛马齿苋	46, 237			
毛马唐	61	热带铁苋菜	171	
毛叶轮环藤	47	绒毛槐	37, 148	
茅根	118			
美冠兰	29		**S**	
孟仁草	97			
磨盘草	192	三点金	135	
茉莉花	25	三裂叶薯	265	
墨苜蓿	249	伞房花耳草	245	
木麻黄	27, 159	伞序臭黄荆	280	
木樨	26	散尾葵	29	
		沙生马齿苋	39, 238	
	N	砂滨草	46	
		山黄麻	157	
南瓜	17	山香	25, 278	
南美蟛蜞菊	295	山棕	24	
南天藤	46	少花龙葵	17, 270	
泥竹	28	蛇婆子	207	
牛筋草	28, 105	蛇藤	26, 155	
牛膝	215	升马唐	102	
		圣罗勒	25	
		石榴	30	

疏花木蓝	136
疏柔毛罗勒	25
疏穗莎草	82
鼠尾粟	120
双花草	101
双花耳草	244
双穗飘拂草	90
双穗雀稗	115
水芫花	21, 188
四瓣马齿苋	46
四生臂形草	95
松叶蕨	63

T

台湾虎尾草	98
台湾相思	27
泰来藻	47
田菁	147
甜麻	193
铁苋菜	170
通奶草	176
筒轴茅	119
土沉香	25
土丁桂	259
土牛膝	20, 213
土人参	21

W

望江南	143
无根藤	20, 73
无茎粟草	232

X

西沙灰毛豆	19
喜盐草	47
细穗草	4, 111

仙人掌	22, 240
纤毛画眉草	106
咸虾花	288
相思子	126
香附子	21, 84
香丝草	291
小鹿藿	142
小酸浆	61, 269
小心叶薯	19, 262
小牙草	242
小叶大戟	39
小叶黄花棯	198
心叶黄花棯	202
猩猩草	29, 174
锈鳞飘拂草	89

Y

盐地鼠尾粟	37
羊角菜	210
洋金花	268
椰子	18
野茄	272
叶下珠	182
叶下珠属一种	183
夜香牛	287
一点红	290
翼叶九里香	25
银花苋	221
银毛树	8, 257
硬毛木蓝	137
羽芒菊	39, 294
羽状穗砖子苗	28, 83
圆果雀稗	117
圆叶黄花棯	199

中国西沙群岛
野生植物资源

Z

知风飘拂草	88
直立黄细心	227
中华黄花稔	39, 200
种棱粟米草	231
绉面草	279
皱果苋	17
皱子白花菜	211
珠子草	37
猪菜藤	260
猪屎豆	132
竹节菜	78
砖子苗	81

附录 3
学名索引

A

Abrus precatorius	126
Abutilon indicum	40, 192
Acacia confusa	27
Acalypha australis	170
Acalypha indica	171
Acalypha lanceolata	171
Achyranthes aspera	20, 213
Achyranthes aspera var. *indica*	214
Achyranthes bidentata	225
Agave americana var. *marginata*	28
Agave sisalana	28
Aizoaceae	222
Alternanthera sessilis	216
Alysicarpus vaginalis	127
Amaranthaceae	212
Amaranthus cruentus	219
Amaranthus hybridus	217
Amaranthus spinosus	218
Amaranthus viridis	17
Annona squamosa	18
Apocynaceae	252
Aquilaria sinensis	25
Arenga engleri	24
Arivela viscosa	209
Asteraceae	286

B

Bambusa gibba	28
Basella alba	233, 234
Basellaceae	233
Benincasa hispida	17
Bidens pilosa	61
Boerhavia albiflora	20
Boerhavia diffusa	20, 226
Boerhavia erecta	64, 227
Boraginaceae	55, 254
Bothriochloa ischaemum	93
Brachiaria ramosa	94
Brachiaria subquadripara	95
Brassica rapa var. *glabra*	17

C

Cactaceae	239
Caesalpinia crista	46, 128
Cajanus scarabaeoides	40, 129
Calophyllaceae	26, 165
Calophyllum inophyllum	24, 165, 166
Canavalia cathartica	131
Canavalia rosea	19, 40, 130
Cannabaceae	156
Cardiospermum halicacabum	189, 190
Cassytha filiformis	20, 73, 75
Casuarina equisetifolia	158, 159
Casuarinaceae	159
Casucrina equisetifolia	27
Catharanthus roseus	29, 252, 253
Celosia argentea	21, 40, 212, 220
Cenchrus echinatus	39, 96
Chloris barbata	97
Chloris formosana	98
Cleomaceae	208
Cleome rutidosperma	211

Coccinia grandis	18, 161
Cocos nucifera	18
Colubrina asiatica	26, 154, 155
Combretaceae	185
Commelina benghalensis	20, 77
Commelina diffusa	78
Commelinaceae	76
Convolvulaceae	19, 258
Corchorus aestuans	193
Cordia subcordata	27, 255
Crateva trifoliata	20
Crotalaria pallida	40, 132
Crotalaria retusa	133
Cucurbita moschata	17
Cucurbitaceae	18, 160
Cyclea barbata	47
Cynodon dactylon	99
Cyperaceae	79
Cyperus compressus	80
Cyperus cyperoides	81
Cyperus distans	82
Cyperus javanicus	28, 83
Cyperus rotundus	21, 84
Cyperus stoloniferus	85

D

Dactyloctenium aegyptium	37, 100
Datura metel	268
Delonix regia	30
Dentella repens	242
Desmodium triflorum	135
Dichanthium annulatum	101
Digitaria ciliaris	102
Digitaria ciliaris var. *chrysoblephara*	61
Digitaria heterantha	103
Digitaria sanguinalis	19
Digitaria setigera	61

中国西沙群岛
野生植物资源

Dimocarpus longan 18

Dracaena cambodiana 29

Dypsis lutescens 29

E

Echinochloa colona 104

Eclipta prostrata 286, 289

Eleusine indica 28, 105

Entada phaseoloides 46

Eragrostis ciliata 106

Eragrostis tenella 107

Erigeron bonariensis 291

Eucalyptus robusta 25

Eulophia graminea 29

Euphorbia atoto 37, 40, 173

Euphorbia cyathophora 29, 174

Euphorbia hirta 21, 175

Euphorbia hypericifolia 176

Euphorbia makinoi 39

Euphorbia prostrata 177

Euphorbia thymifolia 46, 178

Euphorbiaceae 8, 169

Evolvulus alsinoides 259

F

Fabaceae 19,125

Ficus hispida 18

Ficus subpisocarpa 61

Fimbristylis cymosa var. spathacea 86

Fimbristylis dichotoma 87

Fimbristylis eragrostis 88

Fimbristylis sieboldii 89

Fimbristylis subbispicata 90

G

Glinus oppositifolius 229, 230

Gomphrena celosioides 221

Goodeniaceae 52, 283

Gossypium hirsutum 28, 194

Guettarda speciosa 27, 243

Gynandropsis gynandra 210

Gynura divaricata 292

H

Halophila ovalis 33

Hedyotis corymbosa 245

Hedyotis diffusa 246

Heliotropium indicum 254, 256

Herissantia crispa 195

Heteropogon contortus 108

Hewittia malabarica 260

Hibiscus cannabinus 28

I

Imperata cylindrica 109

Indigofera colutea 136

Indigofera hirsuta 137

Indigofera nummulariifolia 138

Ipomoea indica 38

Ipomoea nil 261

Ipomoea obscura 19, 262

Ipomoea pes-caprae 40, 258, 263

Ipomoea pes-tigridis 264

Ipomoea triloba 265

Ipomoea violacea 40, 266

J

Jasminum sambac 25

K

Kyllinga brevifolia   91

L

Lamiaceae   277

Lantana camara   274

Launaea sarmentosa   293

Lauraceae   72

Leptochloa chinensis   110

Lepturus repens   4, 111

Leucas zeylanica   279

Lumnitzera racemosa   185, 186

Lythraceae   187

M

Macroptilium atropurpureum   139

Malvaceae   20, 191

Mangifera indica   18

Melinis repens   112

Melothria pendula   160, 162

Mesosphaerum suaveolens   25, 278

Micrococca mercurialis   179

Microsorum scolopendria   37

Mimosa diplotricha   140

Mimosa pudica   141

Miscanthus sinensis   113

Molluginaceae   229

Mollugo verticillata   231

Morinda citrifolia   18, 231, 247

Mucuna hainanensis   46

Murraya exotica   25

Musa × paradisiaca   28

N

Nephrolepis biserrata   63

Nerium oleander   29

Nyctaginaceae   225

O

Ocimum basilicum var. *pilosum*   25

Ocimum tenuiflorum   25

Opuntia dillenii   22, 239, 240

Osmanthus fragrans   26

Oxalidaceae   163

Oxalis corniculate   164

P

Paederia foetida   248

Pandanus tectorius   28

Panicum repens   114

Paramollugo nudicaulis   232

Paspalum distichum   232

Paspalum longifolium   116

Paspalum scrobiculatum var. *orbiculare*   117

Passiflora foetida   18, 167, 168

Passifloraceae   18, 167

Pemphis acidula   21, 187, 188

Perotis indica   118

Phyla nodiflora   20, 275

Phyllanthaceae   181

Phyllanthus L. sp.   183

Phyllanthus niruri   37

Phyllanthus urinaria   182

Physalis minima   40, 267, 269

Pisonia grandis   5, 225, 229

Poaceae   8, 92

Portulaca oleracea   17, 236

中国西沙群岛
野生植物资源

Portulaca pilosa	40, 46, 237
Portulaca psammotropha	39, 235, 238
Portulaca quadrifida	46
Portulacaceae	8, 235
Premna serratifolia	277, 280
Psidium guajava	26
Psilotum nudum	63
Punica granatum	30

R

Raphanus sativus	17
Rhamnaceae	154
Rhynchosia minima	142
Richardia scabra	249
Ricinus communis	24, 169, 180
Rottboellia cochinchinensis	119
Rubiaceae	241

S

Sansevieria trifasciata	28
Sapindaceae	189
Sauropus bacciformis	184
Scaevola hainanensis	284
Scaevola taccada	21, 283, 285
Scoparia dulcis	20
Senna occidentalis	143
Senna surattensis	145
Senna tora	144
Sesbania bispinosa	146
Sesbania cannabina	147
Sesuvium portulacastrum	222, 223
Sida acuta	197
Sida alnifolia var. *microphylla*	198
Sida alnifolia var. *orbiculata*	199
Sida chinensis	39, 200
Sida cordata	201

Sida cordifolia	191
Sida rhombifolia	203
Solanaceae	20, 267
Solanum americanum	270
Solanum nigrum	17
Solanum undatum	272
Sophora tomentosa	37, 148
Spermacoce hispida	250
Spermacoce pusilla	251
Sphagneticola trilobata	295
Sporobolus fertilis	120
Sporobolus virginicus	37
Stachytarpheta jamaicensis	273, 276
Stephania longa	47
Suriana maritima	152, 153
Surianaceae	65, 152

T

Talinum paniculatum	21
Tephrosia luzonensis	19
Tephrosia pumila	150
Tephrosia purpurea	149
Terminalia catappa	24
Thalassia hemprichii	33
Thuarea involuta	4, 37
Tournefortia argentea	8, 257
Trema tomentosa	157
Trianthema portulacastrum	46, 224
Tribulus cistoides	26, 123
Tribulus terrestris	24, 124
Tridax procumbens	39, 294
Triumfetta grandidens	4, 204, 205
Triumfetta procumbens	28, 206

V

Verbenaceae	273

Vernonia cinerea   287

Vigna marina   19, 151

Vitex rotundifolia   21, 281

Volkameria inermis   46, 282

W

Waltheria indica   207

Wollastonia biflora   8

Y

Youngia japonica   19

Z

Zoysia matrella   37, 121

Zygophyllaceae   26, 122

中国西沙群岛
野生植物资源